电力电子与变频技术应用

（第2版）

洪伟明　编著

北京理工大学出版社
BEIJING INSTITUTE OF TECHNOLOGY PRESS

图书在版编目(CIP)数据

电力电子与变频技术应用 / 洪伟明编著. --2版. --北京：北京理工大学出版社，2024.1
ISBN 978-7-5763-3450-0

Ⅰ.①电… Ⅱ.①洪… Ⅲ.①电力电子技术②变频技术 Ⅳ.①TM1②TN77

中国国家版本馆CIP数据核字(2024)第021505号

责任编辑：张鑫星　　**文案编辑**：张鑫星
责任校对：周瑞红　　**责任印制**：施胜娟

出版发行 / 北京理工大学出版社有限责任公司
社　　址 / 北京市丰台区四合庄路6号
邮　　编 / 100070
电　　话 / (010) 68914026 (教材售后服务热线)
(010) 68944437 (课件资源服务热线)
网　　址 / http://www.bitpress.com.cn

版 印 次 / 2024年1月第2版第1次印刷
印　　刷 / 河北盛世彩捷印刷有限公司
开　　本 / 787 mm×1092 mm　1/16
印　　张 / 13
字　　数 / 303千字
定　　价 / 65.00元

前言

变频调速技术是伴随着电力电子技术的不断发展而逐步成熟起来的一门新兴的自动化控制技术，已广泛应用于工农业生产、轨道交通和民用电器中。变频调速系统不但可以提高生产机械的控制精度、生产效率和产品质量，有利于实现生产过程的自动化，还具有优良的控制性能和显著的节能效果。

电力电子与变频技术处于快速发展的阶段，由于本课程的建设起步较晚，相关教材的建设相对滞后。本教材由传统的“电力电子与变流技术”和“变频器的原理与应用”两门课程整合而成，淡化理论推导，结合行业标准，突出实际应用。教材第二版是通过教学实践不断修改而形成的，教材章节根据学生的认知规律和“学做合一”的教学理念安排；教学内容以变频器为主线由浅入深，结合行业标准进行组织，编写思路如下：

(1) 变频调速的优点；

(2) 变频电路中常用的电力电子器件和模块的特点；

(3) 普通型变频器的内部结构和电路（整流、中间环节、逆变等电路）；

(4) 不同类型变频器的常用控制方式及其应用场合；

(5) 典型变频器的操作和参数设置方法；

(6) 变频器的选择、安装调试和故障排除方法；

(7) 变频器综合应用的部分典型实例。

变频器的品牌和种类比较多，为了能使读者系统地掌握变频技术的原理与应用，本教材以项目化形式组织编写，将理论知识与项目训练有机结合。教材以通用变频器的电路结构为载体，详细地介绍了电力电子技术常用的器件与电路；以三菱变频器为主，系统地叙述了变频器主要参数的含义，使读者能举一反三，以适应其他型号的变频器。在变频器的安装调试、故障排除、典型应用实例等教学章节中，编者将多年的研究成果和行业标准融入其中。思政教育也以职业素养的形式在变频器的选择、安装、调试和防止电磁污染的内容中加以体现，具有一定的原创性。

本课程涉及的知识面非常广泛，其中需要读者提前学习的课程主要有：电工基础、电子技术、电机与电气控制、传感技术、PLC 控制技术等。以触摸屏、PLC、变频器为主的变频调速技术应用面很广，电气自动化技术及相关专业（机电一体化、电梯运行、轨道交通等专业）都可选用本教材，考虑各专业的教学侧重点不同，带*的内容为可选内容。从事电气设计、安装调试、保养维护的广大电气技术人员同样可参考选用本教材。

教材编写过程中得到了许多校企合作单位的帮助，教材内容中涉及的行业标准与典型应用实例大多由校企合作单位提供；教材中理论部分的某些图片参考了《电力电子技术》《半导体变流技术》《变频器应用》等典型教材；出版社也提出了不少修改意见，编者在此一并表示由衷的感谢。

由于本人水平有限、时间又仓促，教材中难免会有不足之处，恳请广大读者批评指出，帮助我们进一步完善教材。

编著者

目录 Contents

注：带 * 的章节为可选。

电力电子与变频技术概况

知识目标：

1. 熟悉交流异步电动机调速的基本方法。
2. 了解变频器的作用与变频调速的优点。
3. 了解电力电子与变频技术的发展历程。
4. 了解变频调速部分典型应用实例。

技能目标：

1. 能正确使用三相异步电动机。
2. 能合理调节三相异步电动机的转速。

任务 1.1　交流异步电动机调速的基本方法

异步电动机调速方法

1.1.1　交流异步电动机的旋转原理

交流异步电动机的电磁转矩是由定子主磁通和转子电流相互作用产生的，其基本原理如图 1.1 所示。

（1）当交流异步电动机的定子绕组通入三相（或两相）交流电时，电动机气隙中便产生旋转磁场，旋转磁场的转速也称为同步转速，$n_1 = 60f_1/p$。

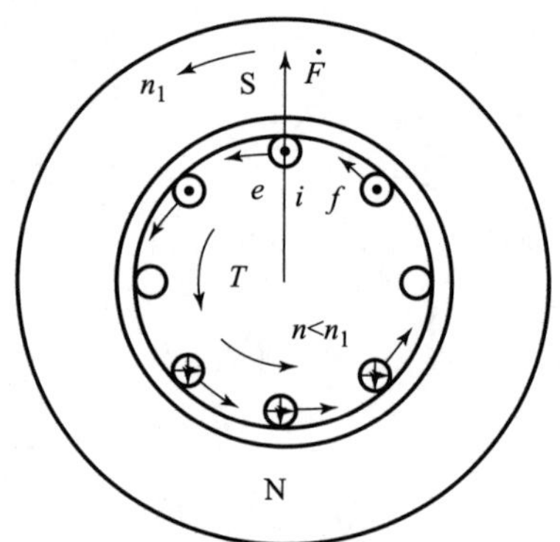

图1.1　交流异步电动机的基本原理

（2）只要转子与旋转磁场之间有转速差，转子绕组就切割磁力线，从而产生感应电动势，由于转子回路闭合而形成转子电流。

转速差的大小用转差率表示：

$$s=\Delta n/n_1=(n_1-n)/n_1$$

（3）旋转磁场与转子电流相互作用产生电磁力，根据电磁定律（左手定则）可以判断，转子旋转的方向与磁场旋转方向相同。三相绕组中任意两相对换，旋转磁场就反向，从而使电动机反转。转子的转动速度 n 永远小于旋转磁场的转速 n_1，所以称为异步电动机，从工作原理上也称为感应电动机。

$$n=60f_1(1-s)/p$$

1.1.2　交流异步电动机的运行状态

1. 电动机状态（$0<n<n_1$，$0<s<1$）

电机从电网吸收电功率，经过气隙的耦合作用从轴上输出机械功率。

当转子旋转时，转子感应电动势和电流变化频率为 f_2，转子（机械）转速为 n，气隙磁场转速为 n_1，气隙磁场与转子相对转速为 n_2（它决定了转子绕组感应电动势及电流的变化频率），其有如下关系式。

$$\begin{cases} n_2=n_1-n \\ f_2=\dfrac{pn_2}{60}=\dfrac{n_1-n}{n_1}\cdot\dfrac{pn_1}{60}=sf_1 \end{cases}$$

当 s 在0.01～0.04变化且 $f_1=50$ Hz时，$f_2=0.5\sim2$ Hz。

电磁转矩与磁通、转子有功电流成正比，即

$$T_{\mathrm{em}}=C_{\mathrm{M}}\Phi_{\mathrm{m}}I_2\cos\varphi_2$$

电磁转矩与电压的平方成正比，即

$$T_{\mathrm{em}}=\frac{m_1pU_1^2\dfrac{R_2'}{s}}{2\pi f_1\left[\left(R_1+\dfrac{R_2'}{s}\right)^2+(X_{1\sigma}+X_{2\sigma}')^2\right]}$$

电动机状态为

$$U_1=E_1+IR_0$$

式中，R_0 为电动机转子绕组的内阻。

可见，转差率 s 越大，转子绕组感应电动势及电流的变化频率 f_2 越大，功率因数则越小，在电流相同时电磁转矩越小。反之，在负载转矩一定的情况下，功率因数越小，则所需电流越大。普通鼠笼式异步电动机在采用传统方法启动时，由于功率因数很低，所以，虽然启动电流大，但启动转矩不大。

2. 发电机状态（$n>n_1$，$s<0$）

（1）原动机拖动转子以 $n>n_1$ 转速旋转。

（2）转子绕组运动（磁场转速慢）切割磁力线，产生感应电动势，进而产生电流，电流与气隙磁场的相互作用产生与转子转向相反的制动转矩。

（3）电机从轴上吸收机械功率，经过气隙耦合再向电网输出电功率。

发电机状态为

$$E_1 = U_1 + IR_0$$

3. 电磁制动状态（$n<0$，$s>1$）

转子旋转方向与磁场方向相反，此时电机既从电网吸收电功率又从轴上吸收机械功率，被吸收的电功率和机械功率都属于电机内部损耗。

1.1.3　交流异步电动机的调速方法

由转速 $n=60f_1(1-s)/p$ 可知，只要改变电源频率 f_1、转差率 s 或极对数 p 任意一个参数，就可以实现异步电动机的调速。

1. 改变磁极对数 p（变极调速）

定子磁场的磁极对数取决于定子绕组的结构，要改变 p，就必须将定子绕组方式设计为可以换接成两种磁极对数的特殊形式，普通电机是不能实施变极调速的。双速电机的绕组经过特殊设计，一套绕组可换接成两种磁极对数。

变极调速的主要优点是控制设备简单、操作方便、机械特性较硬、效率高，既适用于恒转矩调速，又适用于恒功率调速。其缺点是有级调速且级差很大，级数有限，因而只适用于不需平滑调速的场合，如生产机械高、低速的粗调等。

改变定子绕组接线方式使半相绕组的电流反向，从而实现变极调速的方法很多，常用的方法有两种：Y－YY和△－YY。Y接法或△接法，每相中的两个半相绕组正向串联，极对数为 $2p$，同步转速为 n_1，其接线如图1.2（a）、图1.2（b）所示；当定子绕组从Y接法变成YY接法或从△接法变成YY接法时，每相中的两个半相绕组反向并联，极对数为 p，同步转速为 $2n_1$，为了保持转子的转向不变，应将其中两相电源对换，其接线如图1.2（c）所示。

2. 改变转差率 s（变转差率调速）

改变转差率调速的方法主要有：定子调压调速、转子变电阻调速、电磁转差离合器调速、串极调速等。

1）定子调压调速

当负载转矩一定时，随着电动机定子电压的降低，主磁通减少，转子感应电动势减小，转子电流减小，转子受到的电磁力减小，转差率 s 增大，转速减小，从而达到调速的目的。同理，定子电压升高，转速增加，但电压一般不能超过额定值，所以其又称为降压调速。

调压调速的优点：调速平滑，采用闭环系统调速时，机械特性较硬，调速范围较宽。

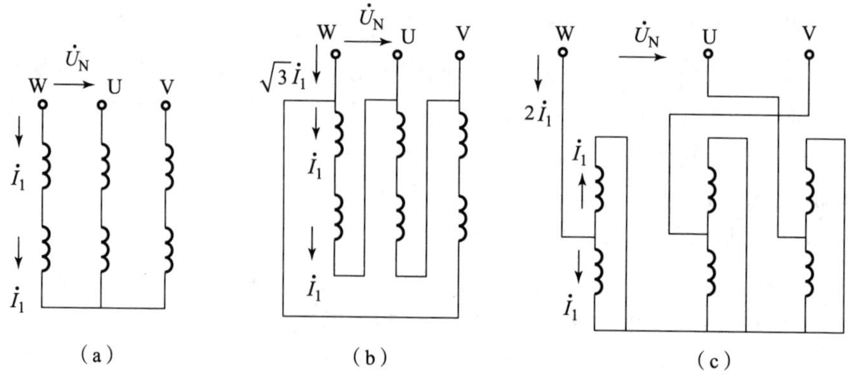

图 1.2　交流异步电动机Y－YY或△－YY接线

(a) Y接法；(b) △接法；(c) YY接法

调压调速的缺点：在低速时，由于电磁转矩与电压的平方成正比，所以转矩很小，一般不能拖动恒转矩负载；同时转差功率损耗较大，功率因数低，电流大，效率低。

调压调速既非恒转矩调速，也非恒功率调速，比较适合于风机、泵类特性的负载，鼓风机就是利用定子调压调速的方法进行调速的，如图 1.3 所示。

若要求低速时机械特性较硬，即在一定静差率下有较宽的调速范围，又要保证电动机具有一定的过载能力，则可采用转速负反馈降压调速闭环控制系统，如图 1.4 所示。

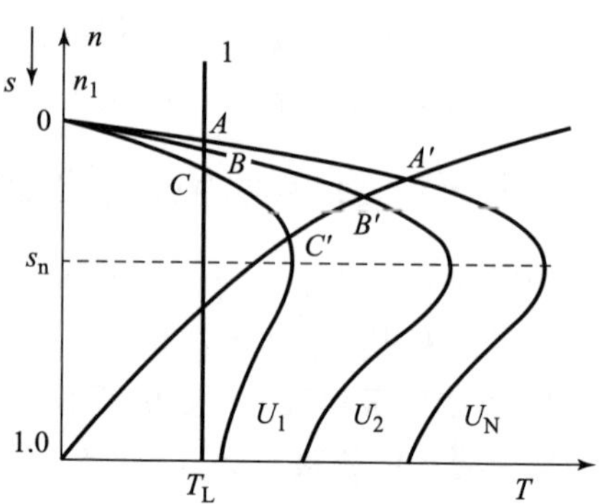

图 1.3　定子调压调速机械特性

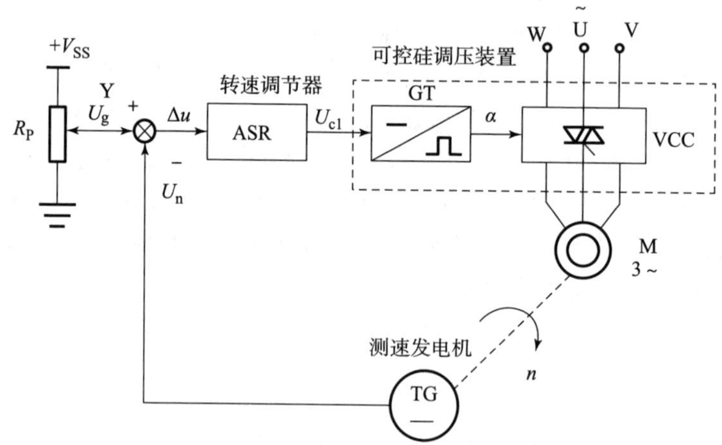

图 1.4　转速负反馈降压调速闭环控制系统

2）转子变电阻调速

当定子电压一定时，电机主磁通不变，改变转子电阻可改变机械特性，在转矩一定时即可改变电机的转速，如图1.5所示。

转子变电阻调速的优点是设备和线路简单，投资成本低，但其机械特性较软，转速随负载的波动较大，调速范围受到限制且低速时转差功率损耗较大、效率低、经济效益差。目前，转子变电阻调速只在一些调速要求不高的场合被采用，如塔式起重机的吊钩控制调速等。

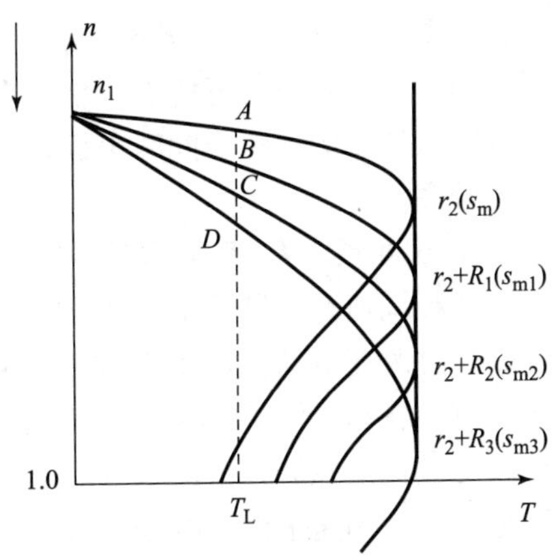

图1.5　转子变电阻调速机械特性

3）电磁转差离合器调速（滑差调速）

电磁转差离合器是鼠笼式异步电动机与负载之间互相连接的一个电气设备。电磁转差离合器调速系统的工作原理：以恒定转速运转的异步电动机为原动机，通过改变电磁转差离合器的励磁电流来改变耦合力矩，从而进行速度调节。电磁转差离合器由电枢和磁极两部分组成，二者没有机械联系，均可自由旋转。离合器的电枢与异步电动机转子轴相连并以恒速旋转，磁极与工作机械相连。如果磁极内励磁电流为零，则电枢与磁极间没有任何电磁联系，磁极与工作机械静止不动，相当于负载被“脱离”；如果磁极内通入直流励磁电流，则磁极产生磁场，电枢由于被异步电动机拖动旋转，与磁极产生相对运动，电枢绕组产生电流并产生力矩，磁极将沿着电枢旋转方向而旋转，此时负载相当于被“合上”。调节磁极内的直流励磁电流就可调节转速，如图1.6所示。

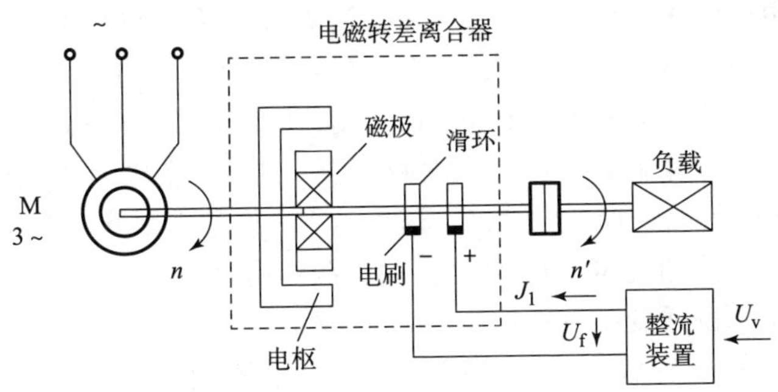

图1.6　电磁转差离合器调速

电磁转差离合器调速的优点是控制简单、运行可靠、能平滑调速，采用闭环控制后可扩大调速范围，适用于通风类或恒转矩类负载。其缺点是低速时损耗大、效率低。

4）串极调速

定子调压调速、转子变电阻调速、电磁转差离合器调速等方法，均存在转差功率损耗较大、效率低的问题。如何能够把消耗于转子电阻上的功率利用起来，且能提高调速性能？于是，串极调速被提出。串极调速的基本思想是将转子中的转差功率通过变换装置加以利用，以提高设备的效率。

串极调速的工作原理实际上是在转子回路中引入一个与转子绕组感应电动势频率相同且可控的附加电动势，其通过控制这个附加电动势的大小来改变转子电流的大小，从而改变转速，如图1.7所示。串极调速具有机械特性比较硬、调速平滑、损耗小、效率高等优点，便于向大容量发展，但它也存在功率因数较小的缺点，同时串极调速的控制设备比较复杂，成本比较高。

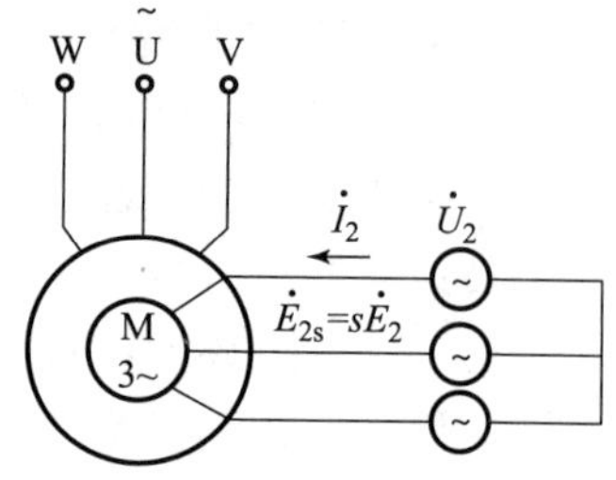

图1.7　串极调速原理图

3. 改变频率 f（变频调速）

变频调速是利用交流电动机的同步转速随频率变化的特性，通过改变电动机的供电频率进行调速的方法。当极对数 p 不变时，电动机转子转速与定子电源频率成正比，因此，连续地改变供电电源的频率，就可以连续平滑地调节电动机的转速。异步电动机变频调速具有调速范围广、调速平滑性能好、机械特性较硬的优点，可以方便地实现恒转矩或恒功率调速，在异步电动机诸多的调速方法中，变频调速的性能最好。变频调速系统的启动、制动过程平稳、调速范围广、效率高、转速稳定性好，其调速特性与直流电动机调压调速和弱磁调速十分相似，并可与直流调速媲美。

对异步电动机进行调速控制时，电动机的主磁通应保持额定值不变。若磁通太弱，则铁芯利用不充分，转子电流相同时，电磁转矩小，电动机的负载能力下降；若磁通太强，则铁芯发热，波形变坏，所以变频调速过程中应始终保持磁通不变。

三相异步电动机定子每相电动势的有效值为

$$E_1 = 4.44 f_1 N_1 \Phi_m K_y$$

式中，E_1为定子每相由气隙磁通感应的电动势有效值（V）；f_1为定子频率（Hz）；N_1为定子相绕组有效匝数；Φ_m为每极磁通量（Wb）；K_y为电动机的绕组系数。

如果不计定子阻抗压降，则 $U_1 \approx E_1 = 4.44 f_1 N_1 \Phi_m K_y$。若端电压 U_1 不变，则随着 f_1 的升高，气隙磁通 Φ 将减小，又从转矩公式 $T = C_M \Phi I_2 \cos \varphi_2$ 可以看出，磁通 Φ 的减小势必导致电动机允许输出转矩 T 的下降，降低电动机的输出，同时，电动机的最大转矩会降低，严重时会使电动机堵转；若维持端电压 U_1 不变而减小 f_1，则气隙磁通 Φ 将增加，这就会使磁路饱和，励磁电流上升，导致铁损急剧增加，这也是不允许的。因此许多场合，要求在调频的同时改变定子电压 U_1，以维持 Φ 的恒定。下面分两种情况说明：

（1）基频以下的恒磁通变频调速。

为了保持电动机的带负载能力，就应保持气隙主磁通 Φ 不变，这就要求降低供电频率的同时降低感应电动势，保持 E_1/f_1 = 常数，即保持电动势与频率之比为常数进行控制，这种控制又被称为恒磁通变频调速，属于恒转矩调速方式。由于难以直接检测和直接控制 E_1，我们可以近似地保持定子电压 U_1 和频率 f_1 的比值为常数，即认为 $E_1 \approx U_1$，保持 U_1/f_1 = 常数。这就是恒压频比控制方式，是近似的恒磁通控制，如图1.8所示。

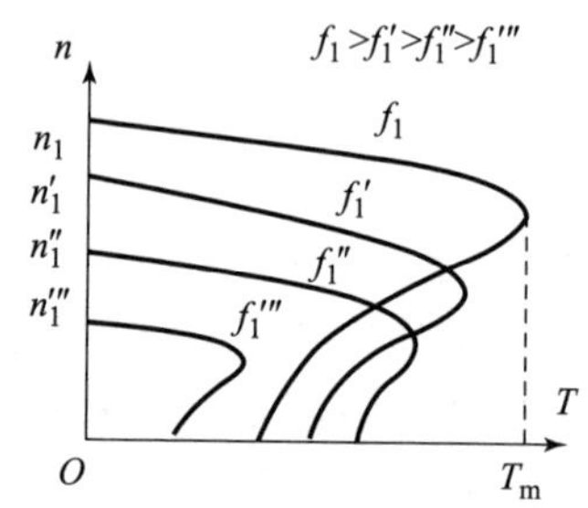

图1.8　基频以下的变频机械特性

（2）基频以上的弱磁变频调速。

考虑由基频开始向上调速的情况，频率由额定值向上增大时，电压 U_1 由于受额定电压 U_{1N} 的限制不能再升高，只能保持 $U_1 = U_{1N}$ 不变，这样必然使主磁通随 f_1 的上升而减小，相当于直流电动机弱磁调速的情况，即近似的恒功率调速方式，如图1.9所示。

由上面的讨论可知，异步电动机的变频调速必须按照一定的规律同时改变其定子电压和频率，基于这种原理构成的变频器即为所谓的 VVVF（Variable Voltage Variable Frequency）调速控制，这也是通用变频器（VVVF）的基本原理。

根据 U_1 和 f_1 的不同比例关系，将有不同的变频调速方式。保持 U_1/f_1 为常数的比例控制方式适用于调速范围不太大或转矩随转速下降而减小的负载，例如风机、水泵等；保持转矩 T 为常数的恒磁通控制方式适用于调速范围较大的恒转矩性质的负载，例如升降机、搅拌机、传送带等；保持功率 P 为常数的恒功率控制方式适用于负载随转速的增高而变小的场合，例如主轴传动、卷绕机等。

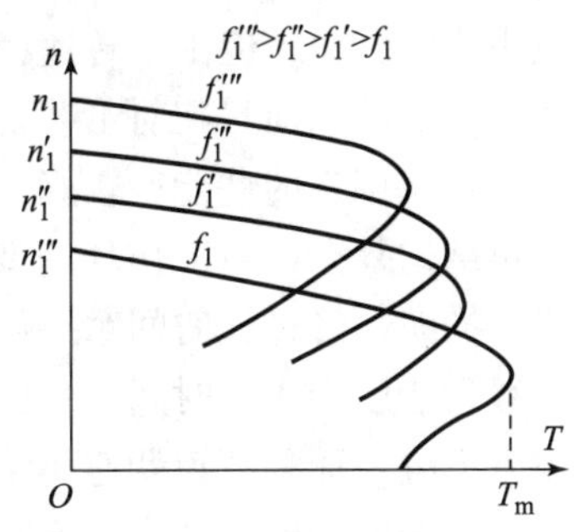

图 1.9　基频以上的变频机械特性

在恒定 U_1/f_1 控制中，随频率 f_1 的下降，定子绕组的电阻压降在 U_1 中所占的比例逐渐增大，造成气隙磁通 Φ_m 和转矩下降。采取适当提高 U_1/f_1 的方法来补偿定子绕组的电阻压降的增大，而保持 Φ_m 为定值，最终使电动机的转矩得到补偿，这种方法被称为转矩补偿。因为它是通过提高 U_1/f_1 而得到的，故又被称为 V/F 控制或电压补偿，许多书中则直译为转矩提升，实现低频补偿后的变频机械特性如图 1. 10 所示。若补偿过分，则说明电压 U_1 提升过多，使电动势 E 在 U_1 中的比例减小，定子电流 I_1 将增加，甚至会引起变频器因过电流而跳闸。典型变频器外观如图 1. 11 所示。

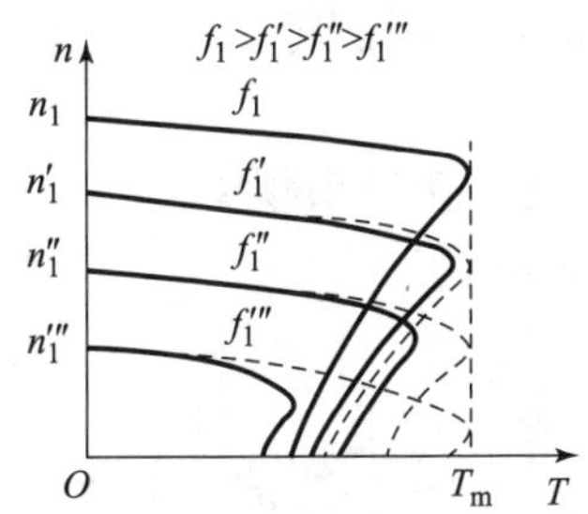

图 1.10　实现低频补偿后的变频机械特性

图 1.11　典型变频器外观

任务 1.2　变频调速的优点与发展概况

变频调速的优点与发展概况

1.2.1　变频调速的优点

许多生产设备由于工艺需要，要求电动机必须具有优良的调速性能，如机床、造纸机、轧钢机、纺织印染机、拉丝机、电线电缆生产线、卷尺生产线等。

交流异步电动机传统调速方法的控制比较简单，一般采用滑差调速或交流整流异步电动机小范围调速，但由于转速稳定性差、传动速度不协调等，产品报废率高且调速范围小、能耗高，所以以前只在对工艺要求较低的生产机械中采用交流调速。

直流调速的性能比较好，所以对工艺要求较高的上述机械一般采用直流调速。但直流电动机结构复杂、对工作环境要求较高；直流电动机碳刷易磨损，碳刷架易打火而烧坏电动机；换向器经过长时间摩擦后，铜片会越来越薄，最后导致打火击穿。国产换向器和碳刷，一般只能用半年多时间。目前，直流电动机故障率高、保养难度大的问题，还没有从根本上得到解决，而且直流调速系统体积大、耗电量大，不能在易燃易爆场合使用。

随着电力电子技术的不断发展，变频调速技术日益成熟，交流变频调速正逐步取代直流调速。变频调速系统不但可以提高生产机械的控制精度、生产效率和产品质量，有利于实现生产过程的自动化，还具有优良的控制性能和显著的节能效果。

交流变频调速以其节能效果显著、保护完善、控制性能好、过载能力强、使用维护方便等特点迅速发展，已成为电动机调速的主流。

1.2.2 变频器的作用

变频器是一种把工频电源（50 Hz 或 60 Hz）变换成各种频率的交流电源，以实现电动机变速运行的设备。变频器于 20 世纪 60 年代问世，于 20 世纪 80 年代在主要工业化国家得到广泛使用。自 20 世纪 80 年代被引进中国以来，变频器已成为节能应用与速度工艺控制中越来越重要的自动化设备，得到了快速发展和广泛应用。在电力、纺织与化纤、建材、石油、化工、冶金、市政、造纸、食品饮料、烟草等行业以及公用工程（中央空调、供水、水处理、电梯等）中，变频器都发挥着重要作用。

变频器的主要功能有：

（1）可实现软启动、软停车，使启动、制动性能得到大幅提高。

（2）可通过预置精确地控制输出频率。

（3）可通过外接线端的输入电压或电流信号，及时地调节输出频率。

（4）不用电路换接，即可实现电动机的正、反转控制。

（5）通过降低电动机的转速，可用于节能控制。

（6）高性能控制型变频器可实现恒转速或恒转矩控制。

（7）与 PLC、触摸屏等配合，可实现智能控制。

（8）具有可切换的监视功能。

1.2.3 变频技术的发展概况

交流调速与控制技术是目前发展最为迅速的技术之一，这是与电力电子器件制造技术、变流技术、控制技术、微型计算机和大规模集成电路的飞速发展密切相关的。也就是说，每当新一代的电力电子器件出现时，体积更小、功率更大的新型通用变频器就会产生。

1. 电力电子器件的发展

电力电子器件制造技术的发展，为交流调速系统的发展和完善提供了基本的保证。目前应用最多的电力电子功率器件主要有 GTO、GTR、IGBT 以及智能模块（Intelligent Power Module，IPM）。其中 IGBT 的开关频率可达到几十 kHz，而且具有低损耗、开关速度快、电压高、容量大、体积小、驱动功率小等特点。IGBT 能够实现无噪声驱动，在变频器中得到广泛应用。IPM 包含 IGBT 芯片及外围的驱动电路、保护电路，具有过流、短路、欠压与过热保护等功能，有很好的经济性。电力电子器件正朝高电压、大功率、高频化、智能化和组合化的方向发展，有力地推动了交流调速系统向高电压、大功率、高频化、智能化和低噪声的方向发展。

2. 现代控制技术的发展

SPWM 控制技术是变频技术的核心技术之一，其可以实现变频变压与抑制高次谐波的功能，在包括交流调速的能量变换系统中得到了广泛应用。20 世纪 90 年代初，数字信号处理器（Digital Signal Processor，DSP）开始应用于交流调速系统中，交流调速是在应用矢量控制等经典控制理论取得的成绩基础之上被建立的，现代控制理论也在交流变频调速系统中得到了广泛的应用。新的基于现代控制理论的控制策略不断出现，包括滑模变结构技术、模型参考自适应技术、鲁棒观察器、二次型性能指标的最优控制技术和逆奈奎斯特阵列设计方法等。基于智能控制思想的控制策略包括模糊控制、神经元网络、专家系统等，这些新控制策略的应用对交流调速系统的发展有重要的作用。

3. 微处理技术的发展

微电子技术的飞跃发展，使微处理器的性能不断提高，微处理器作为控制器在交流变频调速系统中得到了广泛的应用，推动了交流调速向数字化方向发展。80 年代后期，MCS - 51 等单片机被推出后，由于其较高的集成度和性能，具备一定的信息处理能力和数据运算速度，同时内部硬件资源比较丰富，开始作为通用控制器应用于交流调速系统。

1.2.4　变频调速技术应用举例

变频调速技术应用举例

1. 变频调速在棉纺织设备中的应用

现棉纺织企业所使用的设备，还有许多七八十年代生产的设备，这些设备从机械状态来讲仍可长期使用，近期全部更新是不可能的，但对其进行部分电气传动改造是完全可行的。纺纱工艺流程要求加工设备的电气传动稳定，点动、启动及升降调速都应平滑实现，这样才能使纤维牵伸均匀，降低条干 CV 值和减少质量不匀的情况出现。棉纺织设备旧的传动系统都是由皮带与齿轮来进行调速的，由于电动机启动的硬度，在点动与启动过程中，不可避免地会出现皮带打滑、齿轮冲击等现象。在机械传动轮系统中，齿轮越多齿轮损伤的概率也就越大。

用交流变频调速技术就能够很好地实现平滑启动，消除机械启动时的冲击力，实现无级变速，满足生产工艺要求，提高成纱质量。应用此技术在纱支品种变化的情况时，不需改变齿数比或皮带轮，设备工艺转速的改变只需通过变频设定就可完成。

2. 变频调速在水泥厂设备中的应用

立窑水泥厂生产线上的烧结风机，是主要的耗能设备，其风量是按工艺要求进行调节的。以前的水泥厂，是采用调节进风口或放风口挡板的开启度的方法来满足工艺要求的。由于该方法是以增大风阻或牺牲风机效率来达到要求的，即以增大耗能为代价来实现风量的粗调，过剩的风量向空中排放，加重了环境污染，诸多弊端一直困扰着每一家水泥厂。采用变频调速器进行锅炉引风机、鼓风机、炉排机改造，既可以节约电能，降低煤炭用量，延长锅炉及配套辅机的使用寿命，减少维修量，又可以避免冒黑烟，减少对环境的污染，降低工人劳动强度。

3. 变频调速在中央空调控制中的应用

中央空调绝大多数时间在低负荷情况下工作，在满足中央空调系统正常工作的情况下，通过变频器控制可使冷冻水泵和冷却水泵做出相应的转速调节。根据流体力学原理，水泵转动系统的转矩与转速的二次方成正比，而轴功率与转速的三次方成正比，随着转速的下降，电动机从电网吸收的电能就会大大减少，因此，中央空调采用变频控制具有明显的节能效果。

4. 变频调速在电梯和运输设备控制中的应用

由于电梯和运输设备的拖动系统有很大的惯性，在启动过程中，如果频率上升得太快，则电动机转子的转速跟不上同步转速的上升，Δn 增大，引起电流的增大，甚至可能超过一定限值而导致变频器跳闸，同时过大的冲击力会造成运输物的挤压甚至倒塌。为了保证启动过程的平稳性，就必须采用软启动。采用“S”形软启动可有效地解决加速度的快慢与运输车的运行平稳性之间的矛盾，既可减小启动电流，又能提升启动转矩。同样，为了做到平稳而精确地快速停车，就可采用直流制动和再生制动配合使用的方法，即首先用再生制动方式将电动机的转速降至较低转速，然后转换成直流（DC）制动，使电动机迅速停住。

5. 变频调速在多单元同步联动控制系统中的应用

塑料、印染、造纸、纺织、轧钢等行业的生产，往往具有很多个同步传动单机，每个机组都具有独立的拖动系统。为了确保产品的质量，就要求各单元间被加工物（布匹、纸张等）的运行线速度能够步调一致，即实现同步运动。

以造纸行业为例，造纸设备虽然种类繁多，传动结构各异，但从系统组成来看其都是由压榨、烘干、压光、卷取等几个部分组成的，而且各部分都有独立的电动机驱动。造纸工艺要求：设备传动时应保证纸在各部分的传送具有恒定的线速度及恒定的张紧度，目前实现这个要求的最佳控制方案就是变频调速。

【练习与思考】

1. 三相异步电动机常用的调速方法有哪些？各有什么特点？
2. 为什么变频调速具有良好的特性？
3. 通用变频器具有哪些功能？
4. 变频器的输出电压为什么要随着频率而变化？
5. 中央空调采用变频调速具有明显的节能效果，其依据是什么？
6. 列举其他变频调速的应用实例，说明变频调速的优点。

常用电力电子器件与电路

知识目标：

1. 熟悉电力二极管、普通晶闸管的结构和特性。
2. 了解晶闸管的派生器件。
3. 熟悉电力MOS场效应晶体管的结构、特性。
4. 熟悉绝缘栅双极晶体管的结构、特性。
5. 熟悉常用变流与触发电路。

技能目标：

1. 能正确鉴别常用电力电子器件的好坏。
2. 能正确测试SCR、MOSFET、GTR、IGBT的特性和参数。
3. 能正确使用MOSFET、GTR、IGBT驱动与保护电路。
4. 能熟练应用整流与逆变电路。

任务2.1　电流控制型电力电子器件

2.1.1　不可控器件——电力二极管

普通电力二极管（Power Diode）的结构和原理简单、工作可靠，自20世纪50年代初就获得应用，其派生的快恢复二极管和肖特基二极管，分别被用在中、高频整流和逆变，以及低压高频整流的场合，具有不可替代的地位。

电力二极管的基本结构和工作原理与信息电子电路中的二极管一样，以半导体 PN 结为基础，由一个面积较大的 PN 结和两端引线以及封装组成，从外形上看，主要有螺栓型和平板型两种封装。电力二极管的外形、结构、电气图形符号和特性如图 2.1 所示。

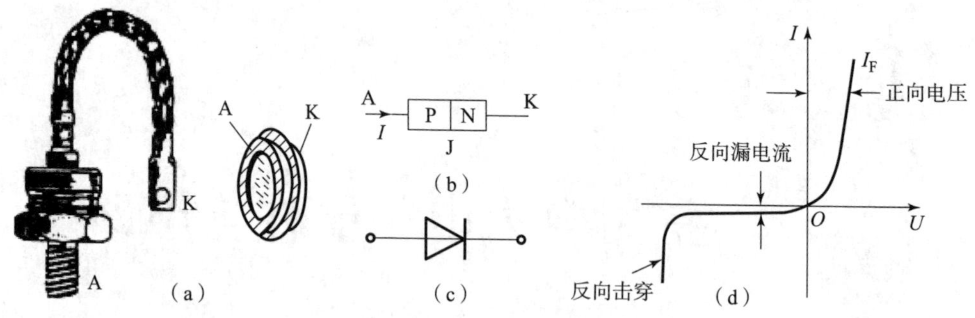

图 2.1　电力二极管

（a）外形；（b）结构；（c）电气图形符号；（d）特性

PN 结的电荷量随外加电压而变化，呈现电容效应，被称为结电容 C_J，又被称为微分电容。结电容影响 PN 结的工作频率，特别是在高速开关的状态下，可能使其单向导电性变差，甚至不能工作，使用时应加以注意。

2.1.2　半控型器件——晶闸管

普通晶闸管

晶闸管（Thyristor）又称晶体闸流管或可控硅整流器（SCR），于 1956 年由美国贝尔实验室（Bell Laboratories）发明。1957 年由美国通用电气公司（General Electric Company）开发出第一个晶闸管产品，并于 1958 年开始商业化，从此开辟了电力电子技术迅速发展和广泛应用的崭新时代，20 世纪 80 年代开始逐步被性能更好的全控型器件取代。

晶闸管往往专指晶闸管的一种基本类型——普通晶闸管，由于能承受的电压和电流容量最高，工作可靠，在大容量的场合具有重要地位。

1. 晶闸管的结构与特性

晶闸管的外形、内部结构、电气图形符号和模块外形如图 2.2 所示，外形有螺栓形和平板形两种封装；内部引出阳极 A、阴极 K 和门极（控制端）G 三个连接端。对于螺栓形封装，通常螺栓是其阳极，能与散热器紧密连接且安装方便；平板形封装的晶闸管由两个散热器将其夹在中间。

晶闸管的内部结构如图 2.2（b）所示，通过理论分析和如图 2.3 所示实验电路，晶闸管（SCR）具有以下特性：

（1）晶闸管的触发电流从门极 G 流入，从阴极 K 流出，通常是通过触发电路在门极和阴极之间施加触发电压而产生的，所以晶闸管是一种电流控制型器件。

（2）阴极是晶闸管主电路与控制电路的公共端，主电路的电流只能从阳极 A 流向阴极 K，只有当 U_{AK}为正而且大于 1 V 时才能导通。

（3）当 $U_{AK}>1$ V 时，若 $I_G=0$，则晶闸管也是不导通的，只有很小的正向漏电流流过；而一旦在 G、K 两端施加一定的触发信号（$U_{GK}>0.7$ V），晶闸管就能保持导通状态，此时

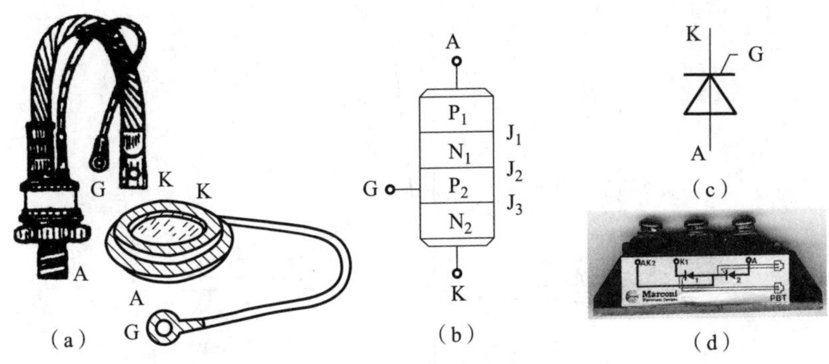

图 2.2 普通晶闸管

(a) 外形；(b) 内部结构；(c) 电气图形符号；(d) 模块外形

晶闸管本身的压降很小，在 1 V 左右。

(4) 晶闸管在导通状态下，I_G就失去了控制作用，所以晶闸管是一种半控器件。

(5) 导通期间，如果门极电流为零，并且阳极电流降至接近零的某一数值 I_H以下，则晶闸管又回到正向阻断状态，I_H被称为维持电流。一般晶闸管的维持电流为 10 mA 左右，在实际应用中为了使晶闸管可靠关断，一般要求 $U_{AK} \leqslant 0$ V。

晶闸管的双晶体管模型如图 2.4 所示。

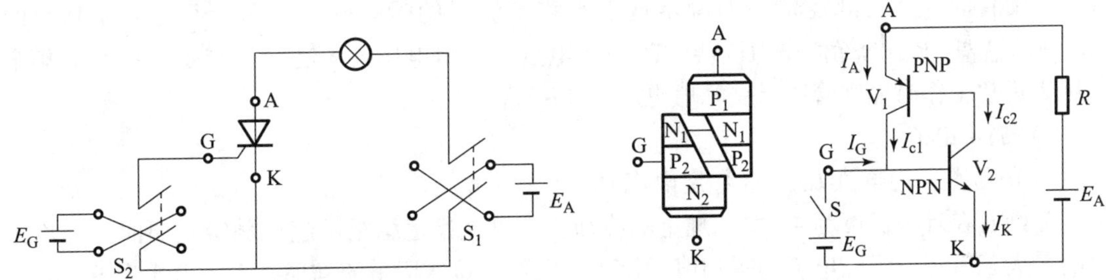

图 2.3 晶闸管导通关断的实验电路

图 2.4 晶闸管的双晶体管模型

其他几种可能导通的情况：

①阳极电压升高至相当高的数值造成雪崩效应；

②阳极电压上升率 $\mathrm{d}u/\mathrm{d}t$ 过高；

③结温较高；

④光直接照射硅片，即光触发。

上述可能导通的情况中，光直接照射硅片触发可以保证控制电路与主电路之间的良好绝缘而应用于高压电力设备，被称为光控晶闸管（LTT），其他情况都因不易控制而难以应用于实践。

只有门极触发（包括门极光触发）是最精确、迅速而可靠的控制手段。

在晶闸管上施加反向电压时，其伏安特性类似二极管的反向特性，如图 2.5 所示。

2. 晶闸管的主要参数

1）额定电压

(1) 断态重复峰值电压 U_{DRM}。

在门极断路而结温为额定值时，允许重复加在器件上的正向峰值电压。

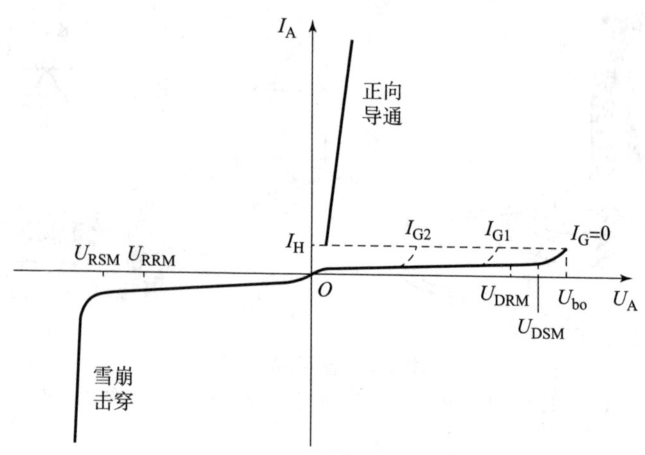

图 2.5　晶闸管的伏安特性

$I_{G2}>I_{G1}>I_G$

（2）反向重复峰值电压 U_{RRM}。

在门极断路而结温为额定值时，允许重复加在器件上的反向峰值电压。

（3）通态（峰值）电压 U_{TM}。

晶闸管通以某一规定倍数的额定通态平均电流时的瞬态峰值电压，通常取晶闸管的 U_{DRM}和 U_{RRM}中较小的标值作为该器件的额定电压。额定电压要留有一定裕量，一般取额定电压为正常工作时晶闸管所承受峰值电压的 2～3 倍。

2）额定电流

（1）通态平均电流 $I_{T(AV)}$（额定电流）。

晶闸管在环境温度为 40 ℃和规定的冷却状态下，稳定结温不超过额定结温时所允许流过的最大工频正弦半波电流的平均值。使用时我们应按实际电流与通态平均电流有效值相等的原则来选取晶闸管，应留有一定裕量，一般取 1.5～2 倍。

（2）维持电流 I_H。

使晶闸管维持导通所必需的最小电流，I_H一般为十几毫安，其大小与结温有关，结温越高，则 I_H越小。

（3）擎住电流 I_L。

晶闸管从断态转入通态并移除触发信号后，能维持导通所需的最小电流，对同一晶闸管来说，通常 I_L为 I_H的 2～4 倍。

（4）浪涌电流 I_{TSM}。

由于电路异常情况引起使结温超过额定结温的不重复性最大正向过载电流。

3）动态参数

除开通时间 t_{gt}和关断时间 t_q，还有以下两个参数。

（1）断态电压临界上升率 $\mathrm{d}u/\mathrm{d}t$。

在额定结温和门极开路的情况下，不导致晶闸管从断态到通态转换的外加电压最大上升率，在阻断的晶闸管两端施加的电压具有正向的上升率时，相当于一个电容的 J_2 结会有充电电流流过，此电流被称为位移电流。该电流流经 J_3 结时，起到类似门极触发电流的作用。

如果电压上升率过大，使充电电流足够大，就会使晶闸管误导通。

（2）通态电流临界上升率 $\mathrm{d}i/\mathrm{d}t$。

在规定条件下，晶闸管能承受而无有害影响的最大通态电流上升率，如果电流上升太快，则晶闸管刚一开通，便会有很大的电流集中在门极附近的小区域内，从而造成局部过热而损坏晶闸管。

2.1.3* 晶闸管的派生器件

晶闸管派生器件

1. 快速晶闸管（Fast Switching Thyristor，FST）

快速晶闸管包括所有专为快速应用而设计的晶闸管，如快速晶闸管和高频晶闸管，其在管芯结构和制造工艺方面进行了改进，开关时间、$\mathrm{d}u/\mathrm{d}t$ 和 $\mathrm{d}i/\mathrm{d}t$ 等都有明显改善，普通晶闸管关断时间为数百微秒，而快速晶闸管可达数十微秒，高频晶闸管为 10 μs 左右。高频晶闸管的不足在于其电压和电流定额都不易做高，且由于工作频率较高，选择通态平均电流时不能忽略其开关损耗的发热效应。

2. 双向晶闸管（Triode AC Switch，TRIAC 或 Bidirectional Triode Thyristor）

我们可认为双向晶闸管是一对反并联连接的普通晶闸管的集成，有两个主电极 T_1 和 T_2，一个门极 G，正反两方向均可触发导通，所以双向晶闸管在第 Ⅰ 和第 Ⅲ 象限有对称的伏安特性，如图 2.6 所示。双向晶闸管与一对反并联晶闸管相比成本较低，且控制电路简单，在交流调压电路、固态继电器和交流电机调速等领域应用较多，图 2.7 所示为双向晶闸管调光电路。

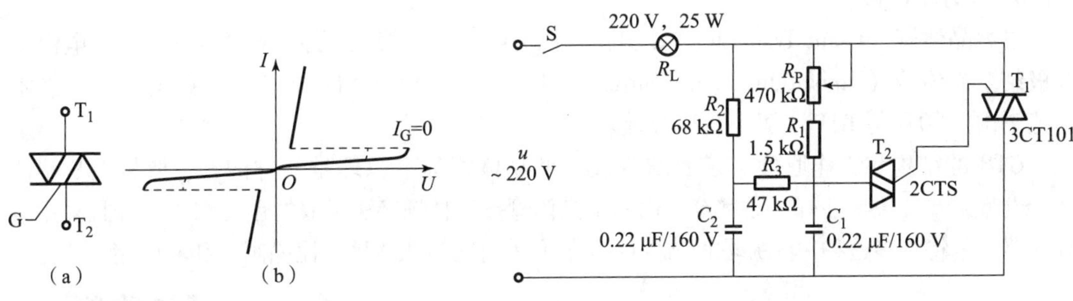

图 2.6　双向晶闸管

（a）电气图形符号；（b）伏安特性

图 2.7　双向晶闸管调光电路

双向晶闸管通常被用在交流电路中，因此不用平均值而用有效值来表示其额定电流值。

双向晶闸管调光电路的工作原理：接通电源，220 V 交流电经过灯泡和电阻 R_1、R_2 对电容 C 充电，由于电容两端电压是不能突变的，充电需要一定时间，充电时间由 R_1 和 R_2 大小决定，R_2 越大充电越慢，双向晶闸管的导通角越小，灯泡越暗。

3. 逆导晶闸管（Reverse Conducting Thyristor，RCT）

将晶闸管反并联一个二极管制作在同一管芯上的功率集成器件，具有正向压降小、关断时间短、高温特性好、额定结温高等优点。逆导晶闸管的额定电流有两个，一个是晶闸管电流，另一个是反并联二极管的电流，如图 2.8 所示。

4. 光控晶闸管（Light Triggered Thyristor，LTT）

光控晶闸管又称光触发晶闸管，是利用一定波长的光照信号触发导通的晶闸管，如

图 2.9 所示。小功率光控晶闸管只有阳极和阴极两个端子；大功率光控晶闸管还带有光缆，光缆上装有作为触发光源的发光二极管或半导体激光器，光触发保证了主电路与控制电路之间的绝缘，且可避免电磁干扰的影响，因此目前其在高压大功率的场合，如高压直流输电和高压核聚变装置中，占据重要的地位。

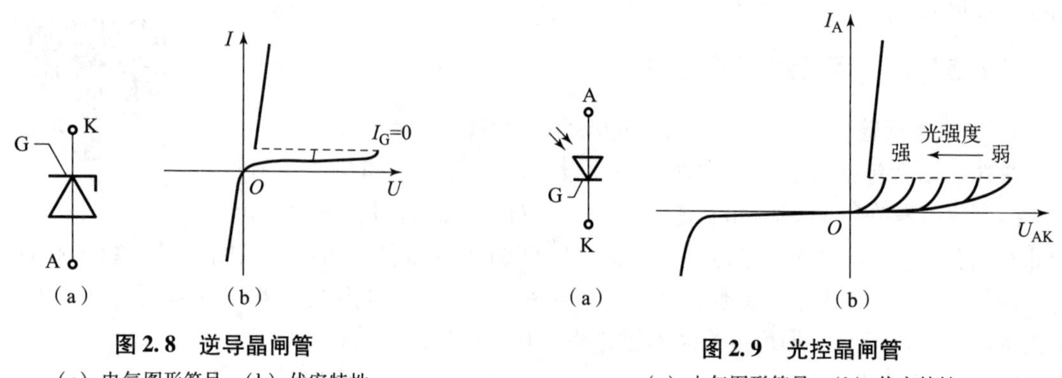

图 2.8　逆导晶闸管

（a）电气图形符号；（b）伏安特性

图 2.9　光控晶闸管

（a）电气图形符号；（b）伏安特性

5. 门极可关断晶闸管

门极可关断晶闸管（Gate-Turn-Off Thyristor，GTO），可以通过在门极施加负的脉冲电流使其关断，GTO 的电压、电流容量较大，与普通晶闸管接近，因而在兆瓦级以上的大功率场合仍有较多的应用。

6. 电力晶体管

电力晶体管（Giant Transistor，GTR，直译为巨型晶体管），是一种耐高电压、大电流的双极结型晶体管（Bipolar Junction Transistor，BJT），也被称为 Power BJT，在电力电子技术的范围内，GTR 与 BJT 这两个名称等效。

GTR 的结构和工作原理与普通的双极结型晶体管基本原理是一样的，主要特性是耐压高、电流大、开关特性好，通常至少由两个晶体管按达林顿接法组成的单元结构，并且采用集成电路工艺将许多这种单元并联而成，GTR 的开关时间为几微秒，比晶闸管和 GTO 都短很多。

任务 2.2　电压控制型电力电子器件

全控型器件 MOSFET

2.2.1　全控型器件——电力场效应晶体管

电力场效应晶体管分为结型和绝缘栅型（类似小功率 FET），但通常主要指绝缘栅型中的 MOS 型，简称为电力 MOSFET（Power MOSFET）。

结型电力场效应晶体管一般被称作静电感应晶体管（SIT），其特点是用栅极电压来控制漏极电流；驱动电路简单，需要的驱动功率小；开关速度快，工作频率高；热稳定性优于 GTR；电流容量小，耐压低，一般只适用于功率不超过 10 kW 的电力电子装置。

1. 电力 MOSFET 的结构和工作原理

电力 MOSFET 的种类按导电沟道可分为 P 沟道和 N 沟道，当栅极电压为零时，漏源极之间存在导电沟道的称为耗尽型；对于 N（P）沟道器件，栅极电压大于（小于）零时才存在导电沟道的称为增强型，电力 MOSFET 主要是 N 沟道增强型。

电力 MOSFET 的结构如图 2.10 所示，导通时只有一种极性的载流子（多子）参与导电，是一种单极型晶体管。其导电机理与小功率 MOS 管相同，但结构上有较大区别。小功率 MOS 管是横向导电器件，而电力 MOSFET 大多采用垂直导电结构，又被称为 VMOSFET（Vertical MOSFET），可大大提高 MOSFET 器件的耐压和耐电流能力。

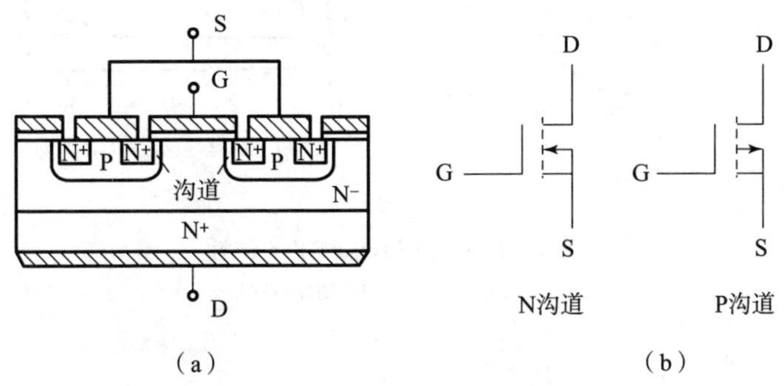

图 2.10　电力 MOSFET 的结构

（a）内部结构断面示意图；（b）电气图形符号

1）截止状态

在漏极 D 与源极 S 之间加正向电压，若栅极 G 与源极 S 间的电压为零，则此时 P 基区与 N 漂移区之间形成的 PN 结 J_1 反偏，漏源极之间无电流流过。

2）导电状态

在栅源极间加正电压 U_{GS}，由于栅极是绝缘的，所以不会有栅极电流流过。但栅极的正电压会将其下面 P 区中的空穴推开，而将 P 区中的少子——电子吸引到栅极下面的 P 区表面。

当 U_{GS}大于 U_T（开启电压或阈值电压）时，栅极下 P 区表面的电子浓度将超过空穴浓度，使 P 型半导体反型成 N 型而成为反型层，该反型层形成 N 沟道而使 PN 结 J_1 消失，漏极和源极导电。

2. 电力 MOSFET 的基本特性

1）静态特性

漏极电流 I_D和栅源间电压 U_{GS}的关系称为 MOSFET 的转移特性（图 2.11），I_D较大时，I_D与 U_{GS}的关系近似线性，曲线的斜率定义为跨导 G_{fs}。

MOSFET 的漏极伏安特性（输出特性）：

截止区（对应 GTR 的截止区）。

饱和区（对应 GTR 的放大区）。

非饱和区（对应 GTR 的饱和区）。

电力 MOSFET 一般工作在开关状态，在实际应用中，为了保证可靠地截止与导通，就应避开放大区，关断状态要求 U_{GS}小于或等于零；导通状态一般要求 U_{GS}大于 10 V 但不能超过 20 V。MOSFET 漏源极之间有寄生二极管，漏源极间加反向电压时寄生二极管导通。

电力 MOSFET 的通态电阻具有正温度系数，对器件并联时的均流有利。

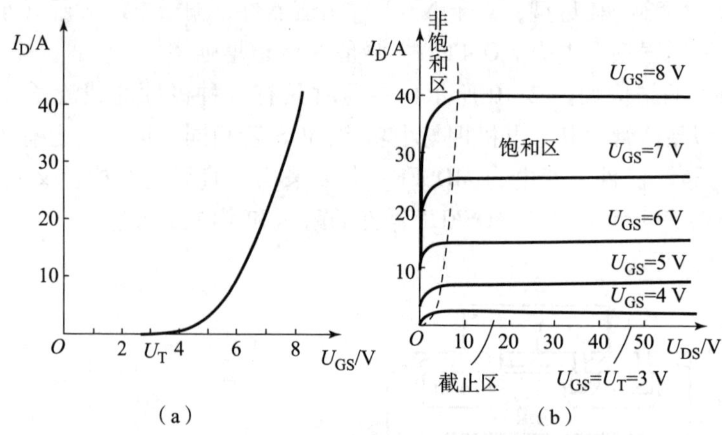

图 2.11　电力 MOSFET 的特性

（a）转移特性；（b）输出特性

2）动态特性（图 2.12）

开通过程：

开通延迟时间 $t_{d(on)}$——up 前沿时刻到 $u_{GS}=U_T$并开始出现 i_D的时刻的时间段，其中 up 为脉冲信号源，U_T为开启电压。

上升时间 t_r——U_{GS}从 u_T上升到 MOSFET 进入非饱和区的栅压 U_{GSP}的时间段。

i_D稳态值由漏极电源电压 U_E和漏极负载电阻决定，U_{GSP}的大小和 i_D的稳态值有关。

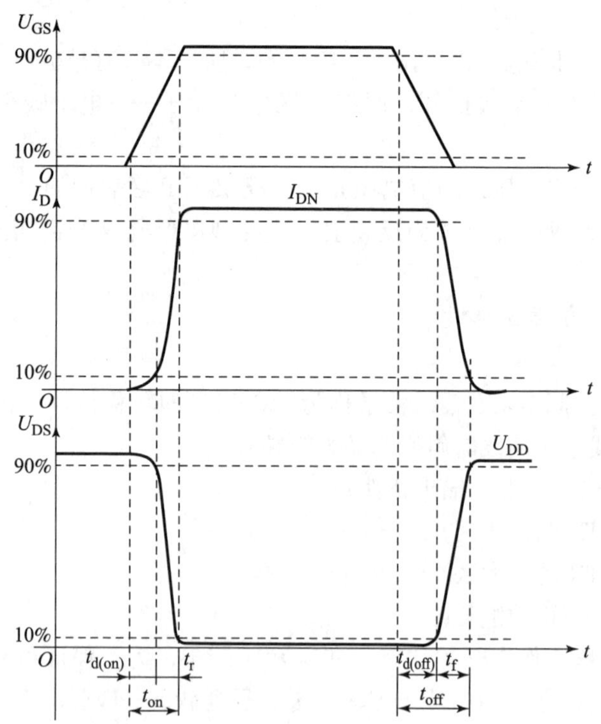

图 2.12　电力 MOSFET 的动态特性波形

U_{GS}达到 U_{GSP}后，在 up 作用下继续升高直至达到稳态，但 i_D已不变。

开通时间 t_{on}——开通延迟时间与上升时间之和。

关断过程：

关断延迟时间 $t_{d(off)}$——up 下降到零起，MOSFET 的输入端寄生电容 C_{in}通过信号源内阻 R_S 和 R_G放电，U_{GS}按指数曲线下降到 U_{GSP}时，i_D开始减小的时间段。

下降时间 t_f——U_{GS}从 U_{GSP}继续下降起，i_D减小，到 $U_{GS} < U_T$时沟道消失，i_D下降到零为止的时间。

关断时间 t_{off}——关断延迟时间和下降时间之和。

MOSFET 的开关速度和 C_{in}充、放电有很大关系，使用者无法降低 C_{in}，但可降低驱动电路内阻 R_S 减小时间常数，加快开关速度。

MOSFET 只靠多子导电，不存在少子储存效应，因而关断过程非常迅速，开关时间为 10 ~ 100 ns，工作频率可达 100 kHz 以上，是主要电力电子器件中工作频率最高的场控器件，静态时几乎不需输入电流。但开关过程需对输入电容充放电，所以仍需一定的驱动功率。开关频率越高，所需要的驱动功率越大。

3. 电力 MOSFET 的主要参数

除跨导 G_{fs}、开启电压 U_T以及 $t_{d(on)}$、t_r、$t_{d(off)}$ 和 t_f，还有以下几个参数：

（1）漏极电压 U_{DS}——电力 MOSFET 电压定额；

（2）漏极直流电流 I_D和漏极脉冲电流幅值 I_{DM}——电力 MOSFET 电流定额；

（3）栅源电压 U_{GS}——栅源之间的绝缘层很薄，$U_{GS} > 20$ V 将击穿绝缘层；

（4）极间电容 C_{GS}、C_{GD}和 C_{DS}。

漏源间的耐压、漏极最大允许电流和最大耗散功率决定了电力 MOSFET 的安全工作区，一般来说，电力 MOSFET 不存在二次击穿问题，这是它的一大优点，但实际使用中我们仍应注意留适当的裕量。

2.2.2　全控型器件——绝缘栅双极晶体管

全控型器件 IGBT

GTR 和 GTO 的特点是双极型、电流驱动、有电导调制效应、通流能力很强、开关速度较低，所需驱动功率大，驱动电路复杂。MOSFET 的优点是单极型、电压驱动、开关速度快、输入阻抗高、热稳定性好，所需驱动功率小而且驱动电路简单。将两类器件相结合，取长补短产生了复合器件——Bi - MOS 器件。

绝缘栅双极晶体管（IGBT 或 IGT）是由 GTR 和 MOSFET 复合而成，它结合了二者的优点，所以具有良好的特性，自 1986 年投入市场后，逐渐占据了 GTR 和一部分 MOSFET 的市场，是中小功率电力电子设备的主导器件，若继续提高电压和电流容量，则可取代 GTO。

1. IGBT 的结构和工作原理

IGBT 是一种三端器件：栅极 G、集电极 C 和发射极 E。

图 2.13（a）所示为 N 沟道 VDMOSFET 与 GTR 组合而成的 N 沟道 IGBT（N - IGBT），IGBT 比 VDMOSFET 多一层 P + 注入区，形成了一个大面积的 P + N 结 J_1，使 IGBT 导通时由 P + 注入区向 N 基区发射少子，从而对漂移区电导率进行调制，使得 IGBT 具有很强的通流能力。

简化等效电路表明，IGBT 是 GTR 与 MOSFET 组成的达林顿结构，是由 MOSFET 驱动的

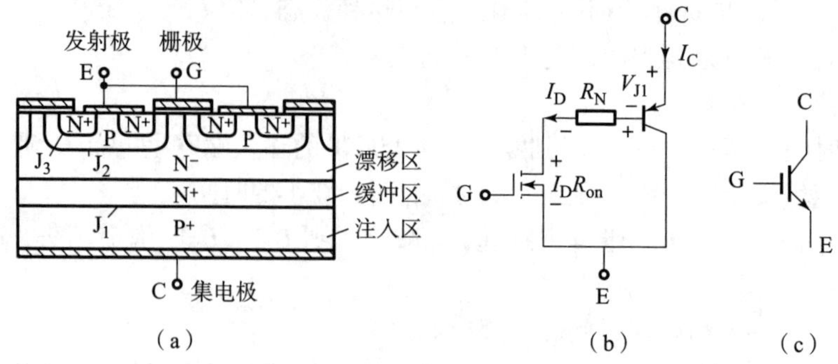

图 2.13　绝缘栅双极晶体管 IGBT

（a）内部结构断面示意图；（b）简化等效电路；（c）电气图形符号

厚基区 PNP 晶体管，R_N 为晶体管基区内的调制电阻。

IGBT 的驱动原理与电力 MOSFET 基本相同，场控器件，通断由栅射极电压 U_{GE} 决定，当 u_{GE} 大于开启电压 $U_{GE(th)}$ 时，MOSFET 内形成沟道为晶体管提供基极电流，IGBT 导通，由于电导调制效应使电阻 R_N 减小，IGBT 的通态压降较小；当栅射极间被施加反压或不加信号时，MOSFET 内的沟道消失，晶体管的基极电流被切断，IGBT 被关断。

2. IGBT 的基本特性

1）IGBT 的静态特性（图 2.14）

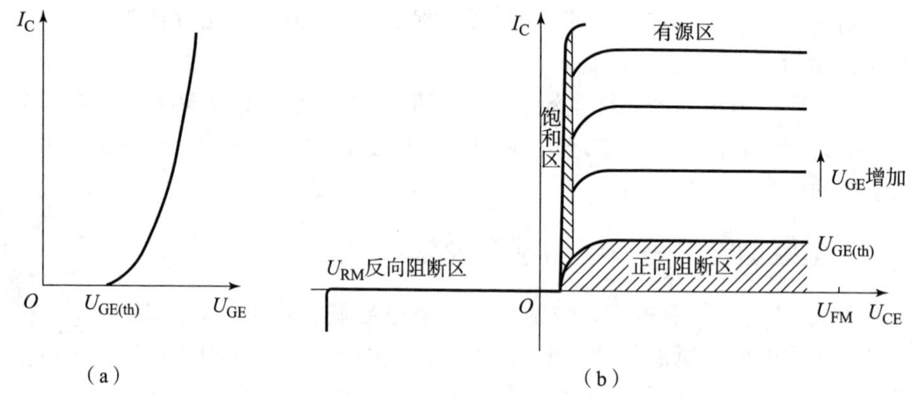

图 2.14　IGBT 的静态特性

（a）转移特性；（b）输出特性

（1）转移特性——I_C 与 U_{GE} 的关系，与 MOSFET 转移特性类似；

U_{GE} 为开启电压，即 IGBT 能实现电导调制而导通的最低栅射电压，U_{GE} 随温度升高而略有下降，在 +25 ℃时，U_{GE} 的值一般为 2 ~6 V。

（2）输出特性（伏安特性）——以 U_{GE} 为参考变量时，I_C 与 U_{GE} 的关系分为三个区域：正向阻断区、有源区和饱和区，分别与 GTR 的截止区、放大区和饱和区对应。

当 $U_{GE}<0$ 时，IGBT 为反向阻断工作状态。

2）IGBT 的导通过程

IGBT 的导通情况与 MOSFET 相似，因为开通过程中 IGBT 在大部分时间作为 MOSFET 运行。

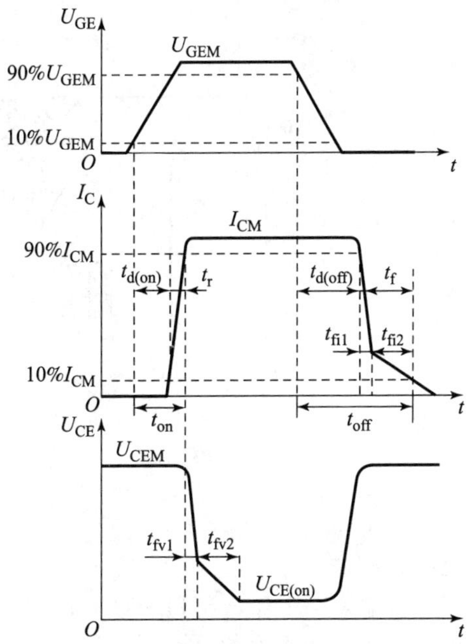

图 2.15　IGBT 的动态特性

开通延迟时间 $t_{d(on)}$——从 U_{GE} 上升至其幅值 10% 的时刻，到 I_C 上升至 10% I_{CM}，如图 2.15 所示；

电流上升时间 t_r——I_C 从 10% I_{CM} 上升至 90% I_{CM} 所需时间；

开通时间 t_{on}——开通延迟时间与电流上升时间之和。

U_{GE} 的下降过程分为 t_{fv1} 和 t_{fv2} 两段。

t_{fv1}——IGBT 中 MOSFET 单独工作电压下降过程；

t_{fv2}——MOSFET 和 PNP 晶体管同时工作的电压下降过程。

3）IGBT 的关断过程

关断延迟时间 $t_{d(off)}$——从 U_{GE} 后沿下降到其幅值 90% 的时刻起，到 I_C 下降至 90% I_{CM}；

电流下降时间——I_C 从 90% I_{CM} 下降至 10% I_{CM}；

关断时间 t_{off}——关断延迟时间与电流下降时间之和。

电流下降时间又可分为 t_{fi1} 和 t_{fi2} 两段，t_{fi1}——IGBT 内部的 MOSFET 的关断过程，I_C 下降较快；t_{fi2}——IGBT 内部的 PNP 晶体管的关断过程，I_C 下降较慢。

IGBT 中双极型 PNP 晶体管的存在，虽然具有电导调制效应，但引入了少子储存现象，因而 IGBT 的开关速度低于电力 MOSFET，IGBT 的击穿电压、通态压降和关断时间也是需要折中的参数。

3. IGBT 的主要参数

（1）最大集射极间电压 U_{CES}——由内部 PNP 晶体管的击穿电压确定；

（2）最大集电极电流 I_{CM}——包括额定直流电流 I_C 和 1 ms 脉宽最大电流 I_{CP}；

（3）最大集电极功耗 P_{CM}——正常工作温度下允许的最大功耗。

4. IGBT 的主要特点

（1）开关速度高，开关损耗小，在电压为 1 000 V 以上时，开关损耗只有 GTR 的 1/10，与电力 MOSFET 相当；

（2）相同电压和电流定额时，安全工作区比 GTR 大，且具有耐脉冲电流冲击的能力；

（3）通态压降比 VDMOSFET 低，特别是在电流较大的区域；

（4）输入阻抗高，输入特性与 MOSFET 类似；

（5）与 MOSFET 和 GTR 相比，IGBT 的耐压和通流能力可以进一步被提高，同时还可以保持较高的开关频率。

5. IGBT 的擎住效应和安全工作区（图 2.16）

擎住效应或自锁效应：NPN 晶体管基极与发射极之间存在体区短路电阻，P 形体区的横向空穴电流会在该电阻上产生压降，相当于对 J_3 结施加正偏压，一旦 J_3 开通，栅极就会失去对集电极电流的控制作用，电流失控，动态擎住效应比静态擎住效应所允许的集电极电

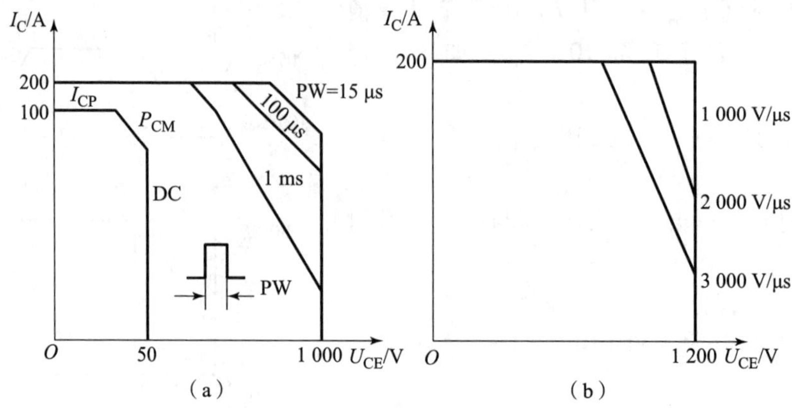

图 2.16　IGBT 安全工作区

(a) FBSOA；(b) RBSOA

流小。

正偏安全工作区（FBSOA）由最大集电极电流、最大集射极间电压和最大集电极功耗确定；反向偏置安全工作区（RBSOA）由最大集电极电流、最大集射极间电压和最大允许电压上升率 du_{CE}/dt 确定，擎住效应曾限制 IGBT 电流容量提高，20 世纪 90 年代中后期开始逐渐解决，IGBT 往往与反并联的快速二极管封装在一起，被制成模块，成为逆导器件。

2.2.3* 其他新型电力电子器件

1. MOS 控制晶闸管 MCT

MOSFET 具有高输入阻抗、低驱动功率、开关过程快速的优点，晶闸管具有高电压、大电流、低导通压降的优点，将二者的优点结合就产生了 MCT。

一个 MCT 器件由数以万计的 MCT 元组成，每个元的组成为一个 PNPN 晶闸管、一个控制该晶闸管开通的 MOSFET 和一个控制该晶闸管关断的 MOSFET。

MCT 曾一度被认为一种最有发展前途的电力电子器件，因此，20 世纪 80 年代以来一直是研究的热点。但经过十多年的发展，其关键技术问题没有大的突破，电压和电流容量都远未达到预期的数值，未能投入实际应用。

2. 静电感应晶体管 SIT

静电感应晶体管 SIT 是一种多子导电的器件，工作频率与电力 MOSFET 相当，甚至更高，功率容量更大，因而适用于高频大功率场合，如雷达通信设备、超声波功率放大、脉冲功率放大和高频感应加热等领域。但栅极不加信号时导通、加负偏压时关断，这种控制方式在实际应用中并不方便，而且通态电阻较大，通态损耗也大，因而还未在大多数电力电子设备中得到广泛应用。

3. 静电感应晶闸管 SITH

在 SIT 的漏极层上附加一层与漏极层导电类型不同的发射极层得到静电感应晶闸管 SITH，因其工作原理与 SIT 类似，门极和阳极电压均能通过电场控制阳极电流，故 SITH 又被称为场控晶闸管（Field Controlled Thyristor，FCT），比 SIT 多了一个具有少子注入功能的 PN 结。

SITH是两种载流子导电的双极型器件，具有电导调制效应，通态压降低、通流能力强。其很多特性与GTO类似，但开关速度比GTO高得多，是大容量的快速器件。SITH一般是正常导通型，但也有正常关断型。此外，其制造工艺比GTO复杂得多，电流关断增益较小，因而其应用范围还有待拓展。

4. 集成门极换流晶闸管IGCT

集成门极换流晶闸管IGCT在20世纪90年代后期出现，其结合了IGBT与GTO的优点，容量与GTO相当，开关速度比GTO快10倍，且可省去GTO庞大而复杂的缓冲电路，只不过所需的驱动功率仍很大，目前正在与IGBT等新型器件激烈竞争，试图取代GTO在大功率场合的位置。

5. 功率模块与功率集成电路

20世纪80年代中后期开始，模块化趋势，将多个器件封装在一个模块中，称为功率模块，其优点如下：

（1）可缩小装置体积，降低成本，提高可靠性。

（2）对工作频率高的电路，可大大减小线路电感，从而简化对保护和缓冲电路的要求。

将器件与逻辑、控制、保护、传感、检测、自诊断等信息电子电路制作在同一芯片上，称为功率集成电路（PIC）。类似功率集成电路的还有许多名称，但实际上各有侧重，如：

①高压集成电路（HVIC），一般指横向高压器件与逻辑或模拟控制电路的单片集成；

②智能功率集成电路（SPIC），一般指纵向功率器件与逻辑或模拟控制电路的单片集成。

智能功率模块（IPM）则专指IGBT及其辅助器件与其保护和驱动电路的单片集成，也称智能IGBT（Intelligent IGBT）。

功率集成电路的主要技术难点是高低压电路之间的绝缘问题以及温升和散热的处理。以前功率集成电路的开发和研究主要集中在中小功率应用场合，智能功率模块在一定程度上解决了上述两个难点，最近几年其获得了迅速发展，功率集成电路实现了电能和信息的集成，成为机电一体化的理想接口。

任务2.3　可控整流电路

2.3.1　单相半波可控整流电路

整流电路

1. 带电阻负载的工作情况

如图2.17所示，变压器T起变换电压和隔离的作用。

电阻负载的特点：电压与电流成正比，两者波形相同。结合图2.17所示电路及波形进行工作原理及波形分析。

（1）U_d为脉动直流，波形只在U_2正半周内出现，故称“半波”整流。

（2）该电路采用可控器件晶闸管，且交流输入为单相，故该电路为单相半波可控整流电路。

（3）U_d波形在一个电源周期中只脉动1次，故该电路为单脉波整流电路。

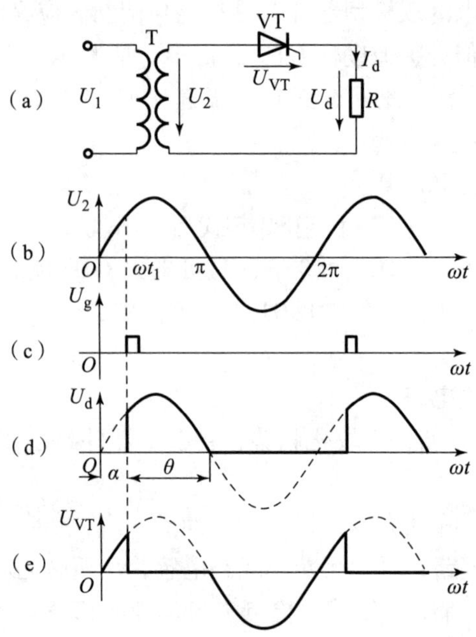

图2.17　单相半波可控整流电路及波形

两个重要的基本概念：

（1）触发延迟角：从晶闸管开始承受正向阳极电压起到施加触发脉冲止的电角度，用 α 表示，也称触发角或控制角。

（2）导通角：晶闸管在一个电源周期中处于通态的电角度称为导通角，用 θ 表示。

直流输出电压平均值为

$$U_d = \frac{1}{2\pi}\int_{\alpha}^{\pi}\sqrt{2}U_2\sin\omega t\mathrm{d}(\omega t) = \frac{\sqrt{2}U_2}{2\pi}(1+\cos\alpha) = 0.45U_2\frac{1+\cos\alpha}{2}$$

VT 的 α 移相范围为 180°。

这种通过控制触发脉冲的相位来控制直流输出电压大小的方式称为相位控制方式，简称相控方式。

直流回路的平均电流为

$$I_d = \frac{U_d}{R} = 0.45\frac{U_2}{R}\cdot\frac{1+\cos\alpha}{2}$$

回路中的电流有效值为

$$I = I_T = I_R = \sqrt{\frac{1}{2\pi}\int_{\alpha}^{\pi}\left(\frac{\sqrt{2}U_2}{R}\sin\alpha\right)^2\mathrm{d}(\omega t)}$$

$$= \frac{U_2}{R}\sqrt{\frac{1}{4\pi}\sin2\alpha + \frac{\pi-\alpha}{2\pi}}$$

可得流过晶闸管的电流波形系数：

$$K_f = \frac{I}{I_d} = \frac{\sqrt{2\pi\sin2\alpha + 4\pi(\pi-\alpha)}}{2(1+\cos\alpha)}$$

电流波形系数是电流有效值与平均值之间换算的系数，在单波整流电路中，当 $\alpha=0°$

时，K_f 为1.57，K_f 随着 α 的增大而增大。

电源供给的有功功率为

$$P = I_R^2 R = UI$$

式中，U 为 R 上的电压有效值：

$$U = \sqrt{\frac{1}{2\pi}\int(\sqrt{2}U_2\sin\omega t)^2\mathrm{d}\omega t} = U_2\sqrt{\frac{1}{4\pi}\sin 2\alpha + \frac{\pi-\alpha}{2\pi}}$$

电源侧的输入功率为

$$S = S_2 = U_2 I$$

功率因数为

$$\cos\phi = \frac{P}{S} = \frac{I_2 R}{U_2} = \sqrt{\frac{1}{4\pi}\sin 2\alpha + \frac{\pi-\alpha}{2\pi}}$$

当 $\alpha = 0°$时 $\cos\alpha = \frac{\sqrt{2}}{2}$，$\alpha$ 越大，$\cos\alpha$ 越小。可见，尽管是电阻负载，电源的功率因数也不为1，这是单相半波电路的缺陷。

例2-1　单相半波可控整流电路，电阻负载由220 V交流电源直接供电。负载要求的最高平均电压为60 V，相应平均电流为20 A，试选择晶闸管元件和与其串联的熔断器。

解：(1) 先求出最大输出时的控制角 α：

$$\cos\alpha = \frac{2U_d}{0.45U_2} - 1 = \frac{2\times 60}{0.45\times 220} - 1 \approx 0.212$$

$$\alpha = 77.8°$$

(2) 根据公式计算电流波形系数，再求回路中的电流有效值：

$$K_f = \frac{I_2}{I_d} = 2.06$$

$$I_T = I_2 = 2.06\times 20 = 41.2\ (\mathrm{A})$$

(3) 求晶闸管两端承受的正、反向峰值电压 U_m：

$$U_m = \sqrt{2}U_2 = 311\ \mathrm{V}$$

(4) 选择晶闸管：

晶闸管通态平均电流可按下式计算与选择：

$$I_{T(AV)} = (1.5\sim 2)\frac{I_T}{1.57} = 39.4\sim 52.5\ \mathrm{A}$$

取 $I_{T(AV)} = 50\ \mathrm{A}$

晶闸管电压定额的计算与选择：

$$U_{TE} = (2\sim 3)U_m = 622\sim 933\ \mathrm{V}$$

$$U_{TN} = 1\ 000\ \mathrm{V}$$

可选用KP50-10型晶闸管。

(5) 选择与晶闸管串联的熔断器：

晶闸管的短路保护需选用快速熔断器，其额定电流是指有效值，应以整流电路的电流有效值为基础并考虑各种因素进行计算。若晶闸管取50 A，则有效值约为80 A，由于晶闸管的实际工作电流小于额定值，可取额定电流为80 A左右的快速熔断器。

2. 带电感性负载的工作情况

图2.18所示为带电感性负载的单相半波电路及波形。

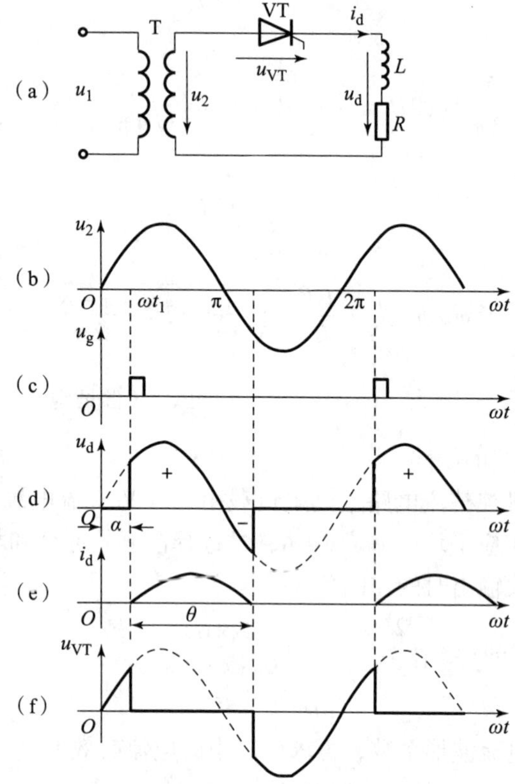

图2.18　带电感性负载的单相半波电路及其波形

电感性负载的特点：电感对电流变化有抗拒作用，使流过电感的电流不能发生突变。

电力电子电路的一种基本分析方法：

通过器件的理想化，将电路简化为分段线性电路，分段进行分析计算。

可基于上述方法对单相半波电路进行分析：当VT处于断态时，相当于电路在VT处断开，$i_d=0$。当VT处于通态时，相当于VT短路，如图2.19所示。

为避免负载出现负电压而使平均电压U_d太小，就必须在整流电路的负载两端并联续流二极管，与没有续流二极管时的情况比较，在u_2正半周时两者工作情况相同，如图2.20所示。

但当u_2过零变负时，续流二极管VD_R导通，u_d为0。此时为负的u_2通过VD_R向VT施加反压使其关断，L储存的能量保证电流i_d在$L-R-VD_R$回路中流通，此过程通常称为续流。续流期间u_d为0，u_d中不再出现负的部分。

数量关系若近似认为i_d为一条水平线，恒为I_d，则有

$$I_{dT}=\frac{\pi-\alpha}{2\pi}I_d$$

$$I_T=\sqrt{\frac{1}{2\pi}\int_{\alpha}^{\pi}I_d^2\mathrm{d}(\omega t)}=\sqrt{\frac{\pi-\alpha}{2\pi}}I_d$$

$$I_{dDR}=\frac{\pi+\alpha}{2\pi}I_d$$

晶闸管截止时，忽略漏电流，相当于开关断开；
晶闸管导通时，忽略管压降，相当于开关闭合。

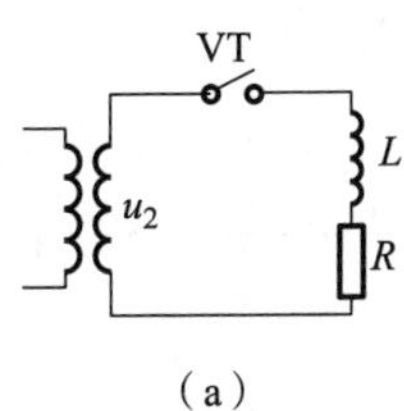

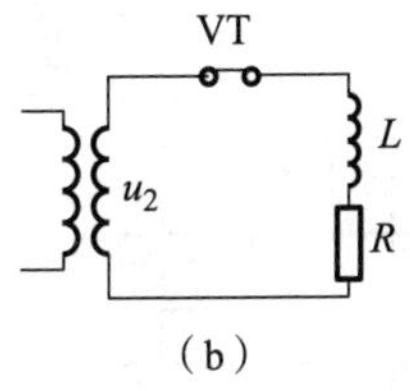

图 2.19　单相半波可控整流电路的等效电路

（a）VT 处于关断状态；（b）VT 处于导通状态

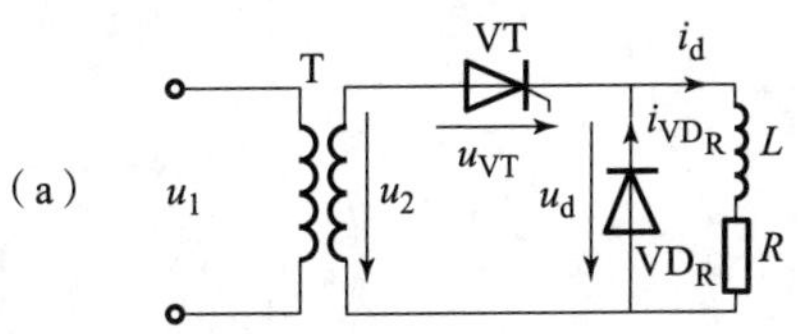

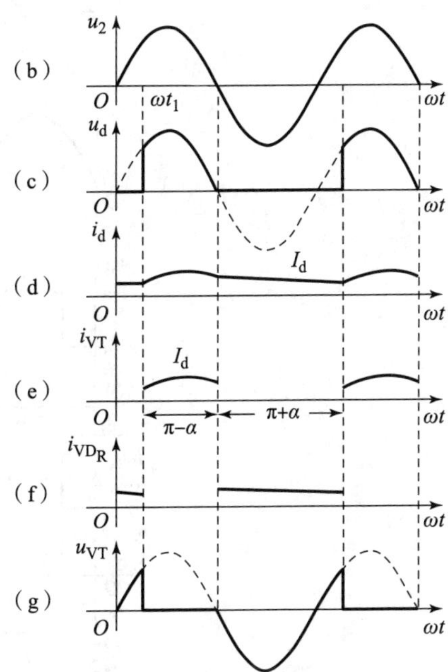

图 2.20　单相半波带阻感负载有续流二极管的电路及波形

$$I_{DR} = \sqrt{\frac{1}{2\pi}\int_{\pi}^{2\pi+\alpha} I_d^2 d(\omega t)} = \sqrt{\frac{\pi + \alpha}{2\pi}} I_d$$

单相半波可控整流电路的特点是电路简单，但输出脉动大，变压器二次侧电流中含直流分量，造成变压器铁芯直流磁化，实际系统很少应用此种电路。

分析该电路的主要目的在于利用其简单易学的特点，建立整流电路的基本概念。

2.3.2　单相桥式可控整流电路

1. 单相桥式半控整流电路

单相桥式半控整流电路只需 2 个晶闸管就可以对每个导电回路进行控制，另 2 个晶闸管可以用二极管代替，从而简化整个电路，如图 2.21 所示。

若将图 2.21 所示的晶闸管全部换成电力二极管，即成为单相不可控整流电路，则不可控整流电路的工作原理相当于半控整流电路当触发角 $\alpha = 0°$时的情况，半控电路与全控电路在电阻负载时的工作情况相同，这里只分析带感性负载的半控整流电路在触发角为 α 时的工作情况。现假设负载中电感很大且电路已工作于稳态。

在 u_2正半周，触发角 α 处给晶闸管 VT_1加触发脉冲，u_2经 VT_1和 VD_4向负载供电，u_2过

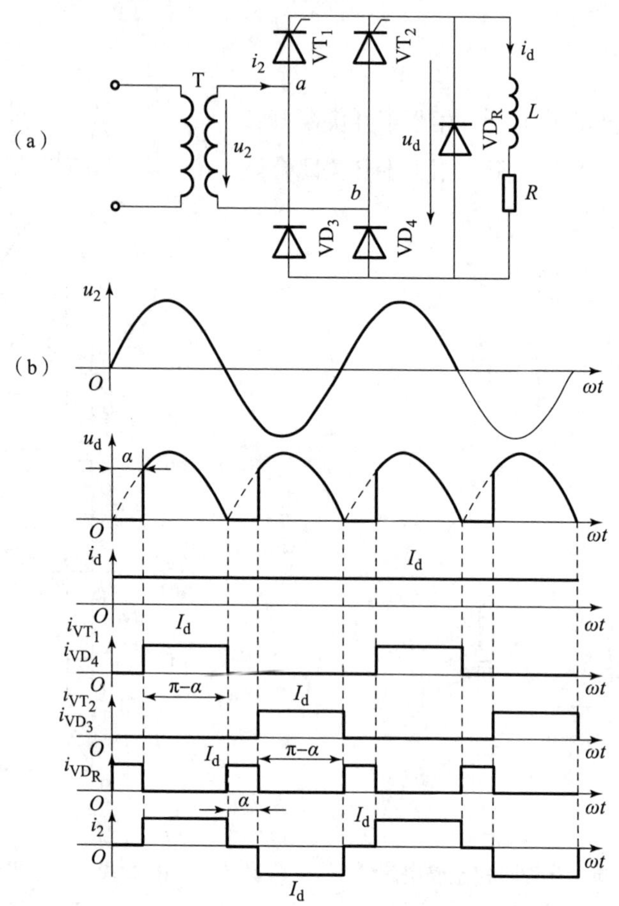

图 2.21　单相桥式半控整流电路有续流二极管、阻感负载时的电路及波形

零变负时，因电感作用使电流连续，VT_1继续导通。但因 a 点电位低于 b 点电位，使得电流从 VD_4转移至 VD_3，VD_4关断，电流不再流经变压器二次绕组，而是由 VT_1和 VD_3续流。在 u_2负半周触发角 α 时刻触发 VT_2，VT_2导通，则向 VT_1加反压使之关断，u_2经 VT_2和 VD_3向负载供电。u_2过零变正时，VD_4导通，VD_3关断。VT_2和 VD_4续流，u_d又为零续流二极管的作用。

若无续流二极管，则当 α 突然增大至 180°或触发脉冲丢失时，会发生一个晶闸管持续导通而两个二极管轮流导通的情况，这使 u_d成为正弦半波，即半周期 u_d为正弦，另外半周期 u_d为零，其平均值保持恒定，称为失控。

有续流二极管 VD_R时，续流过程由 VD_R完成，晶闸管关断，避免了某一个晶闸管持续导通从而导致失控的现象。同时，续流期间导电回路中只有一个管压降，有利于降低损耗。

单相桥式半控整流电路的另一种接法如图 2.22 所示，这样可以省去续流二极管 VD_R，续流由 VD_3和 VD_4来实现。

2. 单相桥式全控整流电路

1）带电阻负载的工作情况

单相整流电路中应用较多的是带电阻负载工作情况，其工作原理及波形分析如图 2.23 所示。

VT_1和 VT_4组成一对桥臂，在 u_2正半周承受电压 u_2，得到触发脉冲即导通，当 u_2过零时关断；VT_2和 VT_3组成另一对桥臂，在 u_2负半周承受电压 u_2，得到触发脉冲即导通，当 u_2过零时关断。

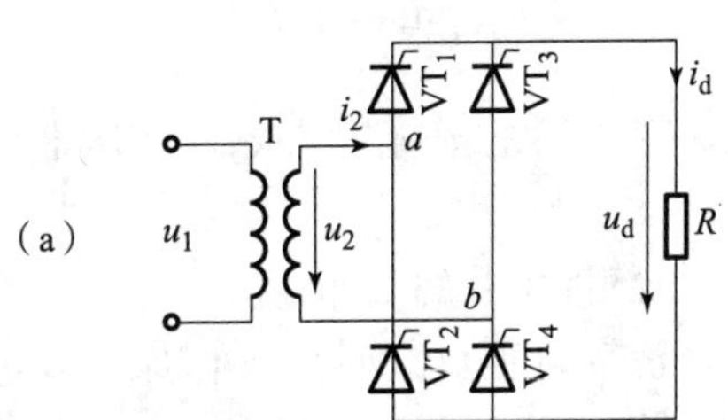

正半周电流通路VT_1—负载—VD_4；

负半周电流通路VD_3—负载—VT_2。

负载续流通路为负载—VD_4—VD_3。

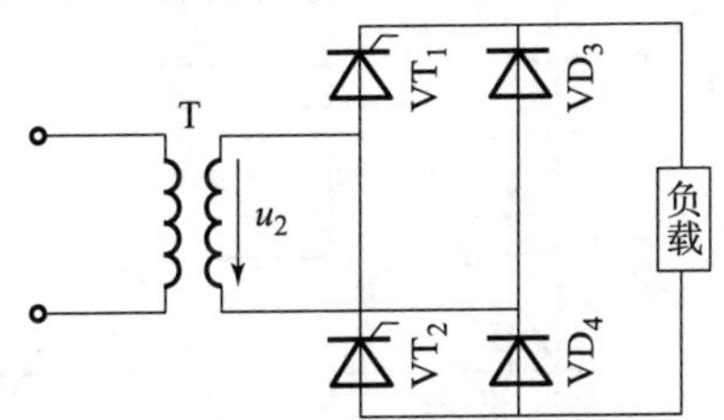

图 2.22　单相桥式半控整流电路的另一种接法

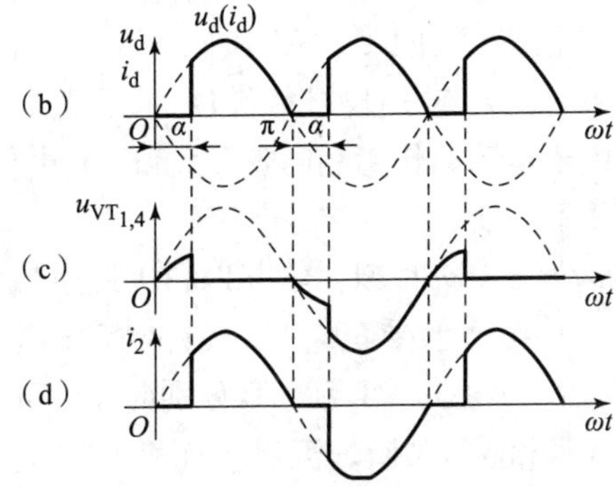

图 2.23　单相全控桥式带电阻负载时的电路及波形

数量关系如下：

$$U_d = \frac{1}{\pi}\int_{\alpha}^{\pi}\sqrt{2}U_2\sin\omega t\mathrm{d}(\omega t) = \frac{2\sqrt{2}U_2}{\pi}\cdot\frac{1+\cos\alpha}{2} = 0.9U_2\frac{1+\cos\alpha}{2}$$

α 的移相范围为 180°。

$$I_d = \frac{U_d}{R} = \frac{2\sqrt{2}U_2}{\pi R}\cdot\frac{1+\cos\alpha}{2} = 0.9\frac{U_2}{R}\cdot\frac{1+\cos\alpha}{2}$$

由于晶闸管是交替工作的，所以流过每个晶闸管的平均电流 I_{dT}为负载平均电流的二分之一，即

$$I_{dT} = \frac{1}{2}I_d = 0.45\frac{U_2}{R}\cdot\frac{1+\cos\alpha}{2}$$

变压器输出电流有效值

$$I = I_2 = \sqrt{\frac{1}{\pi}\int_{\alpha}^{\pi}\left(\frac{\sqrt{2}U_2}{R}\sin\omega t\right)^2\mathrm{d}(\omega t)} = \frac{U_2}{R}\sqrt{\frac{1}{2\pi}\sin 2\alpha + \frac{\pi-\alpha}{\pi}}$$

当 α 为 0°时，$I = 1.11I_d$。

流过每个晶闸管的电流有效值

$$I_T = \sqrt{\frac{1}{2\pi}\int_{\alpha}^{\pi}\left(\frac{\sqrt{2}U_2}{R}\sin\omega t\right)^2 d(\omega t)}$$

$$= \frac{U_2}{\sqrt{2}R}\sqrt{\frac{1}{2\pi}\sin 2\alpha + \frac{\pi - \alpha}{\pi}}$$

$$I_T = \frac{1}{\sqrt{2}} I$$

不考虑变压器的损耗时，要求变压器的容量为 $S = U_2 I_2$。

2）带电感性负载的工作情况

单相全桥带阻感负载时的工作原理及波形分析如图 2.24 所示，为了便于分析讨论，假设电路已工作于稳定状态，i_d的平均值不变。假设负载电感很大，负载电流 i_d连续且波形近似一水平线，u_2过零变负时，由于电感的作用晶闸管 VT_1和 VT_4中仍流过电流 i_d，并不关断。

在 $\omega t = \pi + \alpha$ 时刻，给 VT_2和 VT_3加触发脉冲，因 VT_2和 VT_3已承受正电压，故两管导通。VT_2和 VT_3导通后，u_2通过 VT_2和 VT_3分别向 VT_1和 VT_4施加反压使 VT_1和 VT_4关断，流过 VT_1和 VT_4的电流迅速转移到 VT_2和 VT_3上，此过程称为换相，亦称换流。

$$U_d = \frac{1}{\pi}\int_{\alpha}^{\pi+\alpha}\sqrt{2}U_2\sin\omega d(\omega t) = \frac{2\sqrt{2}}{\pi}U_2\cos\alpha$$

$$= 0.9U_2\cos\alpha$$

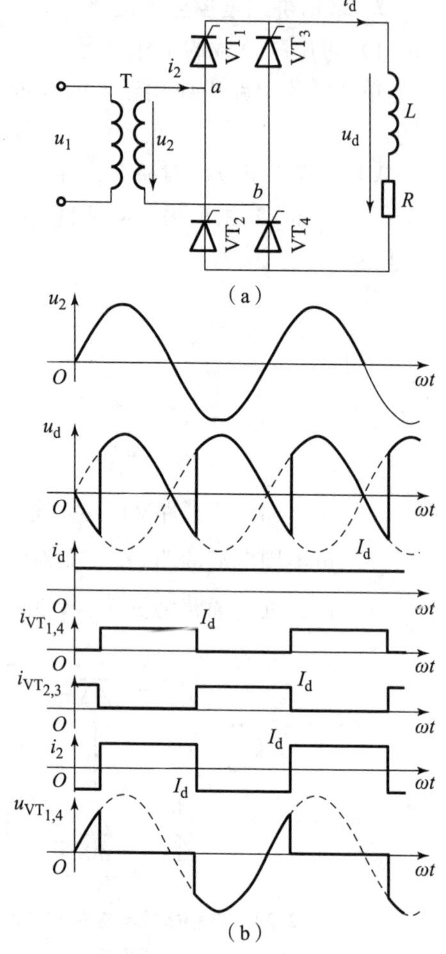

图 2.24 单相全桥带阻感负载时的工作原理及波形分析

晶闸管移相范围为 90°。晶闸管承受的最大正反向电压均为$\sqrt{2}U_2$。晶闸管导通角 θ 与 α 无关，均为 180°。变压器二次侧电流 i_2的波形为正负各 180°的矩形波，其相位由 α 角决定，有效值 $I_2 = I_d$。

3）带反电动势负载时的工作情况

如图 2.25 所示，只有当$|u_2| > E$ 时，才有晶闸管承受正电压，电路才有导通的可能，导通之后，$u_d = u_2$，直至$|u_2| = E$，i_d降至 0 使晶闸管关断，此后 $u_d = E$，与电阻负载时相比，晶闸管提前了电角度 δ 停止导电，δ 称为停止导电角。

$$i_d = \frac{u_d - E}{R}$$

在 α 角相同时，整流输出电压比电阻负载时大。如图 2.25（b）所示，i_d波形在一周期内有部分时间为 0 的情况，称为电流断续。与此对应，若 i_d波形不出现为 0 的情况，称为电流连续。当触发脉冲到来时，晶闸管承受负电压，不可能导通。为了使晶闸管可靠导通，要求触发脉冲有足够的宽度，保证当 $\omega t = \delta$ 时，有晶闸管开始承受正电压时，触发脉冲仍然存在，这样，相当于触发角被推迟为 δ。

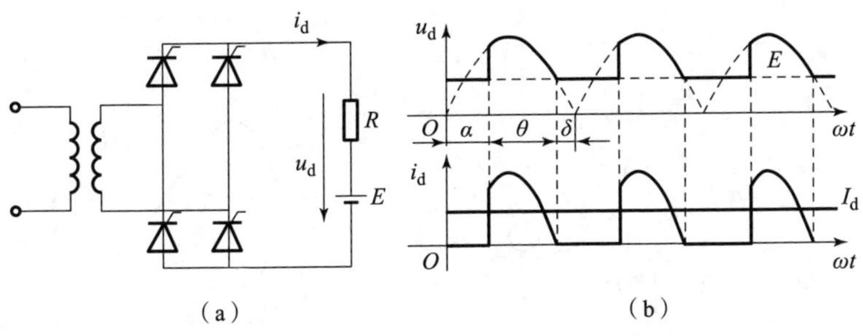

图 2.25 单相桥式全控整流电路接反电动势 – 电阻负载时的电路及波形

负载为直流电动机时，如果出现电流断续则电动机的机械特性很软。

为了克服此缺点，一般就在主电路中直流输出侧串联一个平波电抗器，用来减少电流的脉动和延长晶闸管导通的时间。这时整流电压 u_d的波形和负载电流 i_d的波形与电感负载电流连续时的波形相同，u_d的计算公式亦相同。图 2.26 所示为单相桥式全控整流电路带反电动势负载、串平波电抗器，电流连续的临界情况。

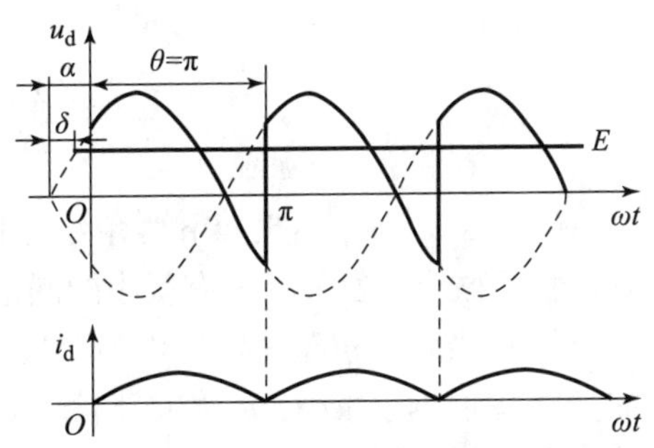

图 2.26 单相桥式全控整流电路带反电动势负载、串平波电抗器，电流连续的临界情况

为保证电流连续，所需的电感量 L 应为

$$L=\frac{2\sqrt{2}U_2}{\pi\omega I_{\mathrm{dmin}}}=2.87\times10^{-3}\frac{U_2}{I_{\mathrm{dmin}}}$$

2.3.3* 单结晶体管触发电路

图 2.27 所示为单结晶体管等效电路，可以看出，它的外形与普通三极管相似，具有三个电极，但不是三极管，而是具有三个电极的二极管，管内只有一个 PN 结，所以称之为单结晶体管。

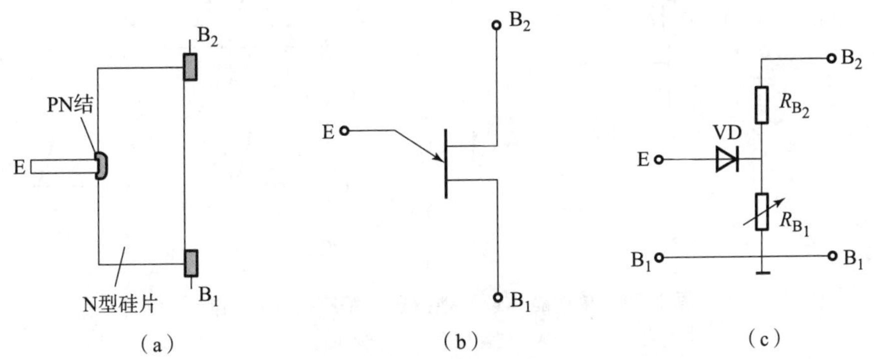

图 2.27 单结晶体管等效电路

(a) 内部结构；(b) 图形符号；(c) 等效电路

三个电极中，一个是发射极，两个是基极，所以单结晶体管（简称 UJT）又称基极二极管，其伏安特性如图 2.28 所示，其基本工作原理为：

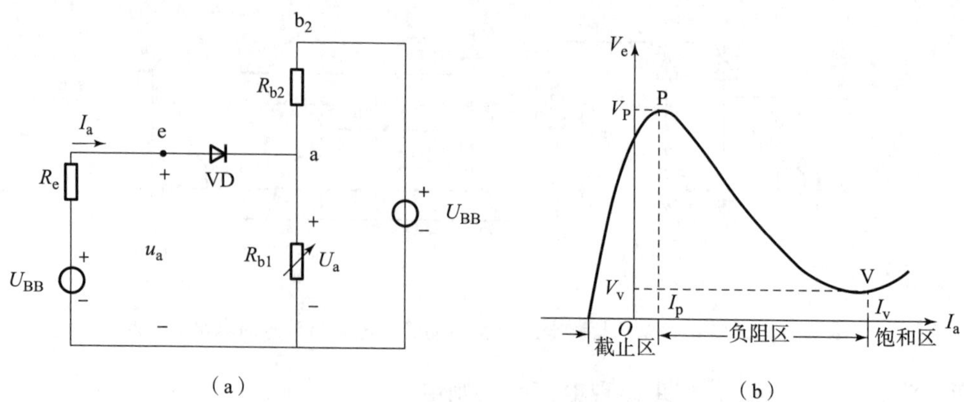

图 2.28　单结晶体管伏安特性

（a）电路模型；（b）伏安特性

（1）当 $u_e<\eta U_{BB}$时（η 为单结晶体管的分压比，U_{BB}为电源电压），发射结处于反向偏置，管子截止，发射极只有很小的漏电流 I_{ceo}。

（2）当 $u_e\geqslant\eta U_{BB}+V_D$，$V_D$为二极管正向压降（约为 0.7 V），PN 结正向导通，I_e 显著增加，R_{b1}阻值迅速减小，u_e 相应下降，这种电压随电流增加反而下降的特性，称为负阻特性。管子由截止区进入负阻区的临界 P 称为峰点，与其对应的发射极电压和电流分别称为峰点电压 V_P 和峰点电流 I_P。I_P 是正向漏电流，它是使单结晶体管导通所需的最小电流，显然$V_P=\eta U_{BB}$。

（3）随着发射极电流 I_e 不断上升，u_e 不断下降，降到 V 点后，u_e 不再继续下降，此 V 点称为谷点，与其对应的发射极电压和电流分别称为谷点电压 V_V 和谷点电流 I_V。

（4）过了 V 点后，发射极与第一基极间半导体内的载流子达到了饱和状态，显然 V_V 是维持单结晶体管导通的最小发射极电压，如果 $u_e<V_V$，管子重新截止。

单结晶体管张弛振荡电路应用（蜂鸣器）如图 2.29 所示。

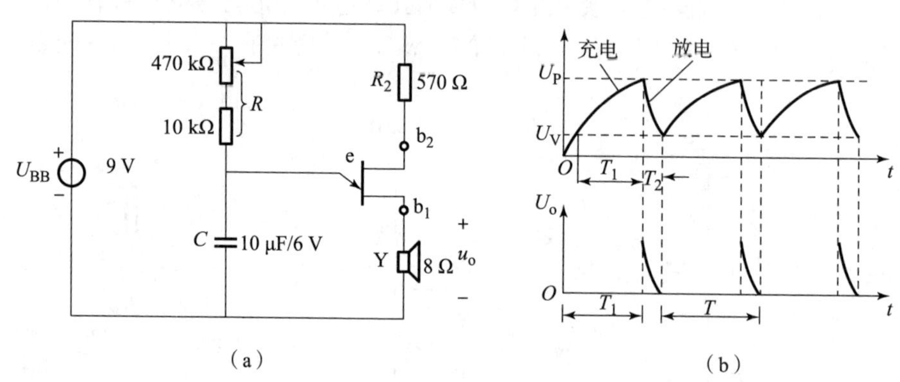

图 2.29　单结晶体管张弛振荡电路应用（蜂鸣器）

（a）电路图；（b）波形图

对触发电路要求：

（1）应能提供足够大的触发功率；

（2）触发脉冲应有足够的宽度；

（3）为了保证触发时间的准确性，触发脉冲应具有陡峭的上升沿；

(4) 触发脉冲应与主电路的交流电源同步;

(5) 触发脉冲应能在足够宽的范围内平稳移相。

单相桥式半控整流电路一般由单结晶体管电路来触发，单结晶体管触发电路的特点是：触发电路简单，但导通角 θ 的移相范围较小，如图 2.30 所示。

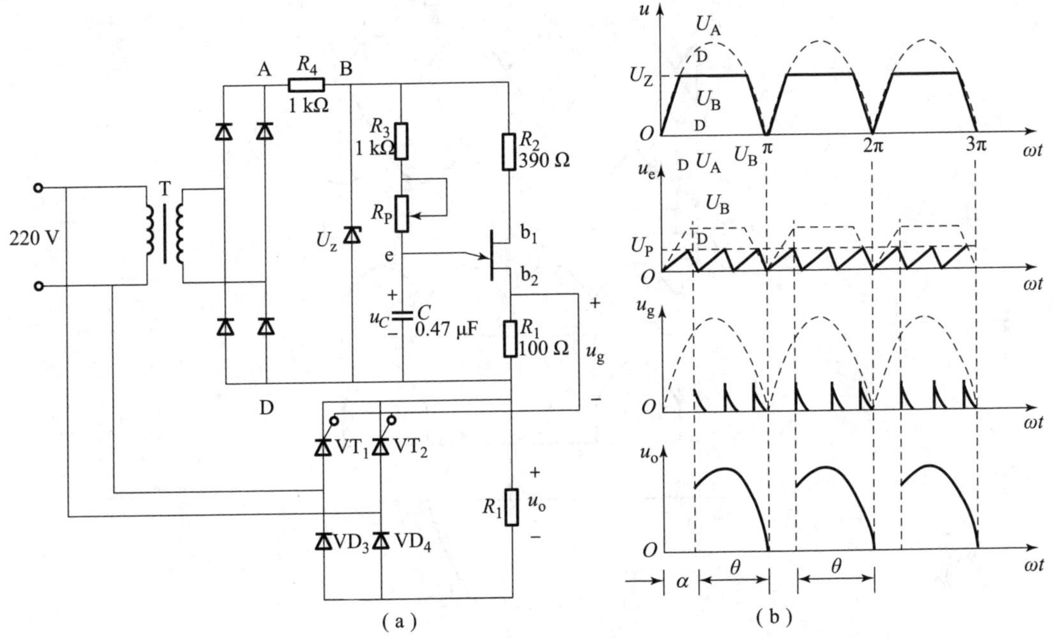

图 2.30 单结晶体管触发的单相桥式半控整流电路

(a) 电路图；(b) 波形图

2.3.4 三相可控整流电路

三相可控整流电路

当负载容量较大或要求直流电压脉动较小时，三相整流电路应用最广。

1. 三相半波可控整流电路

1) 电阻负载

如图 2.31 所示，变压器二次侧接成星形得到零线，而一次侧接成三角形避免 3 次谐波流入电网，三个晶闸管分别接 a、b、c 三相电源，其阴极连接在一起——共阴极接法。

$\alpha=0°$时的工作原理分析：

假设将电路中的晶闸管换作二极管，成为三相半波不可控整流电路。此时，相电压最大的一相所对应的二极管导通，并使另两相的二极管承受反压关断，输出整流电压即为该相的相电压。

在 $\omega t_1\sim\omega t_2$期间，VD_1导通，$u_d=u_a$；在 $\omega t_2\sim\omega t_3$期间，VD_2导通，$u_d=u_b$；在 $\omega t_3\sim\omega t_4$期间，VD_3导通，$u_d=u_c$。二极管换相时刻为自然换相点，是各相晶闸管能触发导通的最早时刻，将其作为计算各晶闸管触发角 α 的起点，即 $\alpha=0°$。

负载电压和晶闸管 VT_1的电流波形如图 2.31 (d) 和图 2.31 (e) 所示。

晶闸管承受的电压波形由 3 段组成：第 1 段，VT_1导通期间，为一管压降，可近似为 $u_{T1}=0$ V；第 2 段，在 VT_1关断后，VT_2导通期间，$u_{T1}=u_a-u_b=u_{ab}$，为一段线电压；第 3 段，

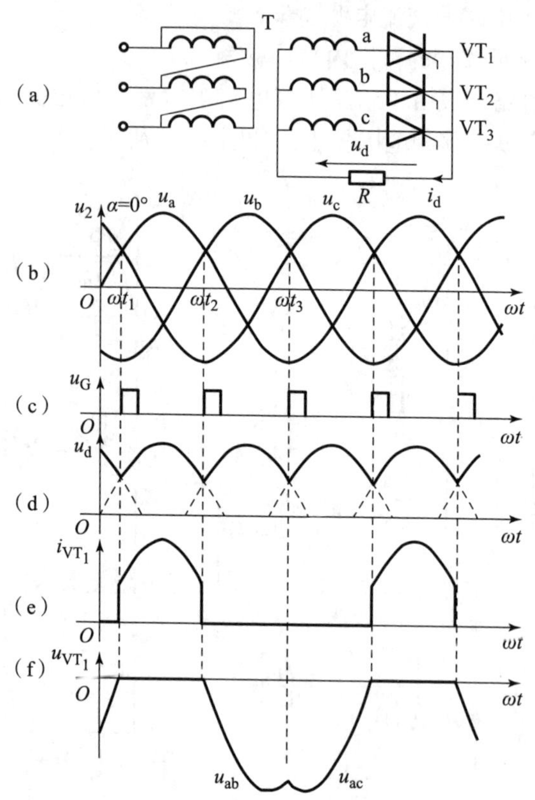

图 2.31　三相半波可控整流电路共阴极接法电阻负载时的电路及 $\alpha=0°$ 时的波形

在 VT_3 导通期间，$u_{T1}=u_a-u_c=u_{ac}$，为另一段线电压，增大 α 值，将脉冲后移，整流电路的工作情况将相应地发生变化。$\alpha=30°$ 时的负载电流处于连续和断续之间的临界状态。当 $\alpha>30°$ 时，负载电流断续，晶闸管导通角小于 120°。图 2.32（a）所示为 $\alpha=60°$ 时的波形。

电阻负载时，α 角的移相范围为 150°，整流电压平均值的计算如下：

（1）当 $\alpha\leqslant30°$ 时，负载电流连续，各晶闸管每周期导通 120°，$U_d=1.17U_2\cos\alpha$，其中 U_2 为变压器二次相电压有效值，当 $\alpha=0°$ 时，U_d 最大，其值为 $U_d=1.17U_2$。

（2）当 $\alpha>30°$ 时，负载电流断续，晶闸管导通角减小，此时有：

$$U_d=\frac{1}{\frac{2\pi}{3}}\int_{\frac{\pi}{6}+\alpha}^{\pi}\sqrt{2}U_2\sin\omega t\,\mathrm{d}(\omega t)=\frac{3\sqrt{2}}{2\pi}U_2\left[1+\cos\left(\frac{\pi}{6}+\alpha\right)\right]=0.675\left[1+\cos\left(\frac{\pi}{6}+\alpha\right)\right]U_2$$

U_d/U_2 随 α 变化的规律如图 2.32（b）中的曲线 1 所示。

负载电流平均值为

$$I_d=\frac{U_d}{R}$$

由于晶闸管是交替工作的，所以流过每个晶闸管的平均电流 I_{dT} 为负载平均电流的三分之一。

流过晶闸管的电流有效值，当 $\alpha=0°$ 时为

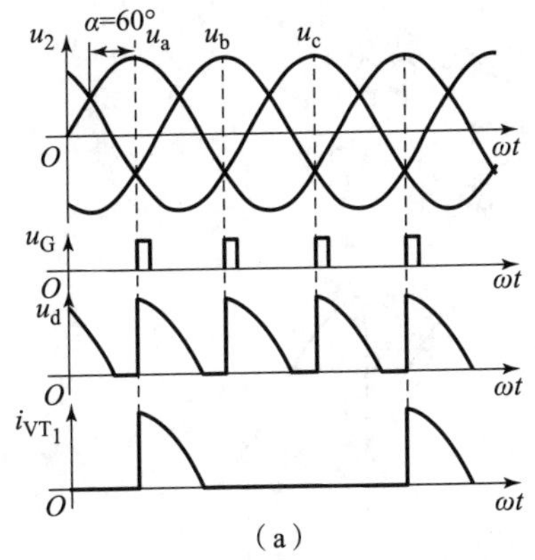

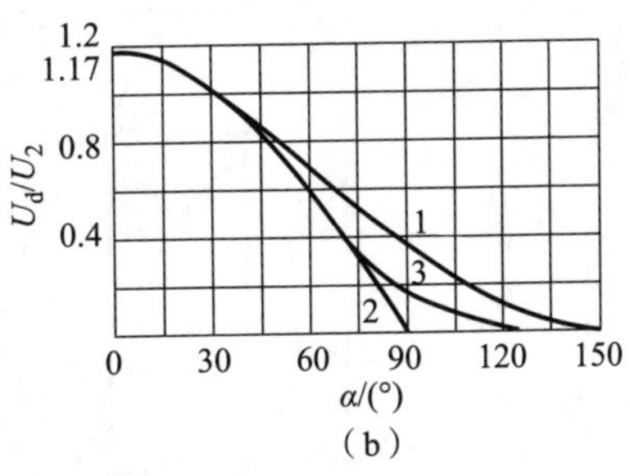

图 2.32　三相半波电阻负载的波形和 U_d/U_2 与 α 的关系

(a) 三相半波电阻负载，$\alpha=60°$时的波形；(b) 三相半波电路 U_d/U_2 与 α 的关系

$$I_T=0.588I_d$$

晶闸管承受的最大反向电压为变压器二次线电压峰值，即

$$U_{K\omega}=\sqrt{2}\times\sqrt{3}U_2=\sqrt{6}U_2=2.45U_2$$

由于晶闸管阴极与零点间的电压为整流输出电压 u_d，其最小值为零，而晶闸管阳极与零点间的最高电压等于变压器二次相电压的峰值，因此晶闸管阳极与阴极间的最大电压等于变压器二次相电压的峰值 $2\sqrt{2}U_2$。

2）阻感负载

特点：阻感负载，L 值很大，i_d 波形基本平直。

当 $\alpha\leqslant 30°$时，整流电压波形与电阻负载的相同；

当 $\alpha>30°$时，u_2过零时，VT_1不关断，直到 VT_2的脉冲到来才换流，由 VT_2导通向负载供电，同时向 VT_1施加反压使其关断——u_d波形中出现负的部分阻感负载时，其移相范围为90°，如图 2.33 所示。

数量关系：

U_d/U_2与 α 成余弦关系，$U_d=1.17U_2\cos\alpha$，如图 2.32（b）中的曲线 2 所示。

如果负载中的电感量不是很大，则当 $\alpha>30°$时，u_d中负的部分减少，U_d略为增加，U_d/U_2与 α 的关系将介于曲线 1 和 2 之间。变压器二次电流，即晶闸管电流的有效值

$$I_2=I_T=\frac{1}{\sqrt{3}}I_d=0.577I_d$$

$$I_d=U_d/R$$

晶闸管的额定电流为

$$I_{T(AV)}=I_T/1.57=0.368I_d$$

晶闸管最大正反向电压峰值均为变压器二次线电压峰值，其关系为

$$U_{F\omega}=U_{K\omega}=2.45U_2$$

图 2.33 中 i_d波形有一定的脉动，但为简化分析及定量计算，可将 i_d近似为一条水平线。三相半波的主要缺点在于其变压器二次电流中含有直流分量，因此其应用较少。

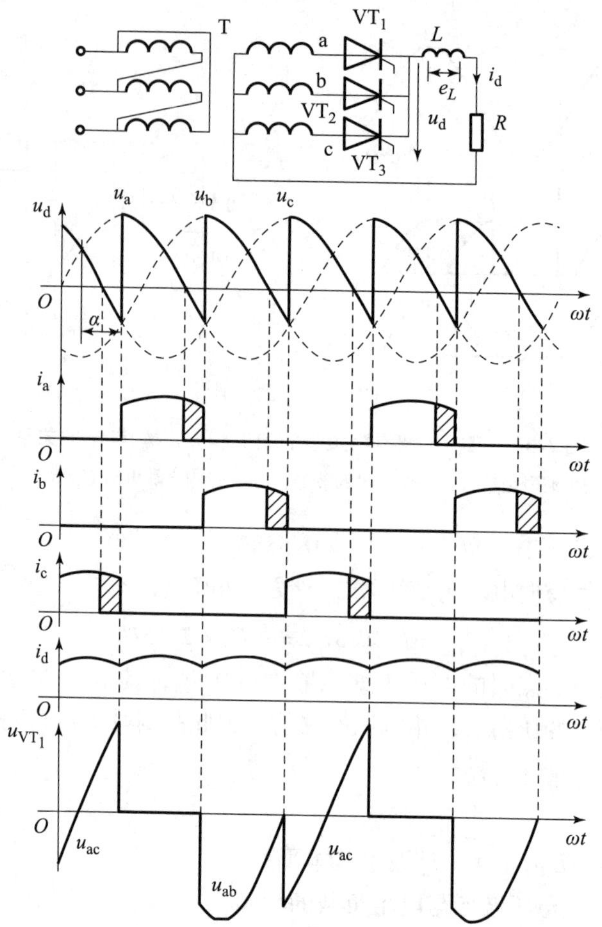

图 2.33　三相半波可控整流电路，阻感负载时的电路及 $\alpha=60°$ 时的波形

2. 三相桥式全控整流电路

1）主电路分析

三相桥式可控整流电路由阴极连接在一起的3个晶闸管（VT_1、VT_3、VT_5）和阳极连接在一起的3个晶闸管（VT_4、VT_6、VT_2）组成。若将如图2.34所示的晶闸管换成电力二极管，即成为不可控整流电路，不可控整流电路的工作原理相当于可控整流电路当触发角 $\alpha=0°$ 时的情况，下面主要分析带电阻负载的可控整流电路在触发角 $\alpha=0°$ 时的工作情况。图2.35所示为三相桥式整流电路带电阻负载时的波形。

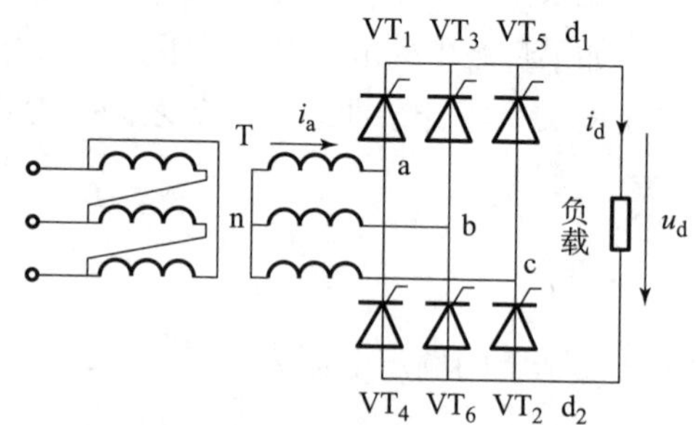

图 2.34　三相桥式可控整流电路图

假设将电路中的晶闸管换作二极管进行分析，对于共阴极组的3个晶闸管，阳极所接交流电压值最大的一个导通；对于共阳极组的3个晶闸管，阴极所接交流电压值最低（或者说负得最多）的导通，任意时刻共阳极组和共阴极组中各有1个晶闸管处于导通状态。从相电

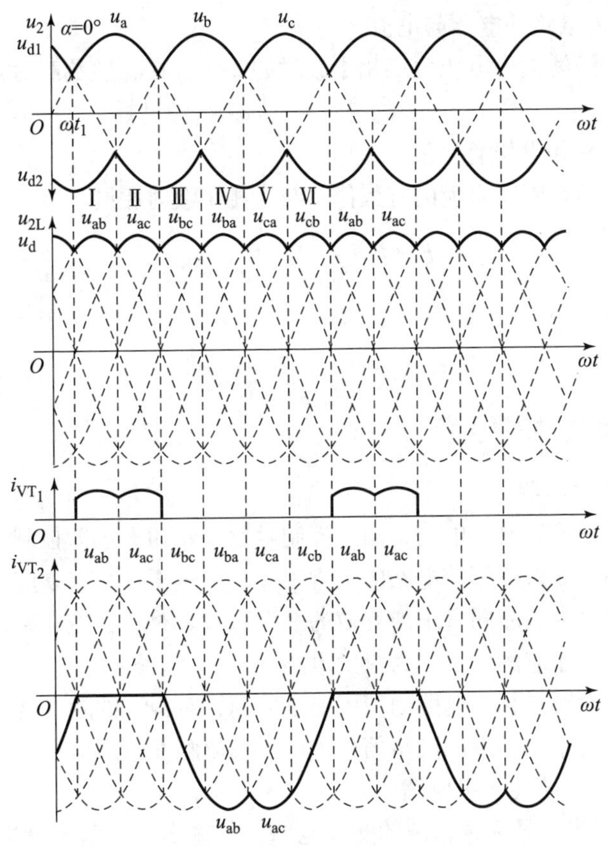

图 2.35　三相桥式整流电路带电阻负载时的波形

压波形看，共阴极组晶闸管导通时，u_{d1}为相电压的正包络线；共阳极组导通时，u_{d2}为相电压的负包络线，$u_d = u_{d1} - u_{d2}$是两者的差值，为线电压。在正半周的包络线直接从线电压波形看，u_d为线电压中的最大值，因此u_d波形为线电压的包络线。

三相桥式全控整流电路的特点是：

（1）每个时刻都有 2 个功率管同时导通，形成供电回路，其中共阴极组和共阳极组各有 1 个功率管导通，且不能为同相器件。

（2）对触发脉冲的要求：按 $VT_1 - VT_2 - VT_3 - VT_4 - VT_5 - VT_6$ 的顺序导通，相位依次相差60°。共阴极组 VT_1、VT_3、VT_5 的脉冲依次相差120°，共阳极组 VT_4、VT_6、VT_2 也依次相差120°，同一相的上、下两个桥臂，即 VT_1 与 VT_4、VT_3 与 VT_6、VT_5 与 VT_2 的脉冲相差180°。

三相桥式全控整流电路晶闸管导通情况如表 2.1 所示。

表 2.1　三相桥式全控整流电路晶闸管导通情况

时段	Ⅰ	Ⅱ	Ⅲ	Ⅳ	Ⅴ	Ⅵ
共阴极组中导通的二极管	VT_1	VT_1	VT_3	VT_3	VT_5	VT_5
共阳极组中导通的二极管	VT_6	VT_2	VT_2	VT_4	VT_4	VT_6
整流输出电压	$U_a - U_b = U_{ab}$	$U_a - U_c = U_{ac}$	$U_b - U_c = U_{bc}$	$U_b - U_a = U_{ba}$	$U_c - U_a = U_{ca}$	$U_c - U_b = U_{cb}$

2）三相桥式整流电路的电压与电流

三相桥式整流电路的输出电压为三相半波时的2倍，在感性负载时：

$$U_d = 2.34U_2\cos\alpha$$

式中，U_2为变压器二次相电压有效值。

变压器二次电流即晶闸管电流的有效值，与三相半波时相同

$$I_2 = I_T = \frac{1}{\sqrt{3}}I_d = 0.577I_d$$

晶闸管的额定电流为

$$I_{T(AV)} = I_T/1.57 = 0.368I_d$$

2.3.5* 锯齿波触发电路

1. 相控电路的驱动控制

相控电路指晶闸管可控整流电路，通过控制触发角α的大小即控制触发脉冲起始相位来控制输出电压的大小。为保证相控电路的正常工作，很重要的一点是应保证按触发角α的大小在正确的时刻向电路中的晶闸管施加有效的触发脉冲。对于相控电路这种使用晶闸管的场合，也称为触发控制，相应的电路称为触发电路。

大、中功率的变流器对触发电路的精度要求较高，对输出的触发功率要求较大，故广泛应用的是晶体管触发电路，其中以同步信号为锯齿波的触发电路应用最多。

1）同步信号为锯齿波的触发电路

图2.36所示为同步信号为锯齿波的触发电路，其输出可为双窄脉冲（适用于有两个晶闸管同时导通的电路），也可为单窄脉冲，其工作波形如图2.37所示。电路包括三个基本环节：脉冲的形成与放大、锯齿波的形成和脉冲移相、同步环节。此外，还有强触发和双窄脉冲形成环节。

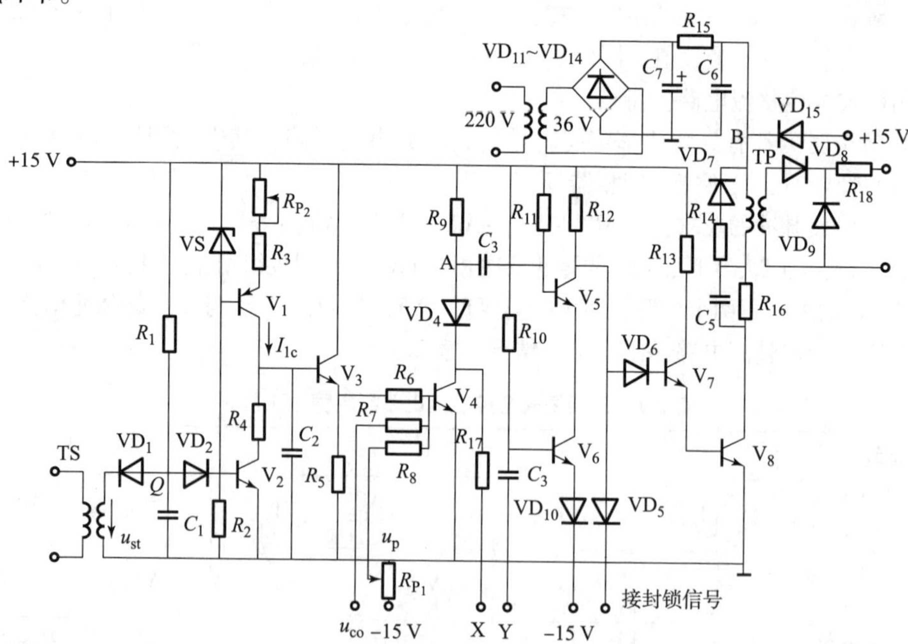

图2.36 同步信号为锯齿波的触发电路

（1）脉冲形成环节。

V_4、V_5为脉冲形成，V_7、V_8为脉冲放大。

控制电压u_{co}加在V_4基极上。当$u_{co}=0$时，V_4截止，V_5饱和导通，V_7、V_8处于截止状态，无脉冲输出。电容C_3充电，充满后电容两端电压接近$2E_1$（30 V）时，V_4导通，A点电位由$+E_1$（+15 V）下降到1.0 V左右，V_5基极电位下降约$-2E_1$（−30 V），V_5立即截止。V_5集电极电压由$-E_1$（−15 V）上升为+2.1 V，V_7、V_8导通，输出触发脉冲。电容C_3放电，然后反向充电，使V_5基极电位上升，直到$u_{b5}>-E_1$（−15 V），V_5又重新导通。使V_7、V_8截止，输出脉冲终止。脉冲前沿由V_4导通时刻确定，脉冲宽度与反向充电回路时间常数$R_{11}C_3$有关。电路的触发脉冲由脉冲变压器TP二次侧输出，其一次绕组接在V_8集电极电路中。

（2）锯齿波的形成和脉冲移相环节。

锯齿波电压形成的方案较多，如采用自举式电路、恒流源电路等。锯齿波电路由V_1、V_2、V_3和C_2等元件组成，V_1、VS、R_{P_2}和R_3为一恒流源电路。锯齿波是由开关V_2管来控制的。

当V_2截止时，恒流源电流I_{1c}对电容C_2充电，调节R_{P_2}，即改变C_2的恒定充电电流I_{1c}，可见R_{P_2}是用来调节锯齿波斜率的。当V_2导通时，因R_4很小，故C_2迅速放电，u_{b3}电位迅速降到零附近。V_2周期性地通断，u_{b3}便形成锯齿波，同样u_{e3}也是一个锯齿波。射极跟随器V_3的作用是减小控制回路电流对锯齿波电压u_{b3}的影响。

V_4基极电位由锯齿波电压、控制电压u_{co}、直流偏移电压u_p三者作用的叠加确定。如果$u_{co}=0$，u_p为负值时，b_4点的波形由u_h+u_p确定。当u_{co}为正值时，b_4点的波形由$u_h+u_p+u_{co}$确定。

M点是V_4由截止到导通的转折点，也就是脉冲的前沿。加u_p的目的是确定控制电压$u_{co}=0$时脉冲的初始相位。

在三相全控桥电路中，接感性负载电流连续时，脉冲初始相位应定在$\alpha=90°$；如果是可逆系统，需要在整流和逆变状态下工作，理论上要求脉冲的移相范围为180°（考虑α_{min}和β_{min}，实际一般为120°），由于锯齿波波形两端的非线性，因此要求锯齿波的宽度大于180°，例如240°，此时，令$u_{co}=0$，调节u_p的大小使产生脉冲的M点移至锯齿波的中央（120°处），相当于$\alpha=90°$的位置。

如u_{co}为正值，M点就向前移，控制角$\alpha<90°$，晶闸管电路处于整流工作状态。

如u_{co}为负值，M点就向后移，控制角$\alpha>90°$，晶闸管电路处于逆变状态。

（3）同步环节。

同步指要求触发脉冲的频率与主电路电源的频率相同，相位关系相对应。

V_2开关的频率就是锯齿波的频率，由同步变压器所接的交流电压决定。V_2由导通变截止期间产生锯齿波，锯齿波起点基本上就是同步电压由正变负的过零点。V_2截止状态持续的时间就是锯齿波的宽度，其大小取决于充电时间常数R_1C_1。

（4）双窄脉冲形成环节。

双窄脉冲形成电路由V_5、V_6构成，当V_5、V_6都导通时，V_7、V_8都截止，没有脉冲输出；只要V_5、V_6有一个截止，都会使V_7、V_8导通，有脉冲输出。前脉冲由本相触发单元的u_{co}对应的控制角α产生。相隔60°的后脉冲是由滞后60°相位的后一相触发单元产生

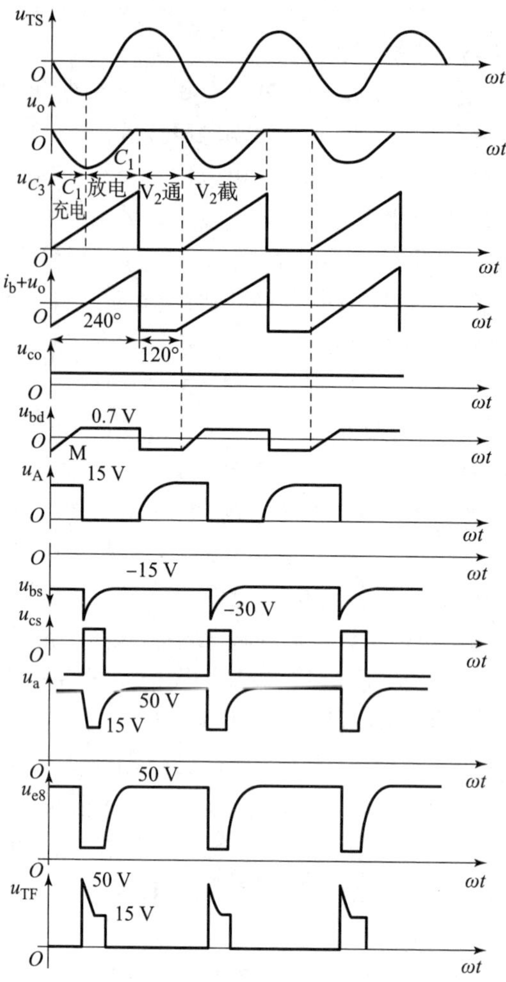

图 2.37　同步信号为锯齿波的触发电路的工作波形

（通过 V_6）。

2）集成触发器

集成触发器具有可靠性高、技术性能好、体积小、功耗低、调试方便等特点。晶闸管触发电路的集成化已逐渐普及，逐步取代分立式电路。目前国内常用的有 KJ 系列和 KC 系列，下面以 KJ 系列为例。

KJ004 集成触发器与分立元件的锯齿波移相触发电路相似，分为同步、锯齿波形成、移相、脉冲形成、脉冲分选及脉冲放大等六个环节。图 2.38 所示为三相全控桥整流电路的集成触发电路，由 3 个 KJ004 集成块和 1 个 KJ041 集成块构成，可形成六路双脉冲，再由六个晶体管进行脉冲放大即可。KJ041 内部是由 12 个二极管构成的 6 个或门，也有厂家生产了将图 2.38 全部电路集成的集成块，但目前应用还不多。如果触发电路为模拟的，则称之为模拟触发电路，其优点是结构简单、可靠，但易受电网电压影响，触发脉冲不对称度较高、精度低。如果触发电路为数字的，则称之为数字触发电路，其脉冲对称度很好，例如基于 8 位单片机的数字触发器精度可达 0.7°～1.5°。

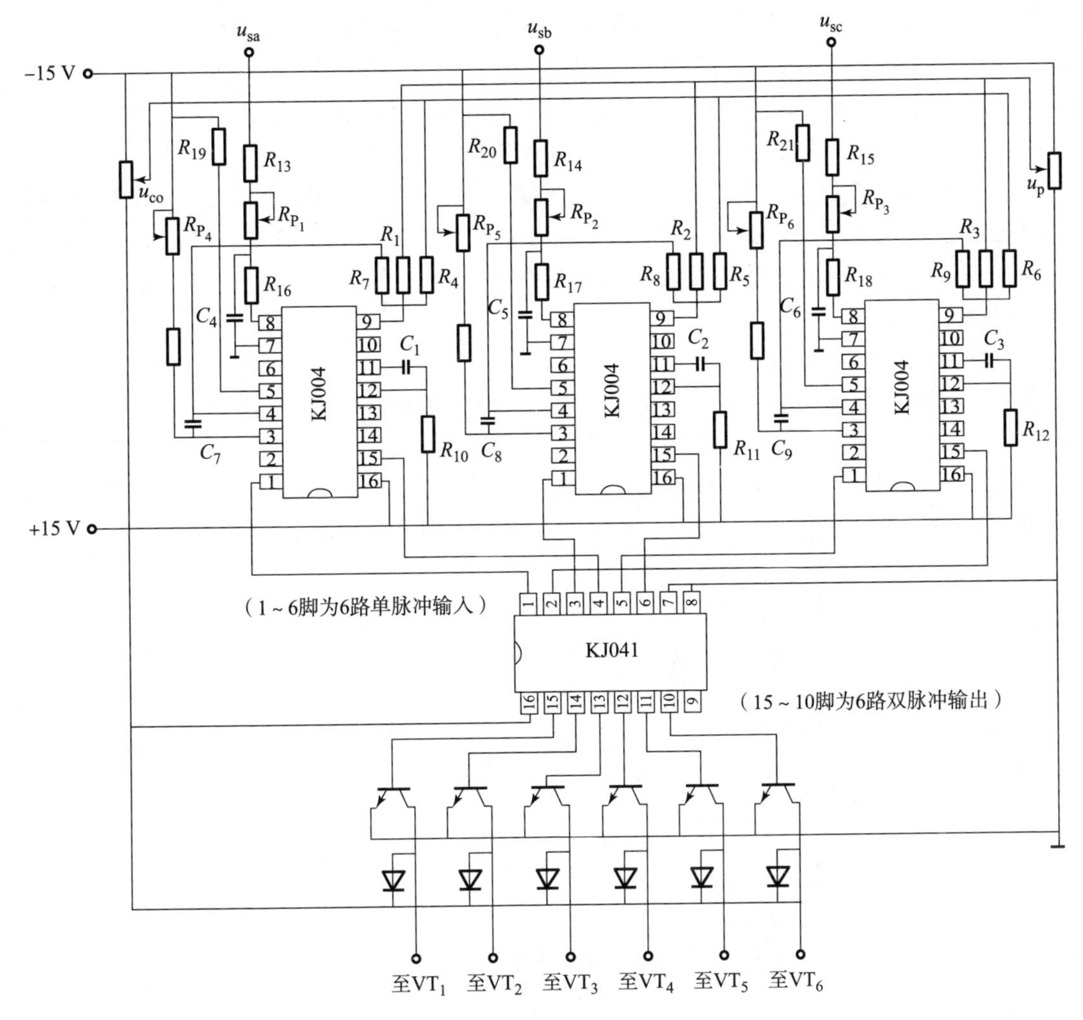

图 2.38　三相全控桥整流电路的集成触发电路

3）触发电路的定相

触发电路的定相是指触发电路应保证每个晶闸管触发脉冲与施加于晶闸管的交流电压保持固定、正确的相位关系。将同步变压器原边接入为主电路供电的电网，保证频率一致。触发电路定相的关键是确定同步信号与晶闸管阳极电压的关系，如图 2. 39 所示。

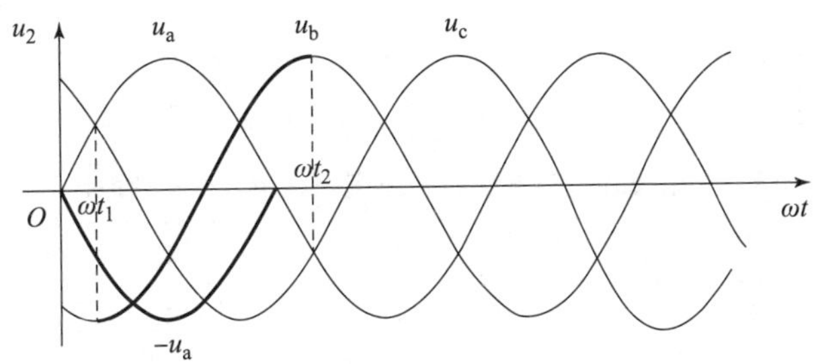

图 2. 39　三相全控桥中同步电压与主电路电压关系示意图

三相桥式整流器，在采用锯齿波同步触发电路时，同步信号负半周的起点对应锯齿波的起点，通常使锯齿波的上升段为240°，上升段起始的30°和终了的30°线性度不好，舍去不用，使用中间的180°。锯齿波的中点与同步信号的300°位置对应，使 $U_d=0$ 的触发角 α 为90°。当 $\alpha<90°$ 时为整流工作，当 $\alpha>90°$ 时为逆变工作。

将 $\alpha=90°$ 确定为锯齿波的中点，锯齿波向前、向后各有90°的移相范围，于是 $\alpha=90°$ 与同步电压的300°对应，也就是 $\alpha=0°$ 与同步电压的210°对应。由图2.39及关于三相桥的介绍可知，$\alpha=0°$ 对应 u_a 的30°的位置，同步信号的180°与 u_a 的0°对应，说明 VT_1 的同步电压应滞后于 u_a 180°。

2. 变压器接法

主电路整流变压器为D，Y－11连接：即一次侧三角形接法、二次侧星形接法，二次侧线电压超前于一次侧对应的线电压30°，如图2.40所示。

同步变压器为D，Y5－11连接：即一次侧三角形接法、二次侧星形接法，二次侧分两组输出，线电压分别超前于一次侧对应的线电压30°和210°，如图2.40所示。

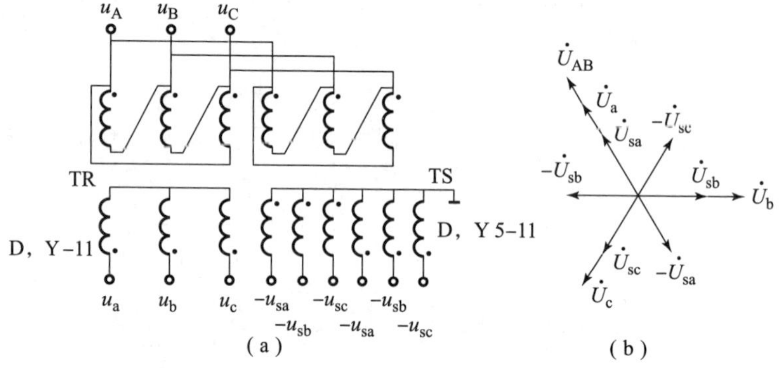

图2.40　同步变压器和整流变压器的接法及矢量图

（a）接法；（b）矢量图

三相全控桥各晶闸管的同步电压如表2.2所示。

表2.2　三相全控桥各晶闸管的同步电压（采用图2.40变压器接法时）

晶闸管	VT_1	VT_2	VT_3	VT_4	VT_5	VT_6
主电路电压	$+U_a$	$-U_c$	$+U_b$	$-U_a$	$+U_c$	$-U_b$
同步电压	$-U_{sa}$	$+U_{sc}$	$-U_{sb}$	$+U_{sa}$	$-U_{sc}$	$+U_{sb}$

为防止电网电压波形畸变对触发电路产生干扰，可对同步电压进行 $R-C$ 滤波，当 $R-C$ 滤波器滞后角为60°时，同步电压选取结果如表2.3所示。

表2.3　三相桥各晶闸管的同步电压（有 $R-C$ 滤波滞后60°）

晶闸管	VT_1	VT_2	VT_3	VT_4	VT_5	VT_6
主电路电压	$+U_a$	$-U_c$	$+U_b$	$-U_a$	$+U_c$	$-U_b$
同步电压	$+U_{sb}$	$-U_{sa}$	$+U_{sc}$	$-U_{sb}$	$+U_{sa}$	$-U_{sc}$

任务2.4　斩 波 电 路

直流斩波电路（DC Chopper）的功能是将直流电变为另一种固定的或可调的直流电，也称为直流－直流变换器。我们知道，变压器可以改变交流电压的大小，但不能用于直流电路；而斩波电路是通过高频率功率开关组件对固定的直流电源做适当切割，从而改变负载输出电压。直流斩波器一般是指将固定的直流电变成可调的直流电，若其输出电压比输入电压低，则称为降压式（Buck）；若其输出电压较输入电压高，则称为升压式（Boost）。直流斩波器已广泛应用于直流牵引的电力拖动系统以及开关电源中，如城市电车、地铁、电动车、动车等，通过合理控制占空比，能使控制对象获得加减速平稳、快速响应的性能，并具有良好的节能效果。

1. 单向斩波电路

如图2.41所示，斩波电路的典型用途之一是拖动直流电动机，也可带蓄电池负载，两种情况下负载中均会出现反电动势，如图2.41（a）所示。为使 i_o 连续且脉动小，通常使 L 值较大。

输入、输出的电压关系：

电流连续时，负载电压平均值为

$$U_o = \frac{t_{on}}{T} U_C$$

设 $A = t_{on}/T$，称为导通占空比，简称占空比或导通比；U_C 为输入电压，图2.41（a）中为 E，即

$$U_o = A \cdot E$$

高频大功率开关管在每个周期内全导通时，U_o 为最大值 E，通过控制高频大功率开关管的开关时间，减小 A，U_o 随之减小。这种斩波电路的电压只能往下调节，即降压斩波电路。

负载电流平均值为

$$I = U_d/R$$

电流断续时，U_o 平均值会被抬高，一般不允许这种情况发生。

斩波电路有三种控制方式：

（1）脉冲宽度调制（PWM）或脉冲调宽型——保持 T 不变，调节 t_{on}，应用最多；

（2）频率调制或调频型——保持每个周期内 t_{on} 不变，改变 T 的大小；

（3）混合型——t_{on} 和 T 都可调，使占空比改变。

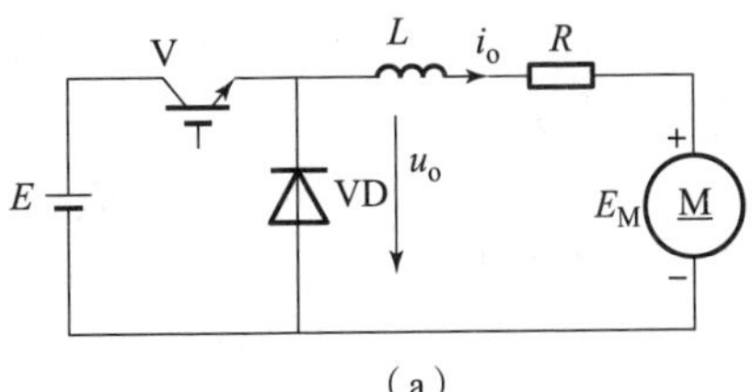

（a）

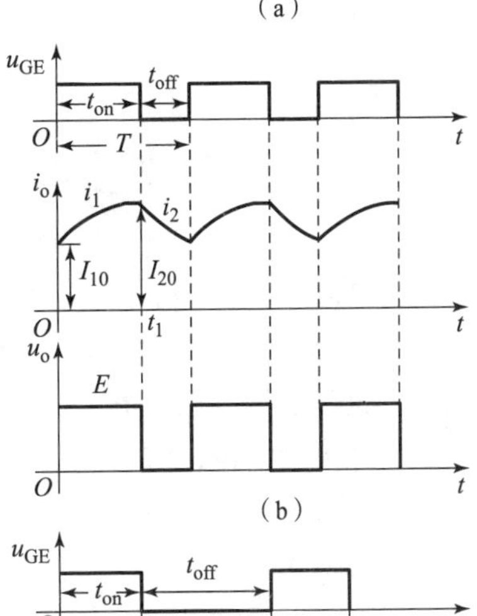

（b）

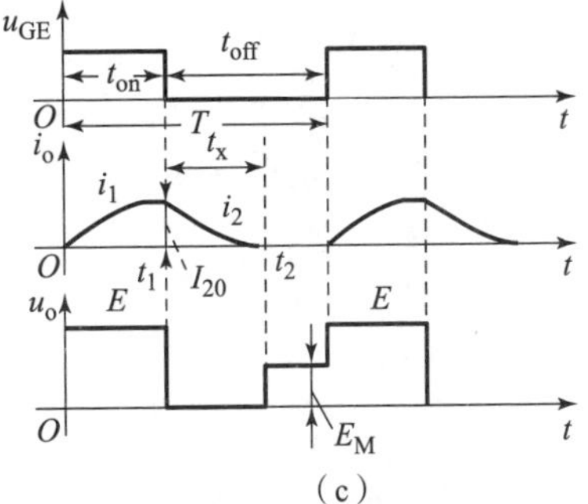

（c）

图2.41　斩波电路原理

（a）基本电路图；（b）电流连续时的波形图；（c）电流不连续时的波形图

2. 可逆斩波电路

可逆斩波电路的特点是电枢电流可逆，但电源电压极性是单向的。

当需要直流电动机进行正、反转，即在可电动又可制动控制的场合，可采用桥式可逆斩波电路，如图2.42所示。

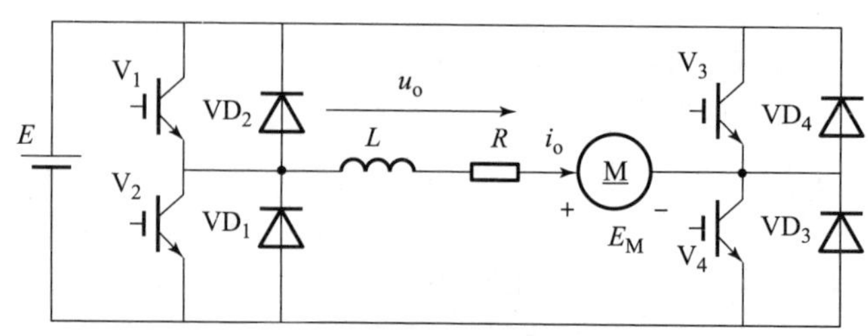

图2.42　桥式可逆斩波电路

（1）使V_4保持导通时，通过PWM方式控制V_1，经过VD_1续流，可使电动机工作于第一象限，此时电源向电动机提供正电压，即工作在正向电动状态。若E_M大于E，通过VD_2与VD_3回馈电能，工作于正向再生制动状态；E_M通过V_2与VD_3回路，可工作于正向能耗制动状态。

（2）使V_2保持导通时，通过PWM方式控制V_3，经过VD_3续流，可使电动机工作于第三象限，此时电源向电动机提供负电压，即工作在反向电动状态。若E_M大于E，通过VD_4与VD_1回馈电能，工作于反向再生制动状态；E_M通过V_4与VD_1回路，可工作于反向能耗制动状态。

任务2.5　逆 变 电 路

逆变电路

把直流电变换成交流电称为逆变，如蓄电池、干电池、太阳能电池等都是直流电源，当需要向交流负载供电时，就要用到逆变电路；变频器、不间断电源、感应加热电源等电力电子装置，其电路的核心部分也都是逆变电路。逆变器的基本作用是通过控制电路，将直流电源转换为频率和电压任意可调的交流电源，当交流侧接在电网上，即交流侧接有电源时，称为有源逆变；当交流侧直接和负载连接时，称为无源逆变，这里主要介绍无源逆变电路。根据直流侧储能元件形式的不同，逆变电路可划分为电压型逆变电路和电流型逆变电路。

1. 单相电流型逆变电路

以单相桥式逆变电路为例（图2.43）：

VT_1 ~ VT_4是桥式电路的4个臂，由电力电子器件及辅助电路组成。

当VT_1、VT_4闭合，VT_2、VT_3断开时，负载电压u_o为正；当VT_1、VT_4断开，VT_2、VT_3闭合时，u_o为负，把直流电变成了交流电。改变两组开关切换频率，可改变输出交流电频率。

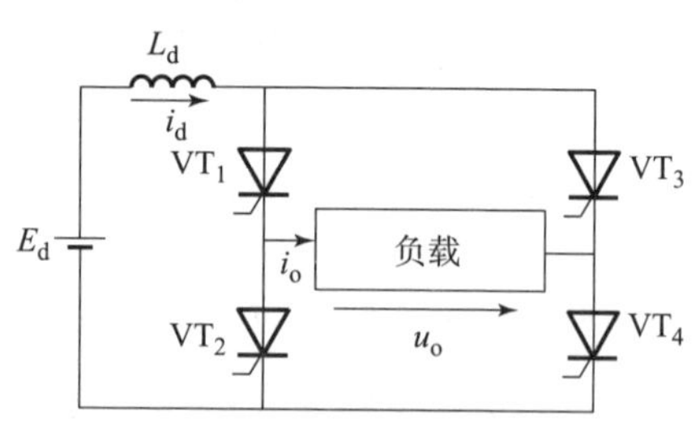

图2.43　电流型逆变电路模型

2. 单相电压型逆变电路

电阻负载时，负载电流 i_o和 u_o的波形相同，相位也相同。阻感负载时，i_o滞后于 u_o，波形也不同，如图 2.44 所示。

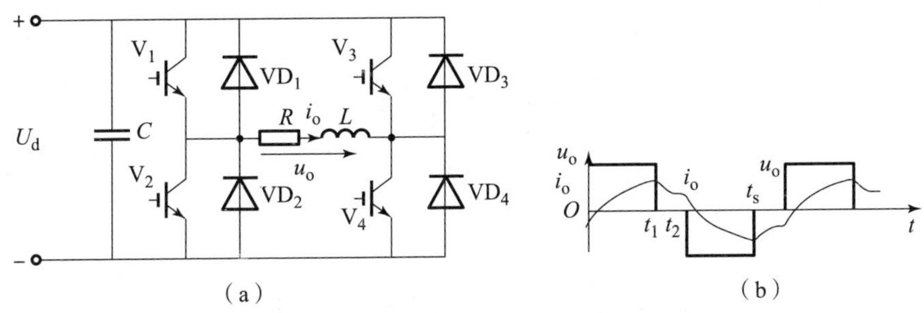

图 2.44　电压型逆变电路举例（全桥逆变电路）

t_1前：V_1、V_4导通，u_o和 i_o均为正。

t_1时刻：V_1、V_4关断，V_2、V_3延时导通，u_o变负，但 i_o不能立刻反向。i_o从电源负极，经 VD_2、负载和 VD_3流回正极，负载电感能量向电源反馈，i_o逐渐减小，t_2 时刻下降为零，之后 i_o才反向增大。

现在的电压型逆变电路一般采用高频功率开关管（如 IGBT 等），采用 SPWM 控制技术可使输出电压、电流波形接近正弦波（后续介绍）。

图 2.42 所示的桥式可逆斩波电路中，若将 V_1-V_4 的导通改用 SPWM 控制方式，同样可成为单相电压型逆变电路。

3. 三相电压型逆变电路

三个单相逆变电路可组成一个三相逆变电路，应用最广的是桥式逆变电路，如图 2.45 所示。

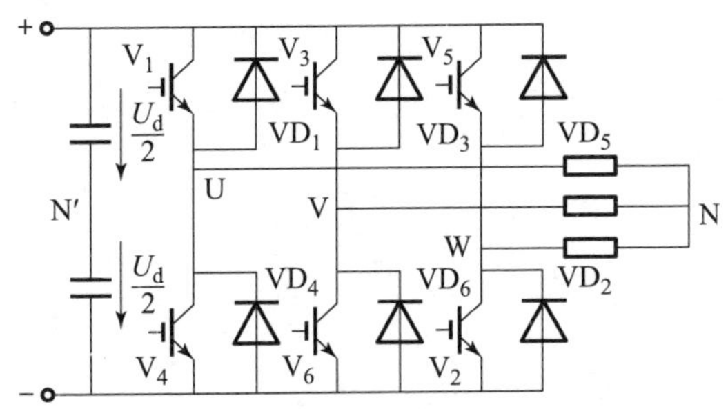

图 2.45　三相电压型桥式逆变电路

三相桥式逆变电路可看作是由三个半桥逆变电路组成。每桥臂导电 180°，同一相上、下两臂交替导电，各相开始导电的角度差 120°，任一瞬间有三个桥臂同时导通，每次换流都是在同一相上、下两臂之间进行，也称纵向换流。

负载各相到电源中性点 N′的电压：U 相，V_1 通，$u_{UN'}=U_d/2$；V_4 通，$u_{UN'}=-U_d/2$。

导通次序：$V_1-V_2-V_3-V_4-V_5-V_6-V_1$依次相隔 60°轮流导通。

为了防止短路发生，同一相的上、下两个开关管不能同时导通。

电压型三相桥式逆变电路的工作波形如图 2. 46 所示。

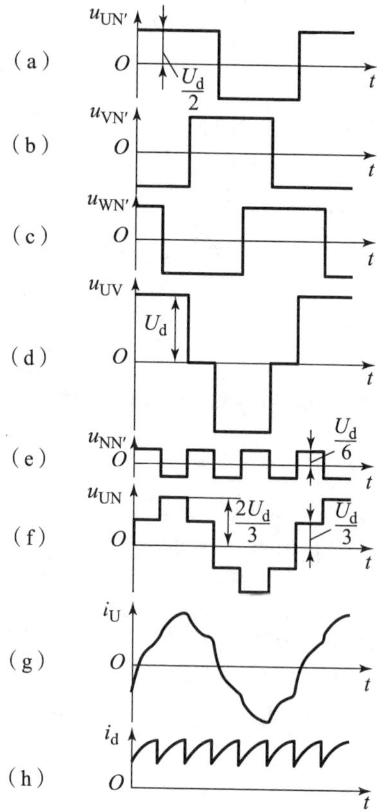

图 2. 46　电压型三相桥式逆变电路的工作波形

4. 无换相器电动机

电流型三相桥式逆变器驱动同步电动机，负载换流，工作特性和调速方式与直流电动机相似，但无换相器，因此称为无换相器电动机，也称无刷电动机，如图 2. 47 所示。

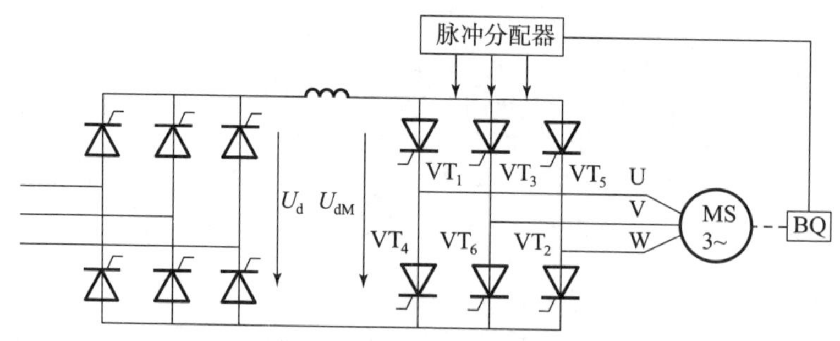

图 2. 47　无换相器电动机的基本电路

BQ——转子位置检测器，检测磁极位置以决定何时给哪个晶闸管发出触发脉冲。

图 2. 48 所示为无换相器电动机电路工作波形。

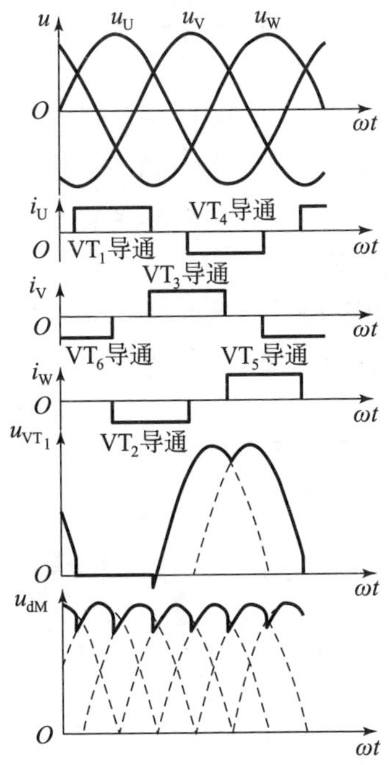

图 2.48　无换相器电动机电路工作波形

当采用直流电源供电时，整流电路可省略。

目前小功率无刷电动机大部分采用 MOSFET 器件作为主开关，使电动机定子中按一定规律分布的定子线圈轮流导电，从而产生旋转磁场，而转子一般采用永久磁钢。

任务 2.6　项 目 实 训

2.6.1　常用电力电子器件的测试

1. 实训目的

（1）掌握电力二极管、晶闸管等常用电力电子器件的简易测试方法。

（2）能正确鉴别电力二极管、晶闸管等常用电力电子器件的好坏。

2. 实训设备

（1）0 ~ 30 V 直流稳压电源 1 台。

（2）万用表 1 块。

（3）1.5 V × 3 干电池 1 组。

（4）正常、故障电力二极管、晶闸管各 1 只。

3. 实训内容及步骤

（1）鉴别电力二极管的好坏。

将万用表置于 $R \times 1$ 位置，用表笔测量电力二极管阳极 - 阴极之间的正反向电阻，正向阻值应为几欧至几十欧，反向电阻应为几百欧甚至更大。

根据阻值是否正常判断电力二极管的好坏。

（2）鉴别晶闸管好坏。

鉴别晶闸管好坏的方法示意图如图 2.49 所示。将万用表置于 $R\times1$ 位置，用表笔测量 G、K 之间的正反向电阻，正向电阻阻值应为几欧至几十欧，反向电阻应为几百欧甚至更大。对于指针式万用表，一般黑表笔接 G，红表笔接 K 时阻值小。由于晶闸管芯片一般采用短路发射极结构（相当于在门极与阴极间并联了一个电阻），所以有些晶闸管正反向阻值差别不大。接着将万用表调至 $R\times10\text{k}$ 挡，测量 G、A 与 K、A 之间的阻值，无论黑、红表笔怎样调换测量，阻值均应很大，若阻值很小，则说明晶闸管已经损坏。

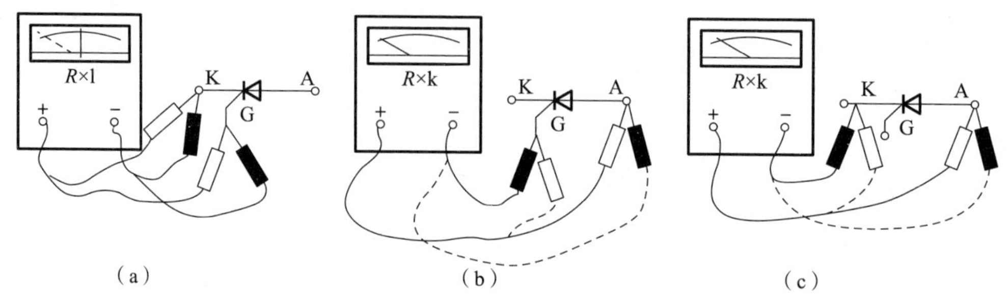

图 2.49　鉴别晶闸管好坏的方法示意图

2.6.2* SCR、MOSFET、GTR、IGBT、TRIAC 的特性测试

1. 实训目的

（1）掌握各种电力电子器件的工作特性。

（2）掌握各器件对触发信号的要求。

2. 实训所需设备（表 2.4）

表 2.4　实训所需设备

序号	型　　号	备　　注
1	MEC01 电源控制屏	该控制屏包含“三相电源输出”等几个模块
2	PAC09A 交直流电源、变压器及二极管组件	该挂箱包含“±15 V”给定输出等几个模块
3	PAC11 新器件特性实训组件	
4	MEC21 直流电压、电流表	
5	MEC42 可调电阻器	

3. 实训线路

将电力电子器件（包括 SCR、TRIAC、MOSFET、GTR、IGBT 五种）和负载电阻 R 串联后接至直流电源的两端，由 PAC09A 上的给定电压为新器件提供触发电压信号，给定电压从零开始调节，直至器件触发导通，从而可测得在上述过程中器件的 V/A 特性；图 2.50 中的电阻 R 用 MEC42 上的可调电阻负载，将两个 90 Ω 的电阻接成串联形式，最大可通过电流为 1.3 A；直流电压和电流表可从 MEC21 上获得，五种电力电子器件均在 PAC11 挂箱上；直流

电源从 MEC01 电源控制屏上的三相调压器输出接 PAC09A 上的整流及滤波电路，从而得到一个输出可由调压器调节的直流电压源。

实训线路的具体接线如图 2.50 所示。

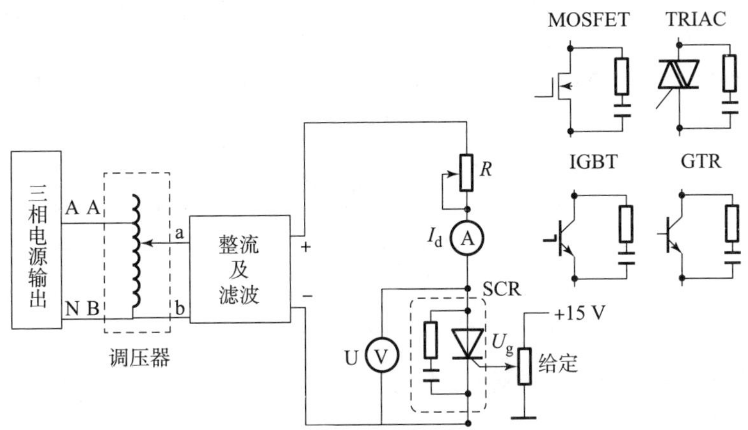

图 2.50　实训线路的具体接线

4. 实训内容

（1）晶闸管（SCR）特性实训。

（2）双向晶闸管（TRIAC）特性实训。

（3）功率场效应管（MOSFET）特性实训。

（4）大功率晶体管（GTR）特性实训。

（5）绝缘双极性晶体管（IGBT）特性实训。

5. 实训方法

（1）按图 2.50 接线，首先将晶闸管（SCR）接入主电路，在实训开始时，将 PAC09A 上的给定电位器 R_{P_1}沿逆时针旋到底，S_1 拨到“正给定”侧，S_2 拨到“运行”侧，调压器按逆时针方向调到底，MEC42 上的可调电阻调到最大阻值的位置；打开 PAC09A 的电源开关，按下控制屏上的“启动”按钮，然后缓慢调节调压器，同时监视电压表的读数，当直流电压升到 40 V 时，停止调节单相调压器（在以后的其他实训中，均不用调节）；调节给定电位器 R_{P_1}，逐步增加给定电压，监视电压表、电流表的读数，当电压表指示接近零时（表示管子完全导通），停止调节，记录给定电压 U_g调节过程中回路电流 I_d以及器件的管压降 U_v，并填表 2.5。

表 2.5　记录表

U_g					
I_d					
U_v					

（2）按下控制屏的“停止”按钮，将晶闸管换成双向晶闸管（TRIAC），重复上述步骤，并将数据记录在表 2.6 中。

表 2.6　记录表

U_g					
I_d					
U_v					

（3）按下控制屏的“停止”按钮，换成功率场效应管（MOSFET），重复上述步骤，并将数据记录在表 2.7 中。

表 2.7　记录表

U_g					
I_d					
U_v					

（4）按下控制屏的“停止”按钮，换成大功率晶体管（GTR），重复上述步骤，并将数据记录在表 2.8 中。

表 2.8　记录表

U_g					
I_d					
U_v					

（5）按下控制屏的“停止”按钮，换成绝缘双极性晶体管（IGBT），重复上述步骤，并将数据记录在表 2.9 中。

表 2.9　记录表

U_g					
I_d					
U_v					

6. 实训报告

根据得到的数据，绘出各器件的输出特性。

7. 注意事项

（1）为保证功率器件在实训过程中避免功率击穿，应保证管子的功率损耗（功率器件的管压降与器件流过的电流乘积）小于 8 W。

（2）为使 GTR 特性实验更典型，其电流应控制在 0.4 A 以下。

（3）在本实训中，完成的是关于器件的伏安特性的实训项目，老师可以根据自己的实际需要调整实训项目，如可增加“测量器件的导通时间”等实训项目。

2.6.3* MOSFET、GTR、IGBT 驱动与保护电路测试

1. 实训目的

（1）理解各种自关断器件对驱动与保护电路的要求。

（2）熟悉各种自关断器件的驱动与保护电路的结构及特点。

（3）掌握由自关断器件构成PWM直流斩波电路的原理与方法。

（4）熟悉功率器件驱动与保护电路故障的分析与处理。

2. 实训所需挂箱及附件（表2.10）

表2.10　实训所需挂箱及附件

序号	型　号	备　注
1	MEC01 电源控制屏	该控制屏包含"三相电源输出"等几个模块
2	PAC09A 交直流电源、变压器及二极管组件	该挂箱包含"±15 V"直流电源及功率二极管等几个模块
3	PAC11 新器件特性实训组件	该挂件包括"IGBT""GTR"等几个模块
4	PAC21 新器件驱动与保护电路组件	该挂件包括"PWM 发生电路"等几个模块
5	MEC21 直流电压、电流表	
6	双踪示波器	自备

3. 实训线路及原理

自关断器件的实训接线及实训原理如图2.51所示，图中直流电源可由控制屏上的励磁电压提供，或由控制屏上三相电源中的两相经整流滤波后输出。接线时，应从直流电源的正极出发，经过限流电阻、自关断器件及保护电路、直流电流表再回到直流电源的负端，构成实训主电路。

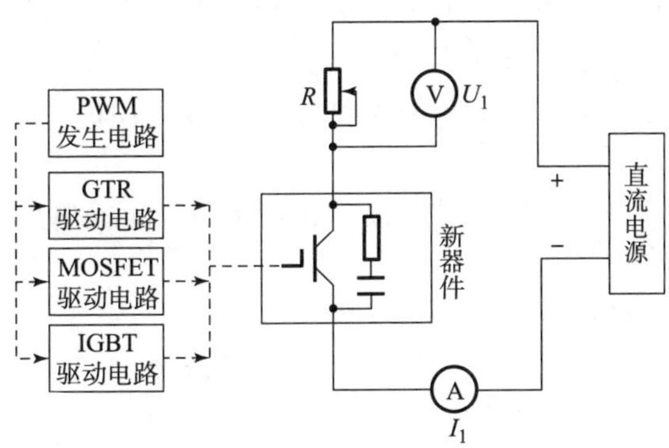

图2.51　自关断器件的实训接线及原理

4. 实训内容

（1）自关断器件及其驱动、保护电路的研究（可根据需要选择一种或几种自关断器件）。

（2）自关断器件的驱动与保护电路故障的分析与处理。

5. 实训方法

将PAC09A的直流电压输出端口一一对应地接到PAC21的直流电源输入端口。仔细核对无误后方可通电，以免接错电源而烧坏控制电路。

（1）GTR的驱动与保护电路实训。

在本实训中，把PAC21实训挂箱中的频率选择开关拨至"低频挡"，然后调节频率按钮W1，使PWM波输出频率在"1 kHz"左右。

在主电路中，直流电源由控制屏上的励磁电源输出，负载电阻R用MEC42上的灯泡负载，直流电压、电流表由 MEC21 提供。

驱动与保护电路接线时，要注意控制电源及接地的正确连接。对于 GTR 器件，采用 ±5 V 电源驱动。接线时，PWM 波形的输出端接 GTR 驱动模块的输入端。

实训时应先检查驱动电路的工作情况。在未接通主电路的情况下，接通驱动模块的电源，此时可在驱动模块的输出端观察到相应的波形，调节 PWM 波形发生器的频率及占空比，观测 PWM 波形的变化规律。

在驱动电路正常工作后，将占空比调至最小，然后合上主电路电源开关，再调节占空比，用示波器观测、记录不同占空比时基极的驱动电压、GTR 管压降及负载上的波形。

测定并记录不同占空比 α 时负载的电压平均值 U_α 于表 2. 11 中。

表 2. 11　电压平均值

α						
U_α						

（2）MOSFET 的驱动与保护电路实训。

将 PAC21 实训挂箱上的频率选择开关拨至“高频挡”，调节频率调节电位器，使方波的输出频率在“8 ~ 10 kHz”范围内，然后再按实训原理图接好驱动与保护电路的实训线路，其基本的实训方法与 CTR 的驱动与保护电路实训一致。

（3）IGBT 的驱动与保护电路实训。

在本实训中，PAC21 实训挂箱中的频率选择开关拨至“高频挡”，改变频率调节电位器，使方波的输出频率在“8 ~ 10 kHz”范围内，然后再按实训原理图接好驱动与保护电路的实训线路，其基本的实训方法与 GTR 的驱动与保护电路实训一致。

6. 实训报告

（1）整理并画出不同自关断器件的基极（或控制极）驱动电压、驱动电流、元件管压降的波形。

（2）画出 $U_\alpha = f(\alpha)$ 的曲线。

（3）讨论并分析实训中出现的故障现象，做出书面分析。

7. 注意事项

（1）连接驱动电路时必须注意各器件不同的接地方式。

（2）自关断器件的驱动与保护电路，需接不同的控制电压，接线时应注意正确连接。

（3）实训开始前，必须先加上自关断器件的控制电压，然后再加主回路的电源电压；实训结束时，必须先切断主回路电源，然后再切断控制电源。

2. 6. 4* 单相桥式半控整流电路测试

1. 实训目的

（1）掌握锯齿波同步移相触发电路的调试方法。

（2）熟悉单相桥式半控整流电路带电阻性、电阻电感性负载时的工作情况。

（3）了解续流二极管在单相桥式半控整流电路中的作用，学会对实训中出现的问题加以分析和解决。

2. 实训所需挂箱及附件（表 2.12）

表 2.12 实训所需挂箱及附件

序号	型　　号	备　　注
1	MEC01 电源控制屏	该控制屏包含“三相电源输出”模块
2	PAC10 晶闸管及电抗器组件	该挂箱包含“晶闸管”“电抗器”模块
3	PAC14 晶闸管触发电路组件	该挂箱包含“锯齿波同步触发电路”模块
4	PAC09A 交直流电源、变压器及二极管组件	该挂箱包含“±15 V”直流电源及功率二极管等几个模块
5	MEC21 直流数字电压、电流表	
6	MEC42 可调电阻器	
7	双踪示波器	自备

3. 实训线路及原理

单相桥式半控整流电路实训接线图如图 2.52 所示，两组锯齿波同步移相触发电路均在 PAC14 挂件上，它们由同一个同步变压器保持与输入的电压同步，触发信号加到共阴极的两个晶闸管上，图中的 R 用 450 Ω 可调电阻（将 MEC42 上的两个 900 Ω 接成并联形式），晶闸管 VT_1、VT_3 及电感 L_d 均在 PAC10 面板上，L_d 有 100 mH 和 200 mH 两挡可供选择，本实训用200 mH，二极管 VD_1、VD_2、VD_4 在 PAC09A 挂箱上，直流电压表、电流表从 MEC21 挂箱获得。

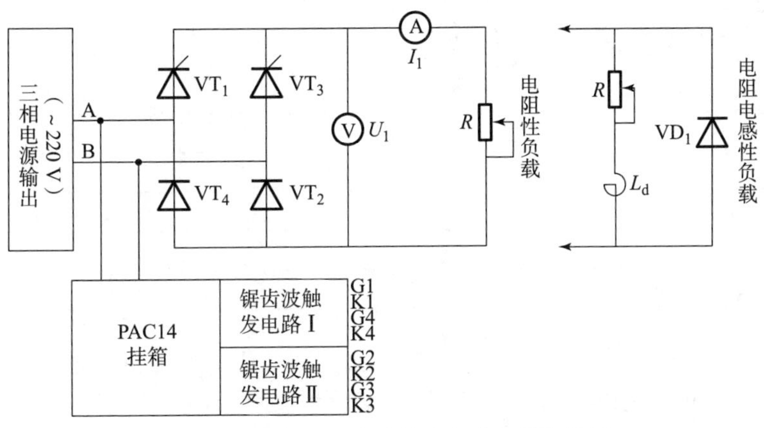

图 2.52 单相桥式半控整流电路实训接线图

4. 实训内容

（1）锯齿波同步触发电路的调试。

（2）单相桥式半控整流电路带电阻性负载。

（3）单相桥式半控整流电路带电阻电感性负载。

（4）单相桥式半控整流电路排除故障训练。

5. 实训方法

（1）用两根 4 号导线将 MEC01 电源控制屏“三相交流电源”的单相 220 V 交流电接到 PAC09A 的单相同步变压器“~220 V”输入端，再用三根 3 号导线将“~7 V”输出端接

PAC14“锯齿波同步触发电路”模块“～7 V”输入端，PAC09A的一路“±15 V”直流电源接到PAC14的“±15 V”输入端，打开PAC09A的电源开关，按下MEC01的“启动”按钮，这时触发电路开始工作，用双踪示波器观察锯齿波同步触发电路各观察孔的电压波形。

（2）锯齿波同步移相触发电路调试：其调试方法与2.2相同。令 $U_{ct}=0$ 时（R_{P_2}电位器顺时针转到底），$\alpha=170°$。

（3）单相桥式半控整流电路带电阻性负载的计算公式为 $U_d=0.9U_2(1+\cos\alpha)/2$。

按图2.52所示接线，主电路接可调电阻 R，将电阻器调到最大阻值位置，按下“启动”按钮，用示波器观察负载电压 U_d、晶闸管两端电压 U_{VT_1}和整流二极管两端电压 U_{VD_2}的波形，调节锯齿波同步移相触发电路上的移相控制电位器 R_{P_2}，观察并记录不同 α 角时 U_d、U_{VT_1}、U_{VD_2}的波形，测量相应交流电源电压 U_2和直流负载电压 U_d的数值，记录于表2.13中。

表2.13　记录表

α	30°	60°	90°	120°	150°
U_2					
U_d（记录值）					
U_d/U_2					
U_d（计算值）					

（4）单相桥式半控整流电路带电阻电感性负载。

①断开主电路后，将负载换为平波电抗器 L_d（200 mH）与电阻 R 串联。

②不接续流二极管 VD_1，接通主电路，用示波器观察不同控制角 α 时 U_d、U_{VT_1}、U_{VD_2}、I_d的波形，并测定相应的 U_2、U_d数值，记录于表2.14中。

表2.14　记录表

α	30°	60°	90°
U_2			
U_d（记录值）			
U_d/U_2			
U_d（计算值）			

③在 $\alpha=60°$时，断开主电路，然后移去触发脉冲（将锯齿波同步触发电路上的“G_3”或“K_3”拔掉），再给主电路通电，观察并记录移去脉冲前、后 U_d、U_{VT_1}、U_{VT_3}、U_{VD_2}、U_{VD_4}、I_d的波形。

④接上续流二极管 VD_1，接通主电路，观察不同控制角 α 时 U_d、U_{VD_3}、I_d的波形，并测定相应的 U_2、U_d数值，记录于表2.15中。

表2.15　记录表

α	30°	60°	90°
U_2			
U_d（记录值）			
U_d/U_2			
U_d（计算值）			

⑤在接有续流二极管 VD_1 及 $\alpha=60°$时，断开主电路，然后移去触发脉冲（将锯齿波同步触发电路上的“G_3”或“K_3”拔掉），再给主电路通电，观察并记录移去脉冲前、后 U_d、U_{VT_1}、U_{VT_3}、U_{VD_2}、U_{VD_4}、I_d的波形。

6. 实训报告

（1）画出电阻性负载、电阻电感性负载时 $U_d/U_2=f(\alpha)$ 的曲线。

（2）画出电阻性负载、电阻电感性负载，α 角分别为30°、60°、90°时 U_d、U_{VT_1}的波形。

（3）说明续流二极管对消除失控现象的作用。

（4）对实训过程中出现的故障现象做出书面分析。

7. 注意事项

在实训中，触发脉冲是从外部接入 PAC10 面板上晶闸管的门极和阴极，此时，请不要用扁平线将 PAC10、PAC13 的正反桥触发脉冲“输入”“输出”相连，并将 U_{lf}及 U_{lr}悬空，避免误触发。

2.6.5　单相正弦波脉宽调制（SPWM）逆变电路测试

1. 实训目的

（1）熟悉单相交直交变频电路原理及电路组成。

（2）熟悉 ICL8038、M57962L 的功能。

（3）掌握 SPWM 波产生的机理。

（4）分析交直交变频电路在不同负载时的工作情况和波形，并研究工作频率对电路工作波形的影响。

2. 实训所需挂箱及附件（表 2.16）

表 2.16　实训所需挂箱及附件

序号	型　号	备　注
1	MEC01 电源控制屏	该控制屏包含“三相电源输出”等几个模块
2	PAC22－1 单相 H 型交直交变频电路组件	该挂件包含 SPWM“控制电路”“驱动电路”“主电路”等模块
3	PAC10 晶闸管及电抗器组件	该挂箱包含“电抗器”等模块
4	PAC08 交流电参数表组件	
5	MEC21 直流电参数表组件	
6	MEC42 可调电阻负载	
7	双踪示波器	自备

3. 实训线路及原理

采用 SPWM 正弦波脉宽调制，通过改变调制频率实现交直交变频的目的。实训电路由三部分组成：主电路、驱动电路和控制电路。

1）主电路部分

主电路结构原理如图 2.53 所示，交直流变换部分（AC/DC）为不可控整流电路（由实训挂箱 PAC09A 提供）；逆变部分（DC/AC）由四只 IGBT 管组成单相桥式逆变电路，采用双极性调制方式。输出经 LC 低通滤波器，滤除高次谐波得到频率可调的正弦波（基波）交流输出。

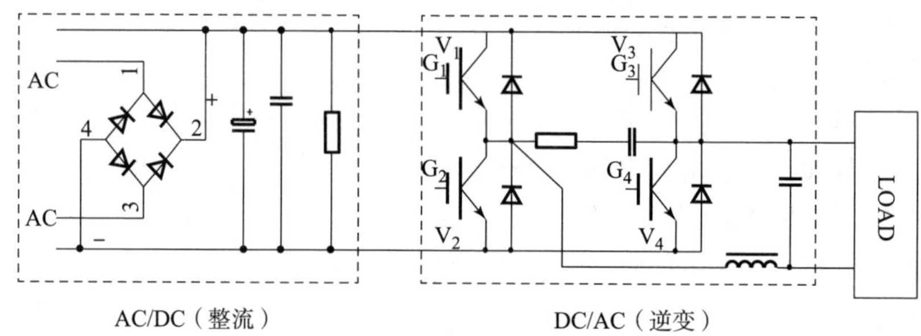

图 2.53　主电路结构原理

2）驱动电路

驱动电路结构原理如图 2.54 所示，采用 IGBT 管专用驱动芯片 M57962L，其输入端接控制电路产生的 SPWM 信号，其输出可用来直接驱动 IGBT 管。

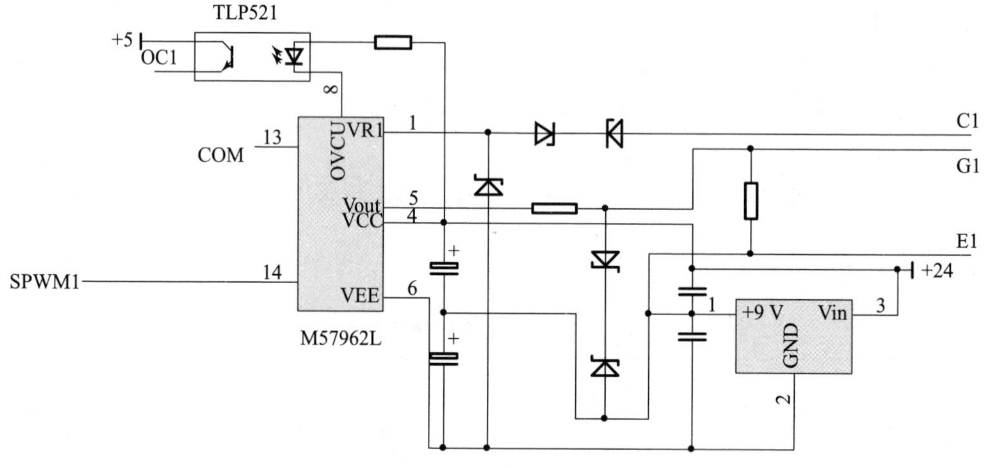

图 2.54　驱动电路结构原理

其特点如下：

（1）采用快速型的光耦实现电气隔离。

（2）具有过流保护功能，通过检测 IGBT 管的饱和压降来判断 IGBT 是否过流，过流时IGBT 管 CE 结之间的饱和压降升到某一定值，使 8 脚输出低电平，在光耦 TLP521 的输出端 OC1 呈现高电平，经过流保护电路（图 2.55）输出 Q 端呈现低电平，送至控制电路，起到了封锁保护作用。

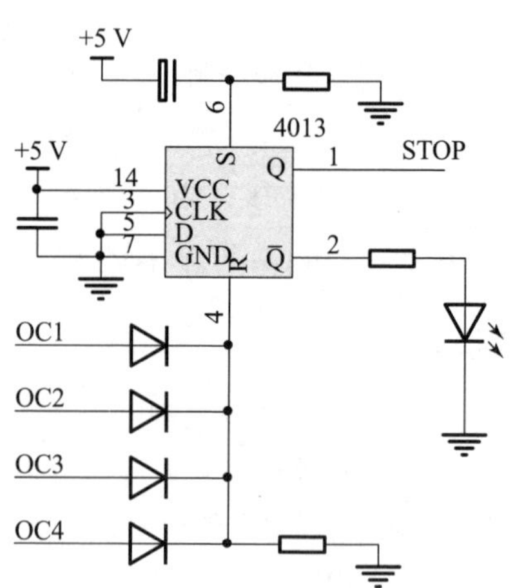

图 2.55　过流保护电路结构原理

3）控制电路

控制电路结构框图如图 2.56 所示，它是由两片集成函数信号发生器 ICL8038 为核心组成的，其中一片 8038 产生正弦调制波 U_r，另一片用以产生三角载波 U_c，将此两路信号经比较电路 LM311 异步调制后，产生一系列等幅、不等宽的矩形波 U_m，即 SPWM 波。U_m 经反相器后，生成两路相位相差 180°的 ± PWM 波，再经触发器 CD4528 延时后，得到两路相位相差 180°并带一定死区范围的 SPWM1 和 SPWM2 波，作为主电路中两对开关管 IGBT 的控制信号。各波形的观测点均已引到面板上，可通过示波器进行观测。

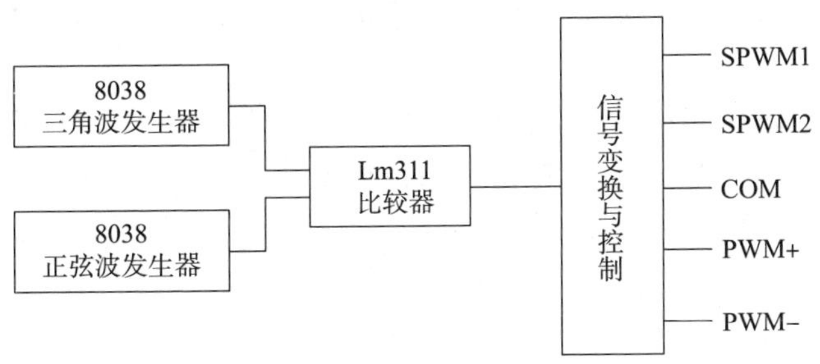

图 2.56 控制电路结构框图

为了便于观察 SPWM 波，面板上设置了“测试”和“运行”选择开关，在“测试”状态下，三角载波 U_c 的频率为 180 Hz 左右，此时可较清楚地观察到异步调制的 SPWM 波，通过示波器可比较清晰地观测 SPWM 波，但在此状态下不能带载运行，因载波比 N 低很多，不利于设备的正常运行；在“运行”状态下，三角载波 U_c 频率为 10 kHz 左右，因波形的宽窄快速变化致使无法用普通示波器观察到 SPWM 波形，通过带储存的数字示波器的存储功能也可较清晰地观测 SPWM 波形。

正弦调制波 U_r 频率的调节范围设定为 5 ~ 60 Hz。

控制电路还设置了过流保护接口端“STOP”，当有过流信号时，“STOP”呈低电平，经与门输出低电平，封锁了两路 SPWM 信号，使 IGBT 关断起到保护作用。

4. 实训内容

（1）控制信号的观测。

（2）带电阻及电阻电感性负载。

（3）带电动机负载（选做）。

（4）SPWM 逆变电路故障的分析与处理。

5. 实训方法

（1）SPWM 逆变电路分析请参考 3. 2. 1 有关内容。

（2）控制信号的观测：在主电路不接直流电源时，打开控制电源开关，并将 PAC22 - 1 挂箱左侧的钮子开关拨到“测试”位置。然后进行以下操作：

①观察正弦调制波信号 U_r 的波形，测试其频率可调范围。

②观察三角载波 U_c 的波形，测试其频率。

③改变正弦调制波信号 U_r 的频率，再测量三角载波 U_c 的频率，判断是同步调制还是异步调制。

④比较“PWM +”“PWM -”和“SPWM1”“SPWM2”的区别，仔细观测同一相上、下两管驱动信号之间的死区延迟时间。

（3）带电阻及电阻电感性负载。

在实训步骤 2 之后，将 PAC22 - 1 挂箱面板左侧的钮子开关拨到“运行”位置，将正弦

调制波信号 U_r 的频率调到最小，选择负载种类。

①将输出接灯泡负载，然后将控制屏上的交流调压输出端接至 PAC09A“不控整流滤波电路”交流输入端，再把 PAC09A“不控整流滤波电路”直流输出端接至 PAC22－1 的直流电输入端口。启动电源后，通过调节调压器使整流后输出直流电压保持为 200 V。然后由小到大调节正弦调制波信号 U_r 的频率，观测负载电压的波形，记录其波形参数（幅值、频率）。

②将 PAC10 上的 100 mH 电抗器与步骤①的灯泡负载串联，组成电阻电感性负载。然后将主电路接通由 PAC09A 提供的直流电源（通过调节交流侧的调压器，使输出直流电压保持 200 V），由小到大调节正弦调制波信号 U_r 的频率，观测负载电压的波形，记录其波形参数（幅值、频率）。

（4）带电动机负载（选做）。

主电路输出接 DJ21－1 电阻启动式单相交流异步电动机，启动前必须先将正弦调制波信号 U_r 的频率调至最小，然后将主电路接通由 PAC09 提供的直流电源，并由小到大调节交流侧的自耦调压器输出的电压，观察电动机的转速变化，并逐步由小到大调节正弦调制波信号 U_r 的频率，用示波器观察负载电压的波形，并用转速表测量电动机的转速的变化，并记录下来。

6. 实训报告

（1）整理并画出“测试”“运行”状态时各测试点的典型波形。

（2）对比、分析 SPWM 逆变电路在不同负载时的输出电压波形，并给出书面分析。

（3）讨论并分析实训中出现的故障现象，做出书面分析。

7. 注意事项

（1）双踪示波器有两个探头，可同时测量两路信号，但这两探头的地线都与示波器的外壳相连，所以两个探头的地线不能同时接在同一电路的不同电位的两个点上，否则这两点会通过示波器外壳发生电气短路。因此，为了保证测量的顺利进行，可将其中一根探头的地线取下或外包绝缘，只使用其中一路的地线，这样就从根本上解决了这个问题。当需要同时观察两个信号时，必须在被测电路上找到这两个信号的公共点，将探头的地线接于此处，探头分别接至被测信号，只有这样才能在示波器上同时观察到两个信号，而不发生意外。

（2）在“测试”状态下，请勿带负载运行。

（3）面板上的“过流保护”指示灯亮，表明过流保护动作，此时应检查负载是否短路。若要继续实训，应先关机后，再重新开机。

（4）当做交流电机变频调速时，通常是与调压一起进行的，以保持 $V/F=$ 常数，本装置采用手动调节输入的交流电压。

【练习与思考】

1. 晶闸管导通的条件是什么？导通后流过晶闸管的电流由哪些因素决定？

2. 维持晶闸管导通的条件是什么？怎样使晶闸管由导通变为关断？

3. 晶闸管阻断时，其承受的电压大小取决于什么？

4. 单向正弦交流电源，其电压有效值为 220 V，晶闸管和电阻串联相接，试计算晶闸管实际承受的正、反向电压最大值是多少？考虑晶闸管的安全裕量，其额定电压如何选取？

5. 某一双向晶闸管的额定电流为 200 A，问它可以代替两只反并联的额定电流为多少的普通型晶闸管？

6. IGBT 与 SCR 相比有什么优点？

7. 单相桥式全控整流电路带电阻负载，$R_d = 10\ \Omega$，变压器输出电压有效值 $U_2 = 220$ V。求 $\alpha = 45°$时输出的负载直流电压平均值 U_d、流过晶闸管电流的平均值 I_{dt}和有效值 I_T，并画出 U_d、I_{T1}的波形。

8. 现有单相半波、单相全控桥式、三相半波三种整流电路，均带电阻性负载，已知整流变压器二次相电压都为 $U_2 = 220$ V，负载电阻 $R_d = 100\ \Omega$，试计算流过晶闸管的最大电流平均值、有效值各为多少？

项目3 通用变频器结构与原理

知识目标：

1. 熟悉变频器的主体结构框图。
2. 熟悉通用变频器的主电路。
3. 了解变频器主电路和控制电路的基本工作原理。
4. 了解变频器的控制方式和分类。

技能目标：

1. 能用正确的方法拆装变频器。
2. 能正确地对变频器进行接线。
3. 能识读变频器的电路图。
4. 能分析变频器出现故障的原因。

任务3.1 变频器的类别和结构

变频器结构

3.1.1 变频器的分类

变频技术是应交流电动机无级调速的需要而产生的，20世纪60年代以后，电力电子器件经历了SCR（晶闸管）、GTO（门极可关断晶闸管）、BJT（双极型功率晶体管）、MOSFET

（金属氧化物场效应管）、SIT（静电感应晶体管）、SITH（静电感应晶闸管）、MGT（MOS控制晶体管）、MCT（MOS控制晶闸管）、IGBT（绝缘栅双极型晶体管）和HVIGBT（耐高压绝缘栅双极型晶闸管）的发展过程，器件的更新促进了电力电子变频技术的不断发展。

1. 根据主开关器件分类

根据变频器主开关器件的不同，变频器可分为：IGBT变频器、SCR变频器、BJT变频器、GTO变频器等。主开关器件采用IGBT时，开关频率可达20 kHz以上，输出波形已经非常接近正弦波，因此又称正弦脉宽调制（SPWM）逆变器。把直流电逆变成交流电的环节较易控制，因此改善变频后，电动机的特性等方面都具有明显的优势，有利于扩大变频器的频率调节范围，目前得到迅速普及应用的主要是这种变频器。

2. 根据变流环节不同分类

1）交－直－交变频器

该变频器先将工频交流电源（三相或两相）通过整流器变换成直流，再通过逆变器变换成可控频率和电压的交流电源，又称间接式变压变频器。交－直－交变频器的可调节频率范围较宽，低压变频器通常采用这种方式，其结构如图3.1所示。

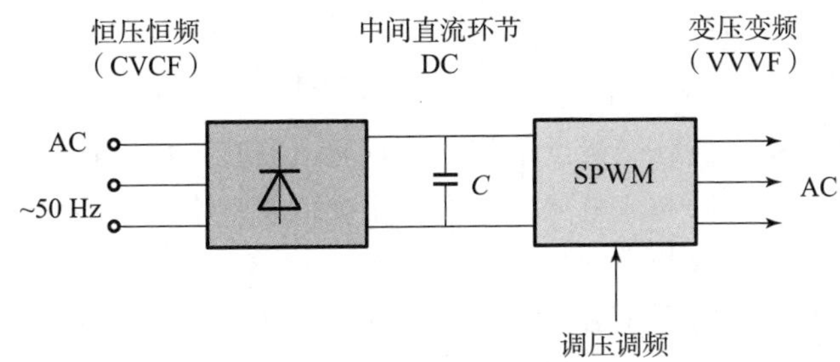

图3.1　交－直－交变频器结构图

2）交－交变频器

该变频器把频率固定的交流电源（恒压恒频CVCF）直接变换成频率和大小连续可调的交流电源（VVVF），又称直接式变压变频器。其主要优点是没有中间环节，变频效率高，但其连续可调的频率范围窄，一般为额定频率的1/2以下。其转换前后的相数相同，主要用于低速大容量的调速系统，其结构如图3.2所示。

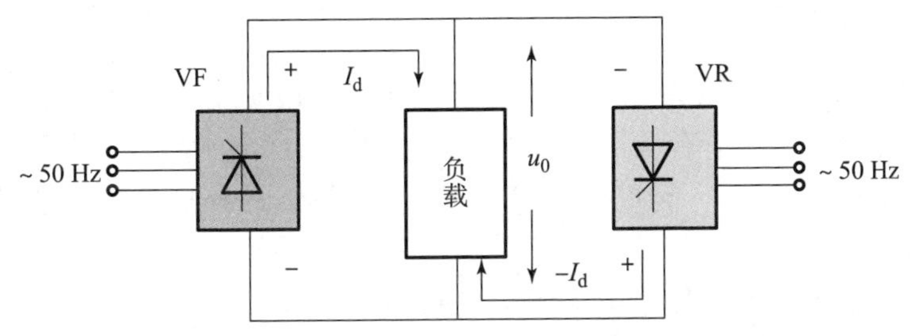

图3.2　交－交变频器结构图

3. 按照电压等级分类

（1）低压变频器（110 V、220 V、380 V）。

（2）中压变频器（500 V、660 V、1 140 V）。

（3）高压变频器（3 kV、3.3 kV、6 kV、6.6 kV、10 kV）。

4. 根据直流电路的储能环节（滤波方式）分类

1）电压源型变频器

在交－直－交变频器装置中，当中间直流环节采用大电容滤波时，直流电压波形比较平直，在理想情况下，这种变频器是一个内阻为零的恒压源，这类变频装置叫作电压源型变频器，中、小容量变频器以电压源型变频器为主，如图3.3（a）所示。

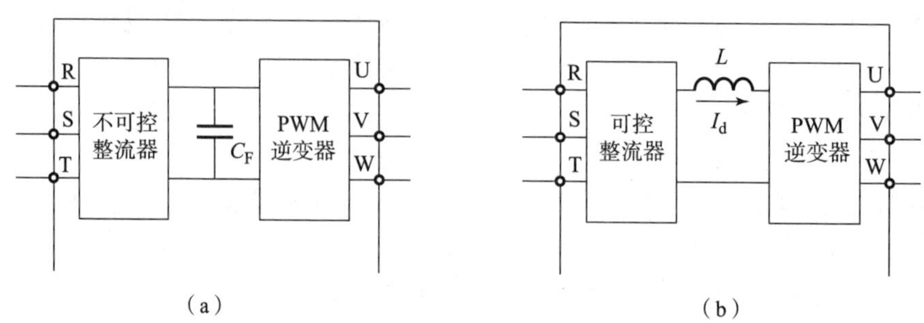

图3.3　电压源型和电流源型交－直－交变频器

（a）电压源型；（b）电流源型

电压源型变频器电路在负载能量反馈到中间直流电路时，将导致电容电压升高，称为泵升电压；如果能量无法反馈回交流电源，泵升电压会危及整个电路的安全，如图3.4所示。

为解决这个问题，可采取的措施如下：

（1）主电路中设置泵升电压限制电路，当泵升电压超过一定数值时，使 V_0 导通，将从负载反馈的能量消耗在 R_0 上，如图3.5所示。

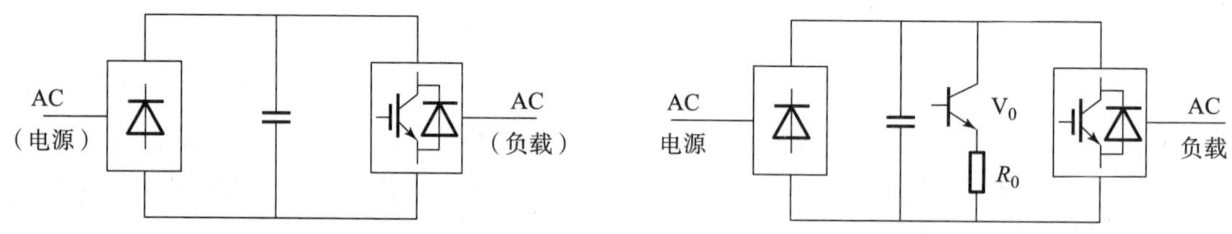

图3.4　不能实现再生反馈的电压源型变流电路

图3.5　带有泵升电压限制电路的电压源型变流电路

（2）将不可控整流电路改为可控整流电路，利用可控变流器实现再生反馈。当负载反馈能量时，可控变流器工作于有源逆变状态，将电能反馈回电网。负载需要经常运行在制动状态的情况下（如电力机车、起重设备等），这种变频器具有显著的节能效果，如图3.6所示。

整流和逆变均为SPWM控制的电压源型变流电路（图3.7）：整流和逆变电路的构成完全相同，均采用SPWM控制，能量可双向流动；输入、输出电流均为正弦波，输入功率因数高且可实现电动机四象限运行。

2）电流源型变频器

当交－直－交变频器装置中的中间直流环节采用大电感滤波时，这类变频装置称为电流

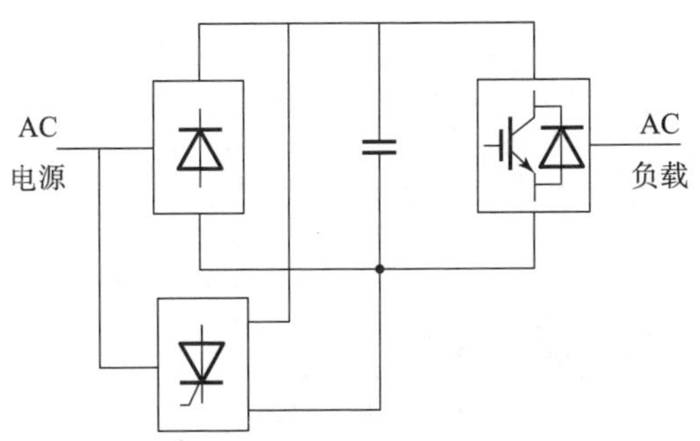

图 3.6　利用可控变流器实现再生反馈的电压源型变流电路

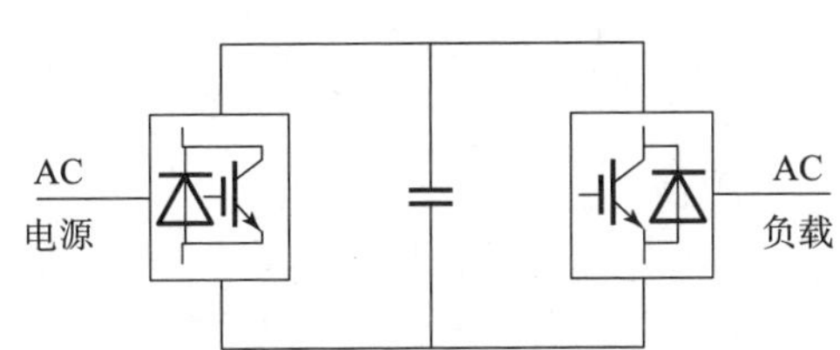

图 3.7　整流和逆变均为 SPWM 控制的电压源型变流电路

源型变频器，适用于大容量变频器，如图 3.3（b）所示。

整流电路为不可控的二极管整流时，电路不能将负载侧的能量反馈到电源侧，如图 3.8 所示。为使电路具备再生反馈电力的能力，整流电路同样可采用晶闸管可控整流电路，负载反馈能量时，可控变流器工作于有源逆变状态，使中间直流电压反极性，如图 3.9 所示。

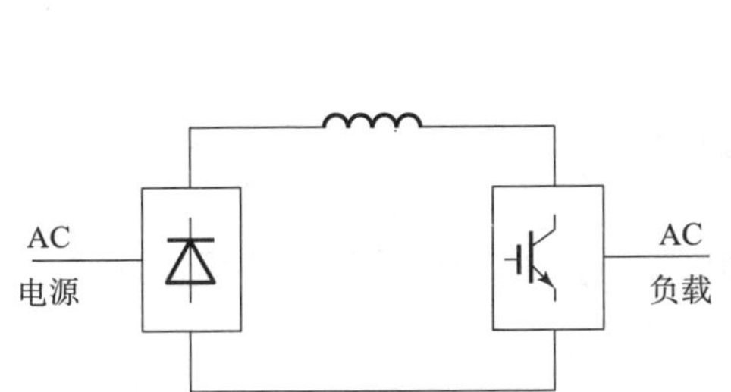

图 3.8　不能实现再生反馈的电流源型变流电路

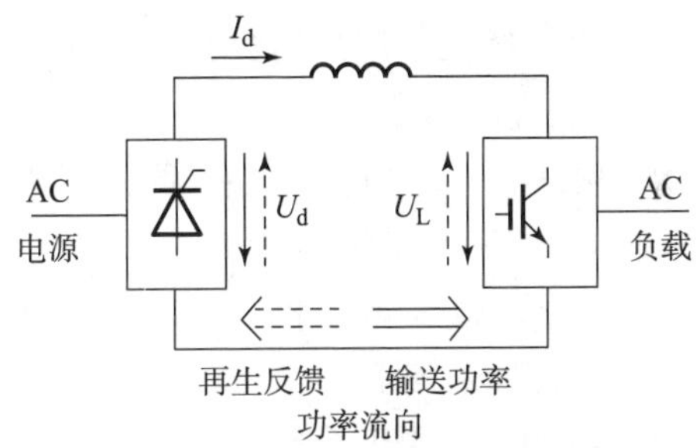

图 3.9　采用可控整流的电流源型变流电路

整流和逆变均为 SPWM 控制的电流源型变流电路，可通过对整流电路的 SPWM 控制使输入电流为正弦波，并可使输入功率因数为 1，如图 3.10 和图 3.11 所示。

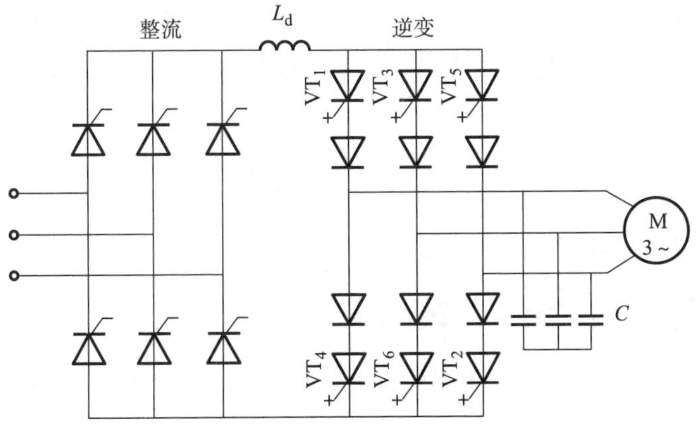

图 3.10　电动机 SPWM 控制变频电路

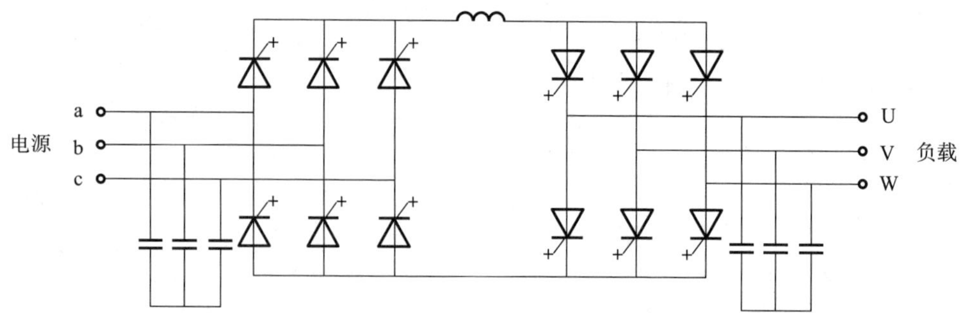

图 3.11 整流和逆变均为 SPWM 控制的电流源型变流电路

5. 根据电压的调制方式分类

1）正弦波脉宽调制（SPWM）变频器

采用正弦波脉冲宽度调制，电压的大小是通过调节脉冲占空比来实现的，中、小容量的通用变频器几乎全都采用此类变频器。

2）脉幅调制（PAM）变频器

采用脉冲幅度调制，电压的大小是通过调节直流电压幅值来实现的，比较少用。

6. 根据输入电源的相数分类

1）三进三出变频器

变频器的输入侧和输出侧都是三相交流电，绝大多数变频器都属于此类。

2）单进三出变频器

变频器的输入侧为单相交流电，输出侧是三相交流电，家用电器里的变频器均属于此类，通常其容量较小。

7. 按照工作原理分类

（1）*V/f* 控制变频器。

（2）转差频率控制变频器。

（3）矢量控制变频器。

（4）直接转矩控制型变频器。

8. 按照用途分类

1）通用变频器

该变频器用于机械传动调速，功能齐全、性能好、价格贵。

2）高性能专用变频器

该变频器为具体应用而设计，使用面窄、价格低、操作简单。

3）高压变频器

该变频器适用于高压电动机。

3.1.2* 部分常用术语中英文对照

变频器：inverter（日本常用），AC Drive（欧美常用），Frequency Converter（欧洲常用）；

变流器：converters；

整流：rectifying-rectification；

整流器：rectifier；
逆变：inverting-inversion；
逆变器：inverter；
转矩脉动：torque pulsation；
脉宽调制：PWM（Pulse Width Modulation）；
谐波：harmonic；
矢量控制：VC（Vector Control）；
直接转矩控制：DTC（Direct Torque Control）；
四象限运行：four quadrant operation；
再生（制动）：regeneration；
直流制动：DC braking；
漏电流：leak current；
滤波器：filter；
电抗器：reactor；
电位器：potentiometer；
编码器：encoder，PLG（Pulse Generator）；
定子：stator；
转子：rotor。

任务 3.2　变频器的结构与原理

能适用于所有负载的变频器称为通用变频器，其输出频率大多为 0 ~ 400 Hz，最大可达 600 Hz；输出电压根据频率而变动，电压等级低于 690 V；所匹配电动机的功率一般为 0.75 ~ 400 kW。通用变频器的主电路类型几乎都采用交 - 直 - 交形式，其逆变电路一般采用正弦脉宽调制（SPWM）控制方式。不同品牌和系列的通用变频器，主电路结构与原理基本相同，变频调速过程中出现的许多现象都可通过电路来进行分析，其框图如图 3.12 所示。

3.2.1　普通变频器的主电路

变频器的主电路是给异步电动机提供调压调频电源的电力变换部分，变频器的主电路大体上由三部分构成：整流电路、中间环节电路和逆变电路，其原理如图 3.13 所示。

变频器主电路

1. 整流电路

其作用是将工频电源变换为直流电源，分单相整流和三相整流，大多采用桥式全波整流电路。在中、小容量的变频器中，整流器件一般采用不可控的整流二极管或二极管模块，当三相线电压为 380 V 时，整流后的峰值电压为 537 V，平均电压为 515 V。某些具有大量再生能量的场合可用晶闸管变流器，由于其功率方向可逆，可以实现能量的回馈。

2. 中间环节电路

图 3.14 所示为变频器的主电路与中间环节电路。中间环节电路主要包括：滤波电路、均压电路、限流电路、泵升电压限制电路、直流信号检测和保护电路等。

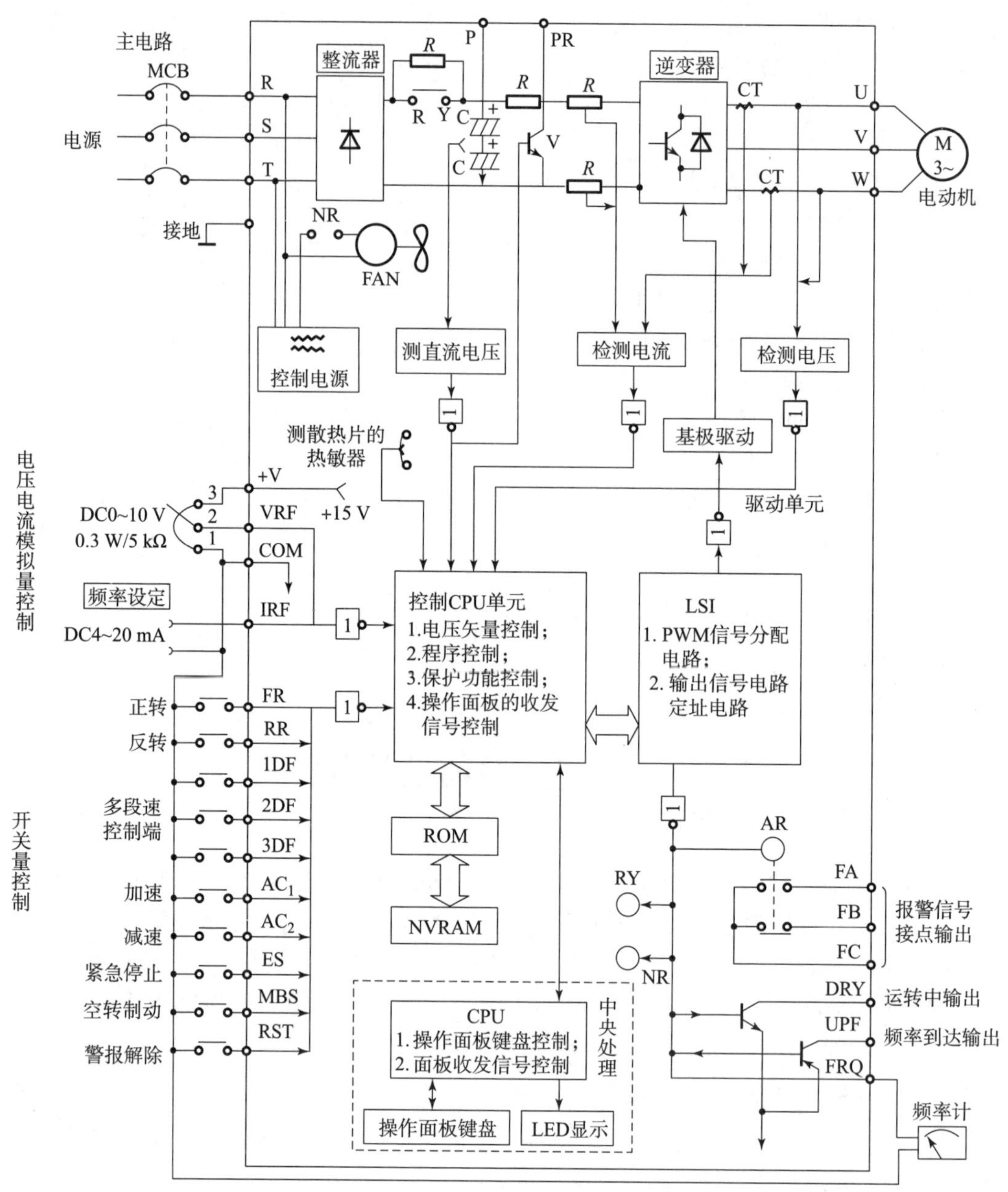

图 3.12　通用变频器的框图

1）滤波电路

图 3.14 中的 C_{F1} 和 C_{F2} 由于受到电解电容的电容量和耐压能力的限制，滤波电路通常由若干个电容器并联成一组，再由两个电容器组 C_{F1} 和 C_{F2} 串联而成，其中间的连接点为变频器的中性点。在整流器整流后的直流电压中，含有电源 6 倍频率的脉动电压，此外逆变器产生的脉动电流也使直流电压波动。为了抑制电压波动，采用电感和电容吸收脉动电压（电流）。装置容量小时，如果电源和主电路构成器件有余量，则可以省去电感采用简单的平波回路。

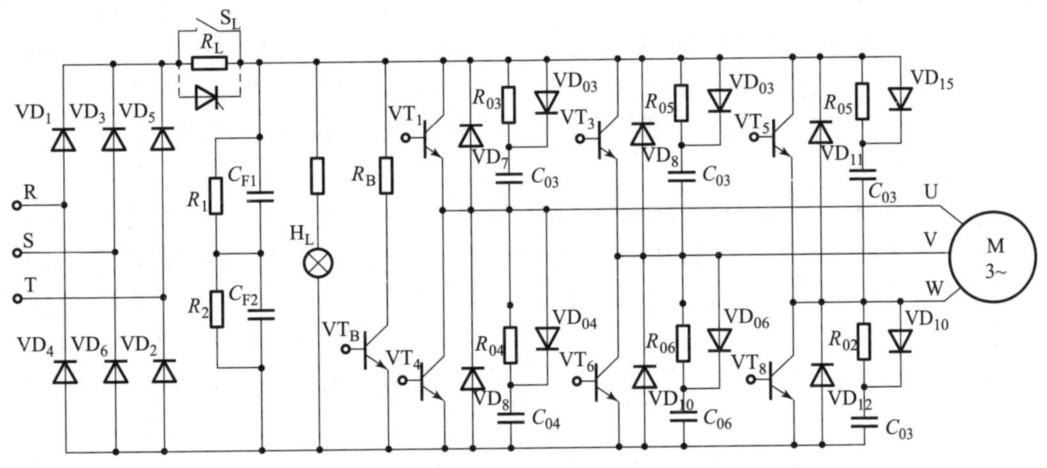

图 3.13　交－直－交变频器的主电路结构原理

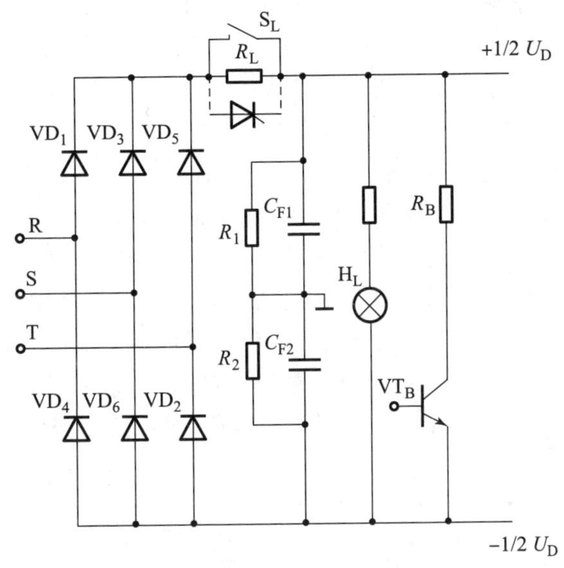

图 3.14　变频器的主电路与中间环节电路

2）均压电路

因为电解电容器的电容量有较大的离散性，故电容器组 C_{F1} 和 C_{F2} 的电容量常常不能完全相等。其结果是各电容器组承受的电压 U_{D1} 和 U_{D2} 不相等，使承受电压较高一侧的电容器组容易损坏。为了使 U_{D1} 和 U_{D2} 相等（保证逆变电路正负电源对称），在 C_{F1} 和 C_{F2} 旁各并联一个阻值相等的均压电阻 R_1 和 R_2。

3）限流电路

限流电路是指串接在整流桥和滤波电容器之间，由限流电阻 R_L 和短路开关 S_L（或晶闸管）组成的并联电路。限流电阻 R_L 的作用是：变频器在接入电源之前，滤波电容 C_F 上的直流电压 $U_D=0$。因此，当变频器接入电源的瞬间，将有一个很大的冲击电流经整流桥流向滤波电容，使整流桥可能因此而受到损坏。如果电容器的容量很大，则会使电源电压瞬间下降而对电网形成干扰。限流电阻 R_L 就是为了削弱该冲击电流而串接在整流桥和滤波电容之间的。短路开关 S_L 的作用是限流电阻 R_L 如长期接在电路内，会影响直流电压 U_D 和变频器输出电压的大小，所以，当 U_D 增大到一定程度时，令短路开关 S_L 接通，把 R_L 切出电路。S_L 大多由晶闸管构成，在容量较小的变频器中，也常由接触器或继电器的触点构成。

4）电源指示灯

电源指示灯 H_L 除了表示电源是否接通外，还有一个十分重要的功能，就是在变频器切断电源后，表示滤波电容器 C_F 上的电荷是否已经释放完毕。由于 C_F 的容量较大，而切断电源又必须在逆变电路停止工作的状态下进行，所以 C_F 没有快速放电的回路，其放电时间往往长达数分钟。又由于 C_F 上的电压较高，电荷如果不放完，则对人身安全将构成威胁。故在维修变频器时，必须等 H_L 完全熄灭后才能接触变频器内部的导电部分。所以，H_L 也具有提示保护的作用。

5）能耗制动电路（泵升电压限制电路）

在变频调速系统中，电动机的降速和停机是通过逐渐减小频率来实现的。在频率刚减小的瞬间，电动机的同步转速随之下降，而由于机械惯性的原因，电动机的转速未变。当同步转速低于转子转速时，转子绕组切割磁力线的方向相反了，转子电流的相位几乎改变了180°，使电动机处于发电状态，也称再生制动状态。

电动机再生的电能经如图 3.15 所示的续流二极管（VD_7 ~ VD_{12}）全波整流后反馈到直流电路中。由于直流电路的电能无法回输给电网，只能由 C_{F1} 和 C_{F2} 吸收，使直流电压升高，称为“泵升电压”，过高的直流电压将使变流器件受到损害。因此，当直流电压超过一定值时，就要求提供一条放电回路，将再生的电能消耗掉，这条放电回路就是能耗制动电路。能耗电路由制动电阻 R_B 和制动单元 VT_B 构成，制动电阻 R_B 用于消耗掉直流电路中的多余电能，使直流电压保持平稳。制动单元 VT_B 的功能是控制放电回路的工作。具体来说，当直流回路的电压 U_D 超过规定的限值时，VT_B 导通，使直流回路通过 R_B 释放能量，降低直流电压。而当 U_D 在正常范围内时，VT_B 将可靠截止，以避免不必要的能量损失。

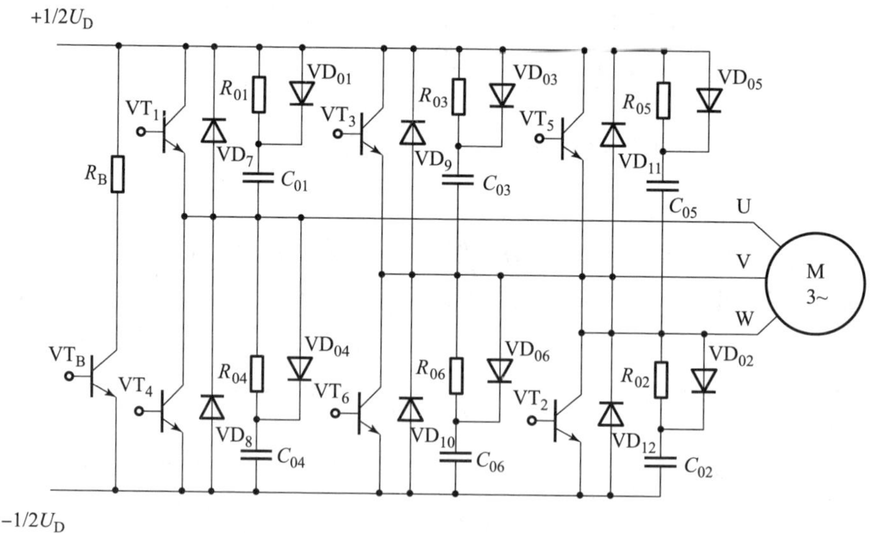

图 3.15　逆变电路

3. 逆变电路

1）逆变主电路

与整流电路相反，逆变主电路是将直流电源变换为所要求频率的交流电源，以确定的时间使6个开关器件轮流导通、关断就可以得到三相交流输出。晶闸管逆变器所输出的三相电源是方波，含有大量的高次谐波，对电动机的运行很不利。目前，中小容量的变频器中，开关器件大部分使用IGBT功率管并采用SPWM控制方式，使输出的电压波形尽可能地接近正弦波，以提高三相交流电动机的运行性能。

2）续流电路

续流电路由 $VD_7 \sim VD_{12}$ 构成，如图3.15所示，其功能是为电动机绕组的无功电流返回直流电路时提供通路；当频率下降（同步转速下降）时，为电动机的再生电能反馈至直流电路提供通路；为电路的寄生电感在逆变过程中释放能量提供通路。

3）缓冲电路

缓冲电路由（$R_{01} \sim R_{06}$、$C_{01} \sim C_{06}$、$VD_{01} \sim VD_{06}$）构成，逆变管在关断和导通的瞬间，其电压和电流的变化率是很大的，有可能使逆变管受到损害。因此，每个逆变管旁还应接入缓冲电路，以减小电压和电流的变化率。缓冲电路的结构因逆变管的特性和容量不同而有较大差异，图3.15所示为比较典型的一种。各元件的功能如下：逆变管 $VT_1 \sim VT_6$ 每次由导通状态转换为截止状态的过程中，集电极（C极）和发射极（E极）之间的电压 U_{CE} 将迅速由近乎0上升至直流电压值 U_D，在此过程中，电压增长率是很高的，为了防止逆变管因过高的电压增长率而受到损坏，可在 $VT_1 \sim VT_6$ 旁并联缓冲电路，电容 $C_{01} \sim C_{06}$ 通过二极管 $VD_{01} \sim VD_{06}$ 充电；而在截止状态转换为导通状态时，通过电阻 $R_{01} \sim R_{06}$ 放电。

4）逆变电路的SPWM控制方式

逆变电路的功能是把直流电转换成三相交流电，用一系列幅值相等、宽度按正弦规律变化的脉冲序列来代替一个正弦半波，这种控制方式称为SPWM控制。

把正弦半波 N 等分，看成 N 个相连的脉冲序列，宽度相等，但幅值不等；将这 N 个脉冲序列用同样数量的、等幅、不等宽、中点重合、面积（冲量）相等、宽度按正弦规律变化的矩形脉冲来代替，即SPWM波形，如图3.16所示。要改变等效输出正弦波幅值，按同一比例改变各脉冲宽度即可。

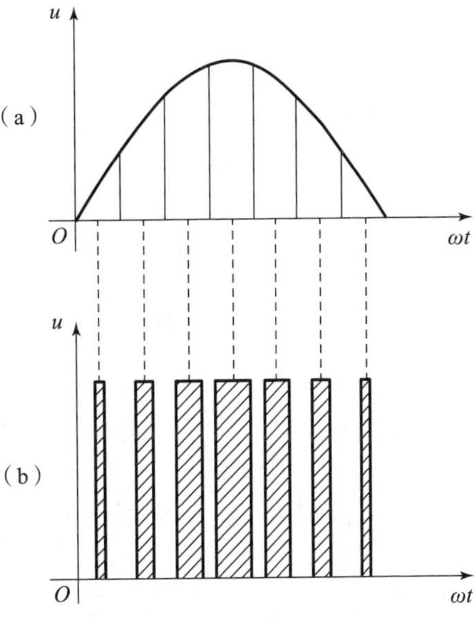

图3.16　用SPWM波形代替正弦半波

（a）正弦半波；（b）SPWM波

单相逆变电路的控制，分单极性和双极性两种控制方式，如图3.17所示。

单极性SPWM控制方式：

在 u_r 和 u_c 的交点时刻控制IGBT的通断。u_r 正半周，V_1 保持通，V_2 保持断，当 $u_r > u_c$ 时，使 V_4 通、V_3 断，$u_o = U_d$；当 $u_r < u_c$ 时，使 V_4 断、V_3 通，$u_o = 0$。u_r 负半周，V_1 保持断，V_2 保持通，当 $u_r < u_c$ 时，使 V_3 通、V_4 断，$u_o = -U_d$；当 $u_r > u_c$ 时，使 V_3 断、V_4 通，$u_o = 0$，虚线 u_{of} 表示 u_o 的基波分量。其波形如图3.18所示。

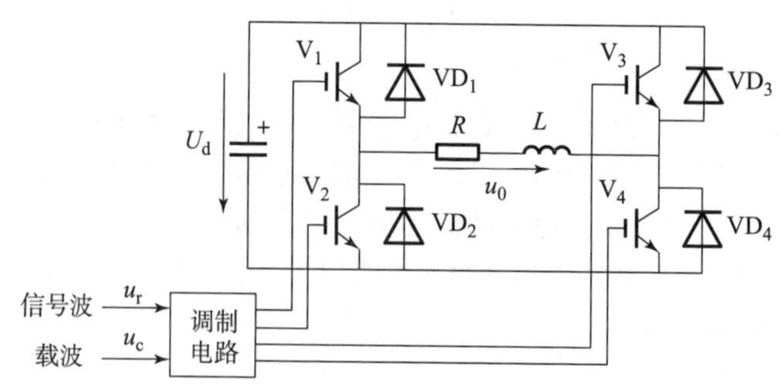

图 3.17　单相桥式 SPWM 逆变电路

双极性 SPWM 控制方式：

在 u_r半个周期内，三角波载波有正有负，所得 PWM 波也有正有负。在 u_r一周期内，输出 PWM 波只有 $\pm U_d$两种电平，仍在调制信号 u_r和载波信号 u_c的交点控制器件通断。u_r正负半周，对各开关器件的控制规律相同，当 $u_r > u_c$时，给 V_1和 V_4 导通信号，给 V_2 和 V_3 关断信号，如 $i_o > 0$，V_1和 V_4 通；如 $i_o < 0$，VD_1 和 VD_4 通，$u_o = U_d$；当 $u_r < u_c$时，给 V_2 和 V_3 导通信号，给 V_1和 V_4 关断信号，如 $i_o < 0$，V_2 和 V_3 通；如 $i_o > 0$，VD_2 和 VD_3 通，$u_o = -U_d$。其波形如图 3.19 所示。

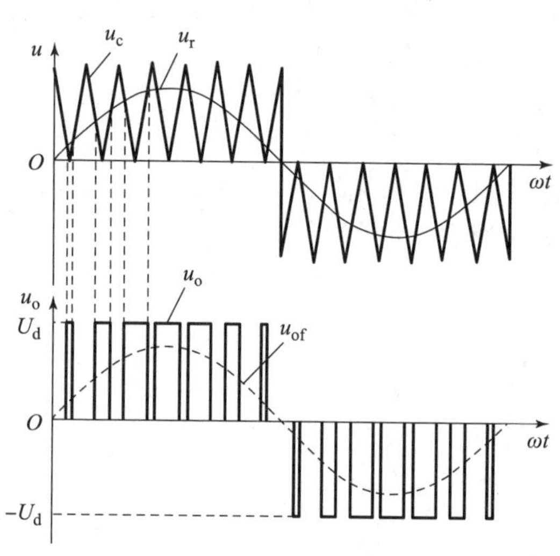

图 3.18　单极性 PWM 控制方式波形

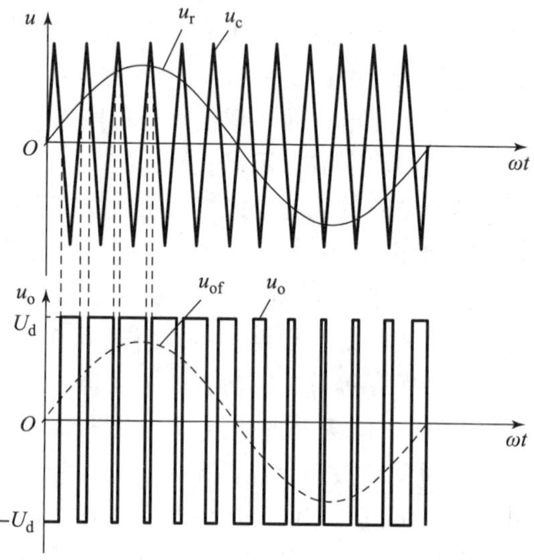

图 3.19　双极性 PWM 控制方式波形

图 3.20 所示为三相桥式逆变电路，图中 u_c为三相 SPWM 控制公用信号，三相的调制信号分别为 u_{rU}、u_{rV}和 u_{rW}，依次相差 120°。

以 U 相为例分析其控制规律：

当 $u_{rU} > u_c$时，给 V_1导通信号，给 V_4关断信号，$u_{UN'} = U_d/2$；当 $u_{rU} < u_c$时，给 V_4导通信号，给 V_1关断信号，$u_{UN'} = -U_d/2$；当给 V_1（V_4）加导通信号时，可能是 V_1（V_4）导通，也可能是 VD_1（VD_4）导通。$u_{UN'}$、$u_{VN'}$和 $u_{WN'}$的 SPWM 波形只有 $\pm U_d/2$ 两种电平，u_{UV}波形可由 $u_{UN'} - u_{VN'}$得出，当 VD_1 和 VD_6 导通时，$u_{UV} = U_d$；当 VD_3 和 VD_4 导通时，$u_{UV} = -U_d$；当 VD_1 和 VD_3 或 VD_4 和 VD_6 导通时，$u_{UV} = 0$，其波形如图 3.21 所示。

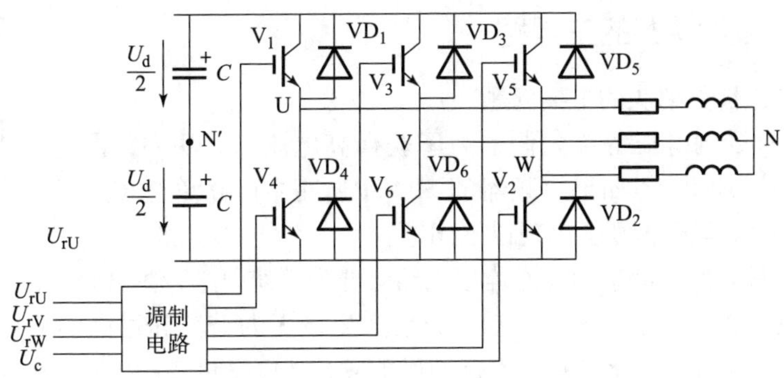

图 3.20　三相桥式逆变电路

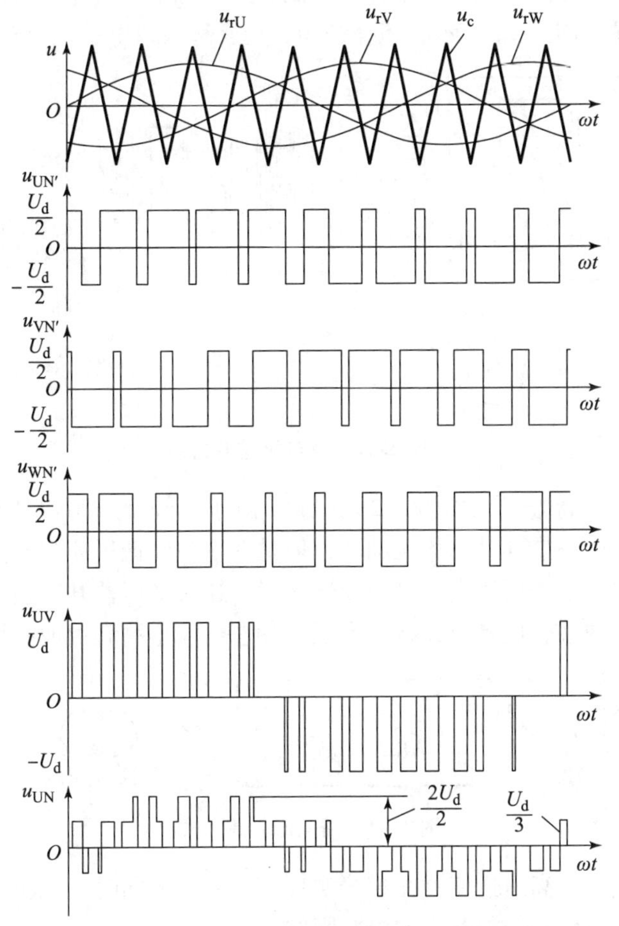

图 3.21　三相桥式 SPWM 逆变电路波形

输出线电压 SPWM 波由 $\pm U_d$ 和 0 三种电平构成，负载相电压 PWM 波由 $(\pm 2/3)U_d$、$(\pm 1/3)U_d$ 和 0 五种电平组成。

同一相上、下两臂的驱动信号互补，为防止上、下臂直通造成短路，留一小段上、下臂都施加关断信号的死区时间。死区时间的长短主要由器件关断时间决定。死区时间会给输出 PWM 波带来影响，使其稍稍偏离正弦波。

3. 2. 2　高压变频器的主电路

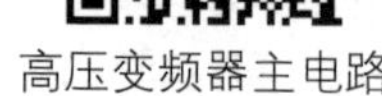
高压变频器主电路

1. 高压变频器需要解决的主要问题

由于功率器件受到电压等级限制，为了获得高电压、大功率，需将功率器件串、并联使用。但如果变频器的 SPWM 逆变主电路单纯依靠开关器件的串、并联来实现，则会出现以下问题：

（1）串、并联器件的静态和动态均压电路会导致系统复杂，损耗增加，效率下降。

（2）输出只有 2 个电平，电压波动大，会产生较大的谐波和过高的电压变化率 du/dt，引起电动机绕组绝缘过早老化，并对附近的通信或其他电子设备产生强烈的电磁干扰。

（3）开关器件在串、并联技术上的不确定因素会使逆变器的可靠性明显下降。

即使功率器件不受电压等级技术条件的限制，用双电平逆变器实现高压输出，也存在输出电压波动大的问题。图 3. 22 所示为拓扑结构，通常称为双电平逆变器。

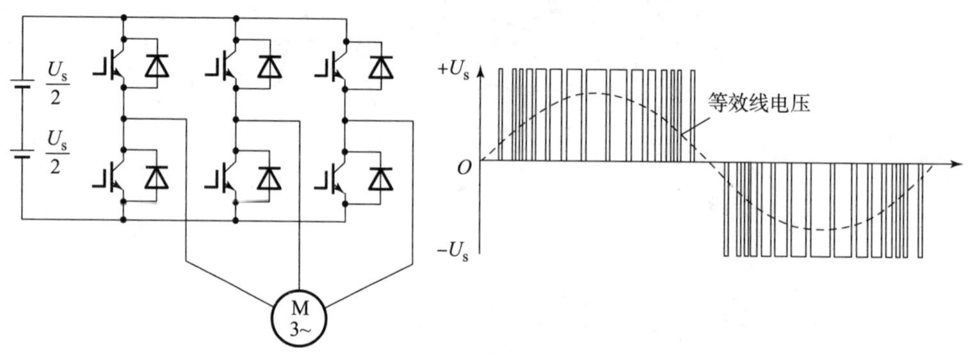

图 3. 22　双电平逆变器

如果采用高－低－高方式，如图 3. 23 所示，由于中间环节可以使用低压通用变频器，虽然能避免开关器件的静态和动态均压问题，但是存在中间低压环节电流大、效率低、占地面积大等缺点。如果将多个低压大容量逆变器并联，通过变压器升压获得高压大功率，输出电压波形可以接近正弦波，但是也存在效率低、动态性能不高和占地面积大等问题。

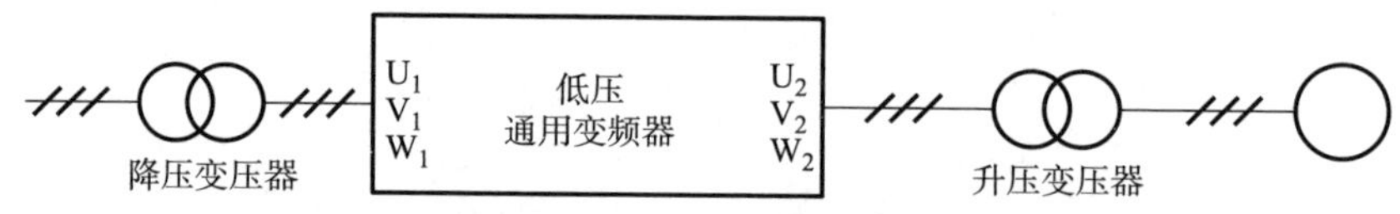

图 3. 23　高－低－高方式

综上所述，人们希望高压逆变器在直接实现高压变换的同时，又能使输出电压波形接近正弦波，这就是高压变频器需要解决的主要问题。

2. 多电平电压源型逆变器

在高电压、大容量、交－直－交电压源型变频调速系统中，为了减少开关损耗和每个开关承受的电压，进而改善输出电压波形，减少转矩脉动，多采用增加直流侧电平的方法。1980 年日本长冈科技大学首次提出了三电平逆变器技术，这种逆变器结构（图 3. 24）既避免了开关器件串联引起的动态均压问题，又可降低输出谐波和电压变化率 du/dt，功率开关器件可采用 GTO、IGBT 或 IGCT 等，图 3. 24 所示的功率开关器件是由 IGBT 组成的。

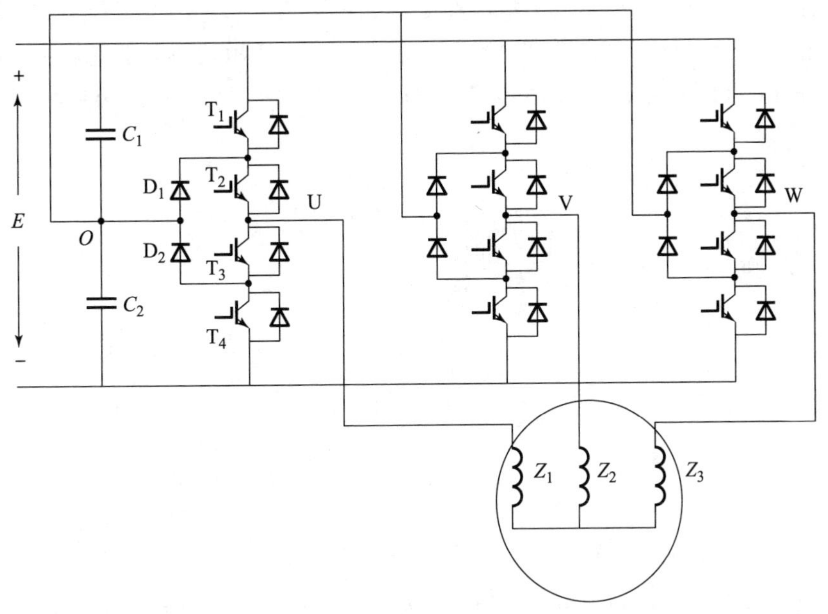

图 3.24　三相二极管钳位三电平逆变器主电路

在三电平逆变器的基础上，经过多年的研究，后来又出现了五电平、七电平和九电平逆变器。从多电平逆变器主电路拓扑结构来看，主要有 3 种拓扑结构，即二极管钳位式、电容钳位式和独立直流电源串联式。在实际应用中，最为成熟的是三电平或五电平逆变器，因此在满足性能指标的前提下，不宜追求过高的电平数目。

3. 三电平逆变器结构原理图

图 3.24 所示为一个三相二极管钳位三电平逆变器主电路的基本结构图，其中分压电容 C_1与 C_2相同，所以每个电容上电压均为 $E/2$。VD_1、VD_2为每个桥臂的 2 个钳位二极管；$T_1 \sim T_4$为每个桥臂的 4 个大功率开关器件，其中每两个器件同时处于导通或关断状态，从而得到不同开关状态组合及相应的输出电压。由图 3.24 可以看出，当 T_1、T_2导通和 T_3、T_4关断时，逆变器 U 相输出电压为 $+E/2$（直流母排正端对电容中点 O 的电压），即 P 状态；当 T_3、T_4导通和 T_1、T_2关断时，输出电压为 $-E/2$，即 N 状态；当 T_2和 VD_1导通或 T_3和 VD_2导通时，输出电压为 0，即 C 状态，通过钳位二极管的导通把 U 点钳位在 O 点上，如表 3.1 所示。

表 3.1　三相二极管钳位三电平逆变器开关状态

元件开关状态（1 表示导通，0 表示截止）						输出电压					
$T_{上1}$	$T_{上2}$	$T_{下3}$	$T_{下4}$	VD_1	VD_2	U_{U0}	U_{V0}	U_{W0}	U_{UV}	U_{VW}	U_{WU}
1	1	0	0	0	0	$E/2$	$E/2$	$E/2$	E	E	E
0	1	0	0	1	0	0	0	0	0	0	0
0	0	1	0	0	1	0	0	0	0	0	0
0	0	1	1	0	0	$-E/2$	$-E/2$	$-E/2$	$-E$	$-E$	$-E$

钳位二极管的作用，使每相输出电压在 ±$E/2$ 之外又多了另一电平 0，线电压则有五个电平，即 ±$E/2$、±E 和0，如图3.22 所示。而在图3.22 所示的两电平电路中，相电压主要为两电平，即 ±U_S和0。比较图3.25 和图3.22 可以看出，电平的增加可使输出电压波形接近正弦波。

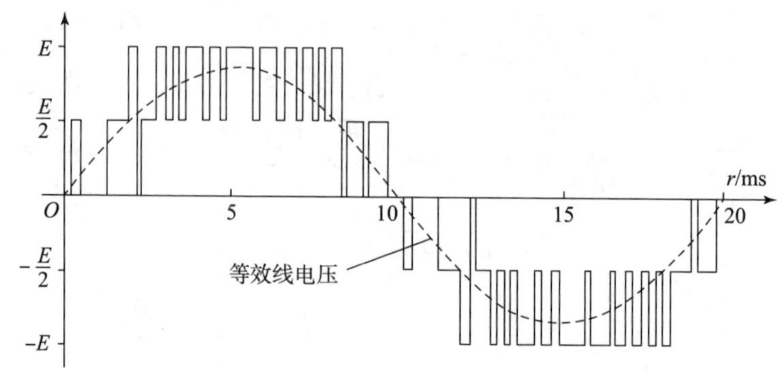

图3.25　三电平逆变器输出线电压波形

此三电平电路的每一相都有 P、C、N 三种输出状态，如果把 U 相的三种状态与 V、W 两相的三种状态组合，就有了 $3^3=27$ 种状态，如表3.2 所示。在表3.2 中，第1 字母代表 U 相输出状态，第2 字母代表 V 相输出状态，第3 字母代表 W 相输出状态。

表3.2　三电平逆变器输出状态

PPP	PPC	PPN	PCP	PCC	PCN	PNP	PNC	PNN
CCC	CCN	CCP	CNC	CNN	CNP	CPC	CPN	CPP
NNN	NNP	NNC	NPN	NPP	NPC	NCN	NCP	NCC

一般规定，每相的开关状态只能从 P 到 C、C 到 N，或者从 N 到 C、C 到 P，不能直接从 P 到 N 或者从 N 到 P；每个大功率开关器件的开关状态变化次数越少越好。因此，这种电路直通误触发危险性很小，适用于大功率逆变器。

4. 五电平逆变器结构原理图

当要求变频器的输出电压比较高时，可采用五电平逆变器。图3.26（a）所示为二极管钳位式五电平逆变器主电路，其工作原理与三电平逆变器相似，其开关状态如表3.3 所示，其相、线电压波形如图3.27 所示。

这种结构的优点是在器件耐压相同的条件下，能输出更高的交流电压，适合制造更高电压等级的变频器。其缺点是用单个逆变器难以控制有功功率传递，存在电容电压均压问题。

图3.26（b）所示为电容钳位式五电平电路结构图，这种电路利用跨接在串联开关器件之间的串联电容进行钳位，工作原理与二极管钳位电路相似，输出波形与图3.27 所示波形相同。该电路在电压合成方面，对于相同的输出电压可以有不同的选择，比二极管钳位式具有更大的灵活性。这种开关组合的可选择性，为这种电路用于有功功率变换提供了可能性。但是对于高压大容量变频系统而言，在给变频器带来因电容体积庞大而占地面积大、成本高的缺点外，还会带来控制上的复杂性和器件开关频率高于基频的问题。

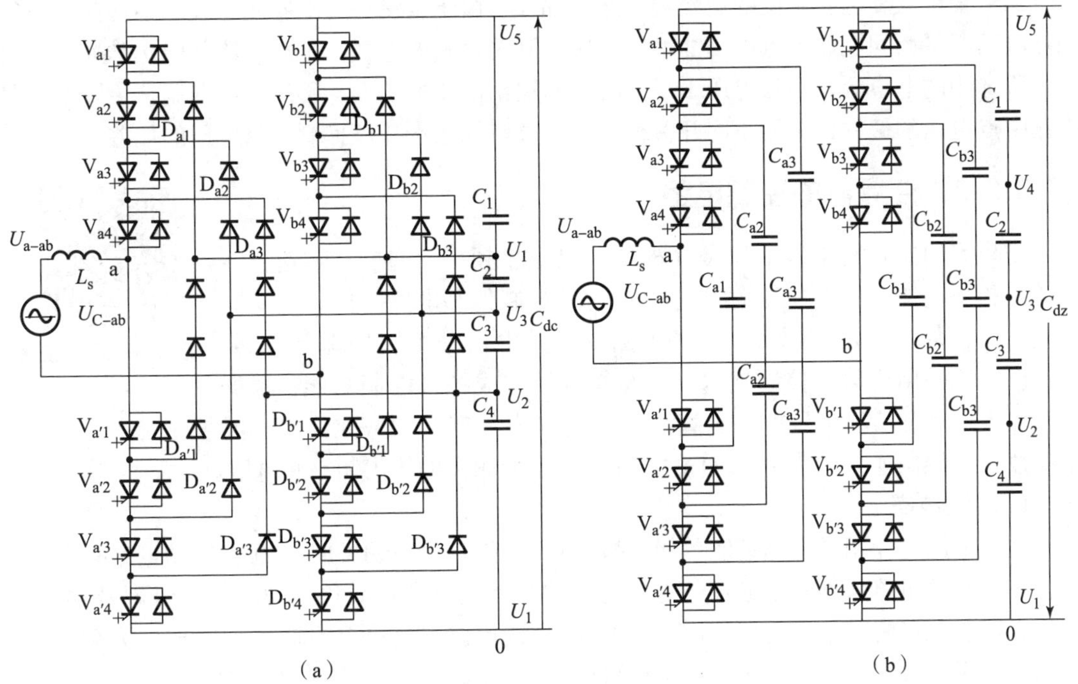

图 3.26 五电平逆变器

（a）二极管钳位式；（b）电容钳位式

表 3.3 二极管钳位式五电平逆变器开关状态

输出电压 U_{dc}	V_{a1}	V_{a2}	V_{a3}	V_{a4}	$V_{a'1}$	$V_{a'2}$	$V_{a'3}$	$V_{a'4}$
$U_5=U_{dc}$	1	1	1	1	0	0	0	0
$U_4=3U_{dc}/4$	0	1	1	1	1	0	0	0
$U_3=U_{dc}/2$	0	0	1	1	1	1	0	0
$U_2=U_{dc}/4$	0	0	0	1	1	1	1	0
$U_1=0$	0	0	0	0	1	1	1	1

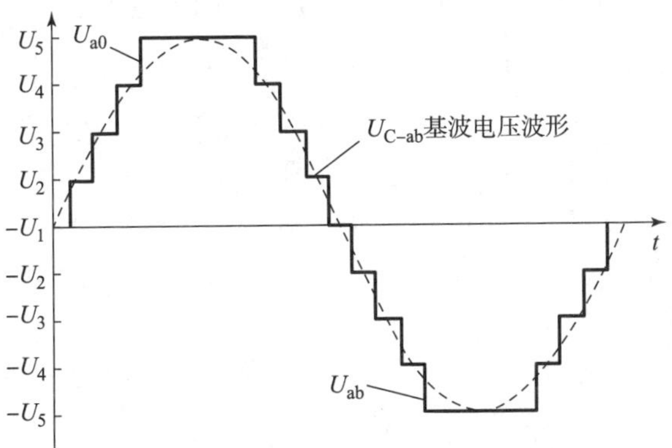

图 3.27 五电平逆变器相、线电压波形

二极管钳位和电容钳位的逆变器电路，都存在由于直流分压电容充、放电不均衡造成的中点电压不平衡问题。中点电压的增减取决于开关模式的选择、负载电流方向、脉冲持续时间及所选用的电容等。中点电压不平衡会引起输出电压的畸变，必须加以抑制。主要手段是根据中点电压的偏差，采用不同开关模式和持续时间的选择以抑制中点电压的偏差。

3.2.3 变频器的控制电路

变频器的控制电路

变频器的控制电路包括信号（电压、电流、频率、温度、转速、转矩等）检测电路；I/O 输入/输出电路；信号控制处理电路；信号放大驱动电路；存储、显示、隔离、保护电路等。其中信号控制处理是核心，目前已广泛采用全数字控制技术，主要靠软件完成各种控制功能，根据各种输入信号和检测信号按一定算法（控制方式）产生 SPWM 信号，再通过驱动电路将其功率放大后控制逆变电路中 IGBT 的通断，决定变频器的输出频率和电压。

1. 驱动电路

驱动电路的作用是根据控制单元的指令对 IGBT 进行驱动，IGBT 栅极驱动电路有多种形式，按照驱动电路元件的组成可分为分立元件驱动电路和集成化驱动电路。图 3.28 所示为光耦合器和三极管等分立元器件构成的 IGBT 驱动电路，当输入控制信号 V_g 时，光耦 HU 导通，VT_1 截止，VT_2 导通，输出 +15 V 驱动电压；当输入控制信号为零时，HU 截止，VT_1、VT_3 导通，输出 −10 V 关断电压。

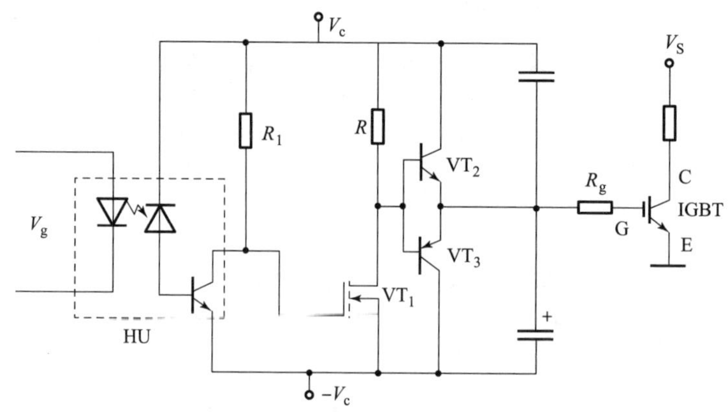

图 3.28 分立元器件构成的 IGBT 驱动电路

专为驱动电力 MOSFET 而设计的混合集成电路有三菱公司的 M57918L，其输入信号电流幅值为 16 mA，输出最大脉冲电流为 +2 A 和 −3 A，输出驱动电压为 +15 V 和 −10 V。

IGBT 的驱动多采用专用的混合集成驱动器，常用的有三菱公司的 M579 系列（如 M57962L 和 M57959L）和富士公司的 EXB 系列（如 EXB840、EXB841、EXB850 和 EXB851），内部具有退饱和检测和保护环节，当发生过电流时能快速响应且慢速关断 IGBT，并向外部电路给出故障信号。

M57962L 输出的正驱动电压均为 +15 V 左右，负驱动电压为 −10 V，如图 3.29 所示。

2. 变频器的控制方式

1）恒压频比控制

为避免电动机因频率变化导致磁饱和而造成励磁电流增大，引起功率因数和效率的降

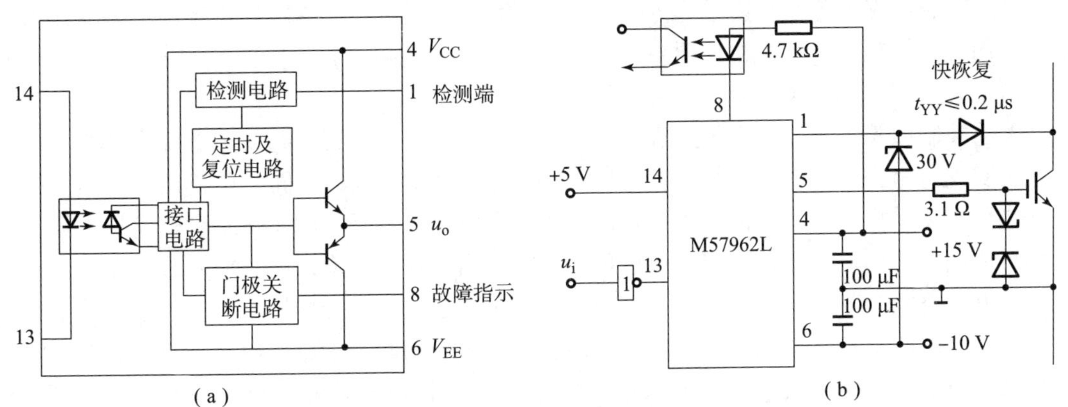

图 3.29 M57962L 型 IGBT 驱动器的原理图和接线图

(a) 原理图；(b) 接线图

低，需要对变频器的电压和频率的比率进行控制，使该比率保持恒定，即恒压频比控制，以维持气隙磁通为额定值。

恒压频比控制方法比较简单，是一种被广泛采用的控制方式，该方式被用于转速开环的交流调速系统，适用于生产机械对调速系统的静、动态性能要求不高的场合。恒压频比控制的变频调速系统框图如图 3.30 所示。

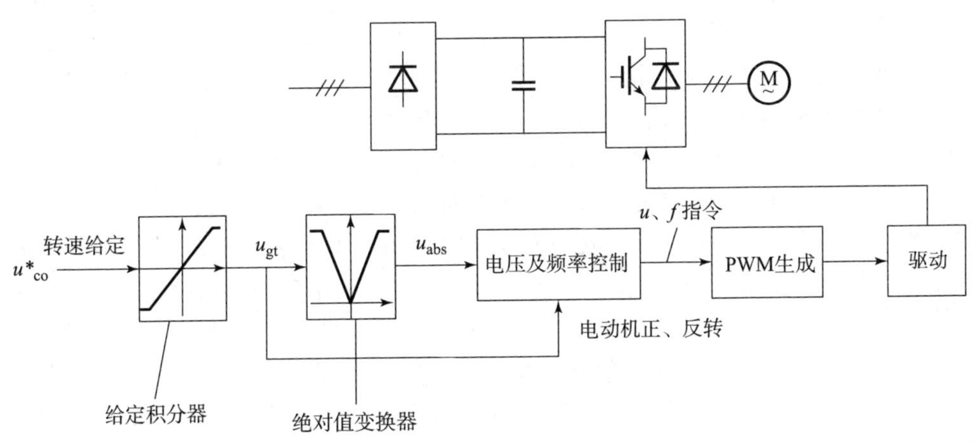

图 3.30 恒压频比控制的变频调速系统框图

工作原理：转速给定既作为调节加减速的频率 f 指令值，同时乘以适当比例作为定子电压 V_1 的指令值，该比例决定了 V/f 比值。频率和电压由同一给定值控制，因此可以保证压频比为恒定。

在给定信号之后设置的给定积分器，将阶跃给定信号转换为按设定斜率逐渐变化的斜坡信号 u_{gt}，从而使电动机的电压和转速都平缓地升高或降低，避免产生冲击。

给定积分器输出的极性代表电动机转向，幅值代表输出电压、频率。绝对值变换器输出 u_{gt} 的绝对值 u_{abs}，电压频率控制环节根据 u_{abs} 及 u_{gt} 的极性得出电压及频率的指令信号，经 PWM 生成环节形成控制逆变器的 PWM 信号，再经驱动电路控制变频器中 IGBT 的通断，使变频器输出所需频率、相序和大小的交流电压，从而控制交流电动机的转速和转向。

普通控制型 V/f 通用变频器是转速开环控制方式，无速度传感器，其优点是控制电路简单，采用通用标准异步电动机，通用性强、性价比高。其缺点如下：

（1）不能恰当地调整电动机转矩。

普通控制型 V/f 通用变频器为了适应不同型号的电动机和不同的生产机械，一般采用两种方法实现转矩提升功能：一是在存储器中存入多种 V/f 函数的不同曲线图形，由用户根据需要选择；二是根据定子电流的大小自动补偿定子电压。利用选定 V/f 曲线模式的方法，很难恰当地调整电动机的转矩，容易出现负载冲击或启动过快，有时还会引起过流而跳闸。由于定子电流不完全与转子电流成正比，所以根据定子电流调节变频器电压的方法，并不反映负载转矩。因此，定子电压也不能根据负载转矩的改变而恰当地改变电磁转矩。而定子电阻压降又随负载变化，当负载较重时可能补偿不足；负载较轻时可能产生过补偿，磁路过饱和，这两种情况都可能引起变频器的过流跳闸。

（2）无法准确地控制电动机的实际转速。

由于普通控制型 V/f 通用变频器是转速开环控制，由异步电动机的机械特性图可知，设定值为定子频率是理想空载转速，而电动机的实际转速由转差率决定，所以，V/f 控制方式存在的稳态误差不能控制，所以无法准确地控制电动机的实际转速。

（3）转速极低时由于转矩不足而无法克服较大的静摩擦力。

2）具有恒定磁通功能的 V/f 通用变频器

通用变频器驱动不同类型的异步电动机时，根据电动机的特性对 V/f 的值进行恰当的调整是十分困难的。一旦出现电压不足，电动机的特性与负载特性就会没有稳定运行交点，可能出现过载或跳闸。要想使电动机特性在最大转矩范围内与负载特性处处都有稳定运行交点，就应当让转子磁通恒定而不随负载发生变化。普通控制型 V/f 通用变频器的 SPWM 控制主要是使逆变器输出电压尽量接近正弦波，或者说，希望输出 SPWM 电压波形的基波成分尽量大，谐波成分尽量小。在控制上没有考虑负载电路参数对转子磁通的影响，如果采用磁通反馈控制让异步电动机所输入的三相正弦电流在空间产生圆形旋转磁场，那么就会产生恒定的电磁转矩，这样的控制方法叫作“磁链跟踪控制”。由于磁链的轨迹是靠电压空间矢量相加得到的，所以有人把“磁链跟踪控制”称为“电压空间矢量控制”。考虑到这种功能的实现是通过控制定子电压和频率之间的关系来实现的，所以恒定磁通的控制方法仍然属于 V/f 控制方式。西门子公司的 MICRO/MIDI MASTER，富士公司的 FRENIC5000G7/P7、G9/P9，三垦公司的 SANCO－L 系列均属于此类。采用 32 位 DSP 或双 16 位 CPU 进行控制，为实现恒定磁通控制功能提供了必要的条件。

3）矢量控制通用变频器

矢量控制是模仿直流电动机的控制方法，将异步电动机的电流分为励磁电流和转矩电流两个矢量分别加以控制。矢量控制方法的出现，使异步电动机变频调速的机械特性及动态性能达到足以和直流电动机相媲美的程度，从而使异步电动机变频调速在电动机的调速领域里处于优势地位。

交流异步电动机的转子能够旋转的原因是交流电动机的定子能够产生旋转磁动势，而旋转磁动势是交流电动机三相对称的静止绕组 A、B、C 通过三相平衡的正弦电流所产生的。但是，旋转磁动势并不一定非要三相平衡，如果给在空间位置上互相垂直、在时间上互差 90°电角度的两相绕组通以平衡的电流，也能产生旋转磁动势。

直流电动机转子能够产生旋转是定子与转子之间磁场相互作用的结果。由于直流电动机的电刷位置固定不变，尽管电枢绕组在旋转，但电枢绕组所产生的磁场与定子所产生的磁场在空间位置上永远互相垂直。如果以直流电动机转子为参考点，那么定子所产生的磁场就是旋转磁动势。

由此可见，以产生同样的旋转磁动势为准则，三相交流绕组与两相直流绕组可以彼此等效。设等效两相交流电流绕组分别为 α 和 β，直流励磁绕组和电枢绕组分别为 M 和 T，其坐标变换结构如图 3. 31 所示。

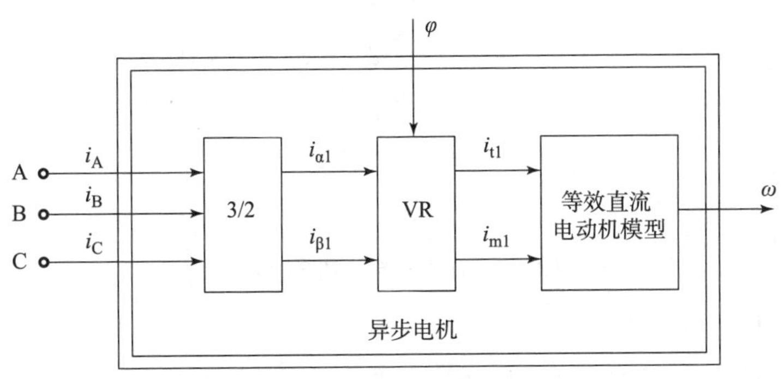

图 3. 31　异步电动机的坐标变换结构

从整体上看，输入为 A、B、C 三相电压，输出转速为 ω 的一台异步电动机。从内部看，经过 3/2 变换和 VR 同步旋转变换，变成一台由 i_{m1} 和 i_{t1} 输入、ω 输出的直流电动机，其中 φ 是等效两相交流电流与直流电动机磁通轴的瞬时夹角。

既然异步电动机经过坐标变换可以等效成直流电动机，那么模仿直流电动机的控制方法，求得直流电动机的控制量，经过相应的坐标反变换，就可以控制异步电动机。由于进行坐标变换的是电流（代表磁动势）的空间矢量，所以通过坐标变换实现的控制系统叫作矢量变换控制系统，或称矢量控制系统，所设想的结构如图 3. 32 所示。

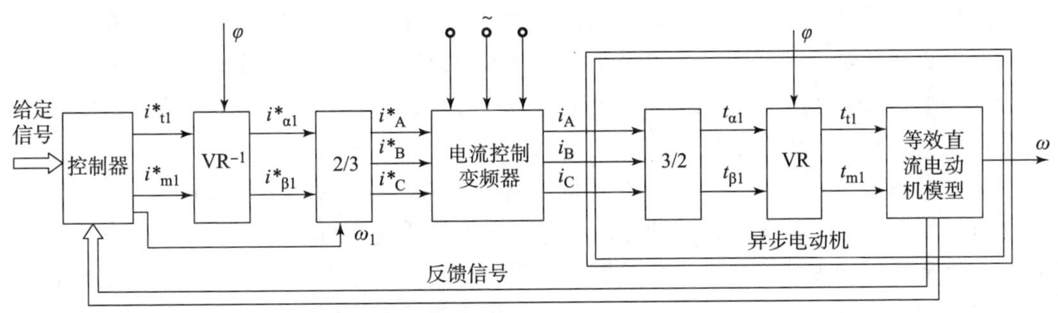

图 3. 32　矢量控制系统的结构

图 3. 32 中给定和反馈信号经过类似于直流调速系统所用的控制器，产生励磁电流的给定信号 i_{m1} 和电枢电流的给定信号 i_{t1}^*，经过反旋转变换 VR^{-1}得到 $i_{\alpha1}^*$ 和 $i_{\beta1}^*$，再经过 2/3 变换得到 i_A^*、i_B^* 和 i_C^*。把这三个电流控制信号和由控制器直接得到的频率控制信号 ω_1，加到带电流控制器的变频器上，就可以输出异步电动机调速所需的三相变频电流，实现了用模仿直流电动机的控制方法去控制异步电动机，使异步电动机达到直流电动机的控制效果。

一般的矢量控制系统均需速度传感器，速度传感器是整个传动系统中最不可靠的环节，安装也很麻烦。许多新系列的变频器设置了“无速度反馈矢量控制”功能。对于一些在动态性能方面无严格要求的场合，可以将速度反馈环节省去。编码器与变频器的连接如图 3.33 所示。

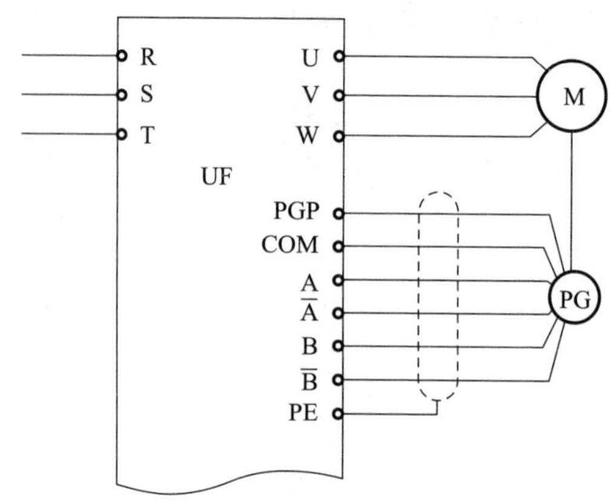

图 3.33　编码器与变频器的连接

4）直接转矩控制

直接转矩控制是继矢量控制变频调速技术之后的一种新型的交流变频调速技术。它是利用空间电压矢量 PWM（SVPWM）通过磁链、转矩的直接控制，确定逆变器的开关状态来实现的。直接转矩控制还可用于普通的 PWM 控制，实行开环或闭环控制。

直接转矩控制有以下几个主要特点：

（1）直接在定子坐标系下分析交流电动机的数学模型，控制电动机的磁链和转矩。它不需要模仿直流电动机的控制，也不需要为解耦而简化交流电动机的数学模型。它省掉了矢量旋转变换等复杂的计算。因此，它需要的信号处理工作特别简单，所用的控制信号使观察者对交流电动机的物理过程能够做出直接和明确的判断。

（2）直接转矩控制磁场定向所用的是定子磁链，只要知道定子电阻就可以把它观测出来。而矢量控制磁场定向所用的是转子磁链，观测转子磁链需要知道电动机转子电阻和电感。因此，直接转矩控制大大减少了矢量控制技术中控制性能易受参数变化影响的问题。

（3）直接转矩控制采用空间矢量的概念来分析三相交流电动机的数学模型和控制其各物理量，使问题变得简单明了。

（4）直接转矩控制强调的是转矩的直接控制与效果。它包含以下两层意思：

①直接控制转矩：与矢量控制的方法不同，它不是通过控制电流、磁链等量来间接控制转矩，而是把转矩作为被控制量，直接控制转矩。因此，它并不需要极力获得理想的正弦波波形，也不用专门强调磁链的圆形轨迹。相反，从控制转矩的角度出发，它强调的是转矩直接控制效果，因而它采用离散的电压状态和六边形磁链的轨迹或近似圆形磁链轨迹的概念。

②对转矩的直接控制：其控制方式是通过转矩两点式调节器把转矩检测值与转矩给定值比较，把转矩波动限制在一定的容差范围内，容差的大小由频率调节器来控制。因此，它的控制效果不取决于电动机的数学模型是否能够简化，而是取决于转矩的实际状况。它的控制既直接又简单。

对转矩的这种直接控制方式也称“直接自控制”。这种“直接自控制”的思想不仅用于转矩控制，还用于磁链量的控制和磁链的自控制，但需以转矩为中心来进行综合控制。

综上所述，直接转矩控制技术用空间矢量的分析方法，直接在定子坐标系下计算与控制交流电动机的转矩，采用定子磁场定向，借助离散的两点式调节（Band－Band 控制）产生 PWM 信号，直接对逆变器的开关状态进行最佳控制，以获得转矩的高动态性能。它省掉了复杂的矢量变换与电动机数学模型的简化处理，没有通常的 PWM 信号发生器。它的控制思想新颖，控制结构简单，控制手段直接，信号处理的物理概念明确。该控制系统的转矩响应迅速，限在一拍以内且无超调，是一种具有高静态性能和动态性能的交流调速方法。

任务 3.3　三菱变频器基本操作实训

3.3.1　通用变频器的结构与接线

1. 实训目的

（1）熟悉变频器的结构，了解各部分的作用。

（2）熟悉变频器各端子的功能，掌握变频器的接线方法。

（3）熟悉变频器各面板操作键的名称和功能。

2. 实训设备及仪器

（1）万用表、螺丝刀、连接线。

（2）三菱 FR－E700 系列变频器。

（3）三相异步电动机。

3. 实训步骤

通过变频器的拆卸和安装，了解变频器的结构和各端子的功能，以三菱 FR－E700 系列变频器为例。

1）变频器前盖板的拆卸和安装

将前盖板沿箭头所示方向向前面拉，将其卸下，如图 3.34（a）所示。安装时将前盖板对准主机正面笔直装入，如图 3.34（b）所示。

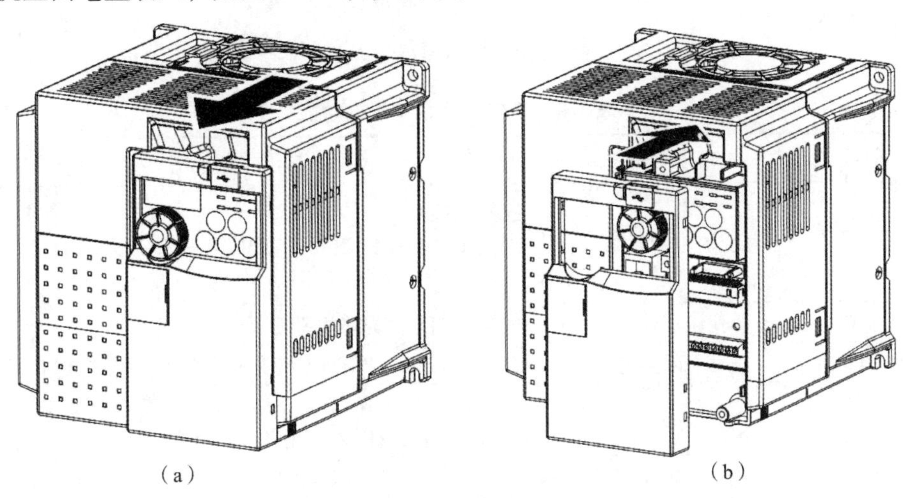

（a）　　　　　　（b）

图 3.34　FR－E740－3.7K－CHT 的拆卸与安装示例

（a）拆卸；（b）安装

2）变频器配线盖板的拆卸和安装（图3.35）

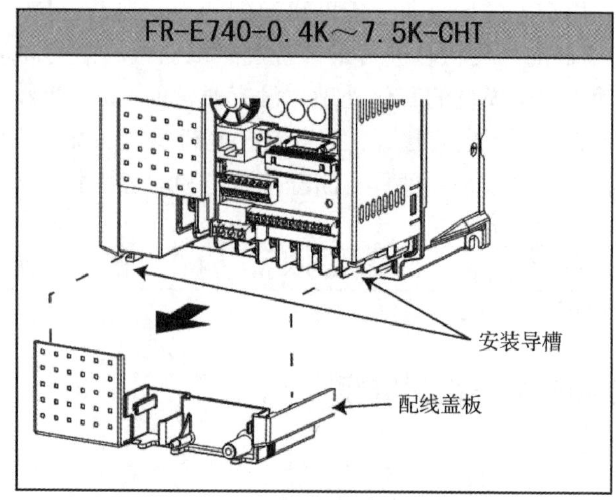

图3.35　变频器配线盖板的拆卸和安装

3）熟悉三菱FR－E700系列变频器常用端子功能

（1）主电路接线端子如图3.36所示，其功能如表3.4所示。

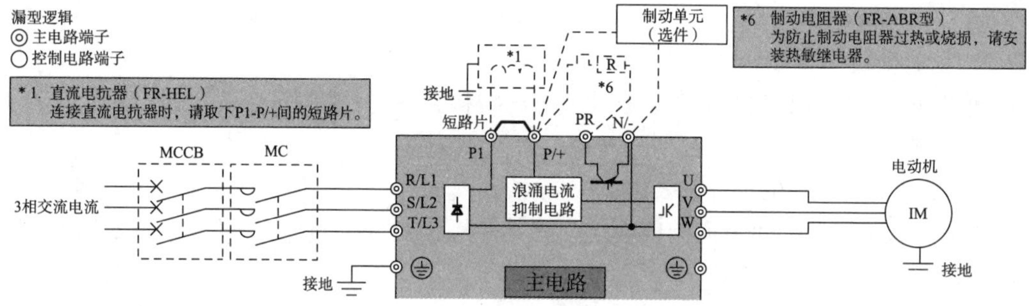

图3.36　主电路接线端子

表3.4　主电路接线端子的功能

端子记号	端子名称	端子功能说明
R/L1、S/L2、T/L3	交流电源输入	连接工频电源。 当使用高功率因数变流器（FR－HC）及共直流母线变流器（FR－CV）时不要连接任何东西
U、V、W	变频器输出	连接三相鼠笼异步电动机
P/＋、PR	制动电阻器连接	在端子P/＋－PR间连接选购的制动电阻器（FR－ABR）
P/＋、N/－	制动单元连接	连接制动单元（FR－BU2）、共直流母线变流器（FR－CV）以及高功率因数变流器（FR－HC）
P/＋、P1	直流电抗器连接	拆下端子P/＋－P1间的短路片，连接直流电抗器
⏚	接地	变频器机架接地用，必须接大地

（2）控制端功能。

其控制电路如图 3. 37 所示。

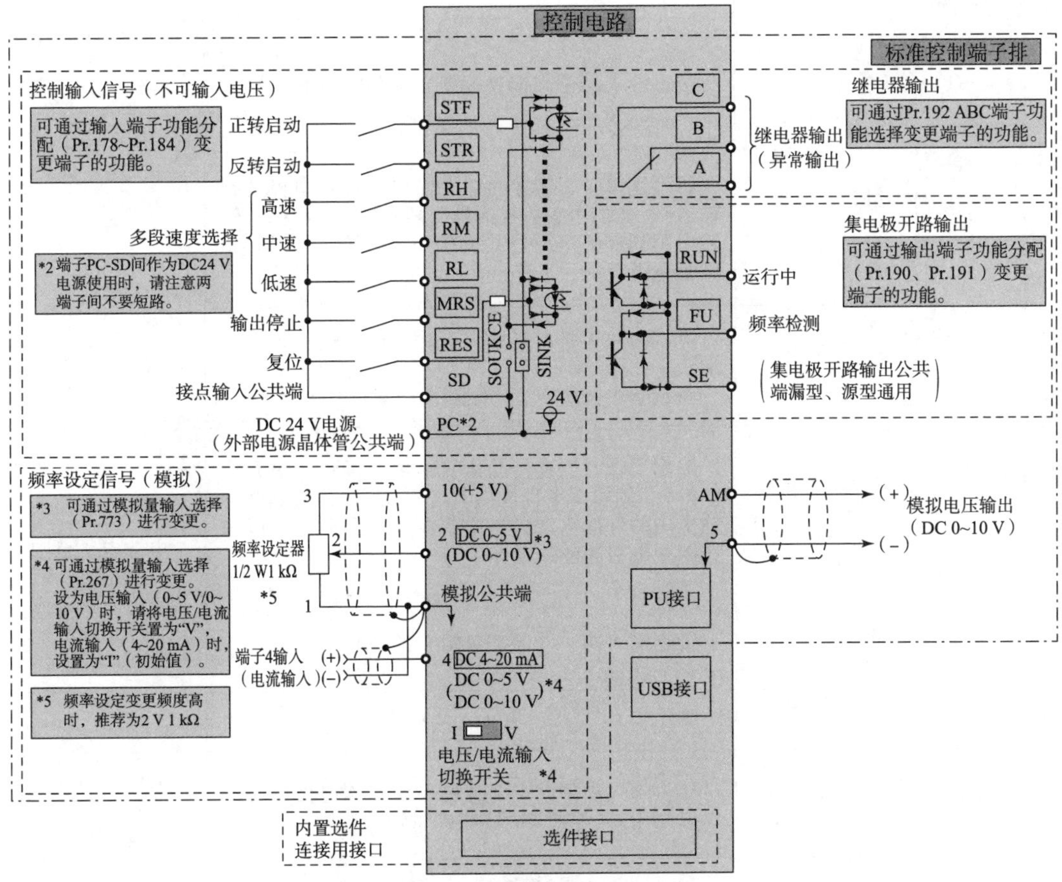

图 3. 37　通用变频器的控制电路

①输入信号。输入端子功能如表 3. 5 所示。

表 3. 5　输入端子功能

种类	端子记号	端子名称	端子功能说明		额定规格
接点输入	STF	正转启动	STF 信号 ON 时为正转、OFF 时为停止指令	STF、STR 信号同时 ON 时变成停止指令	输入电阻 4.7 kΩ 开路时电压为 DC 21 ~26 V；短路时电压为 DC 4 ~6 mA
	STR	反转启动	STR 信号 ON 时为反转、OFF 时为停止指令		
	RH、RM、RL	多段速度选择	用 RH、RM 和 RL 信号的组合可以选择多段速度		
	MRS	输出停止	MRS 信号 ON（20 ms 或以上）时，变频器输出停止；用电磁制动器停止电动机时用于断开变频器的输出		
	RES	复位	用于解除保护电路动作时的报警输出。请使 RES 信号处于 ON 状态 0. 1 s 或以上，然后断开。 初始设定为始终可进行复位。但进行了 Pr. 75 的设定后，仅在变频器报警发生时可进行复位。复位所需时间约为 1 s		

续表

种类	端子记号	端子名称	端子功能说明	额定规格
接点输入	SD	接点输入公共端（漏型）（初始设定）	接点输入端子（漏型逻辑）的公共端子	—
		外部晶体管公共端（源型）	源型逻辑时当连接晶体管输出（即集电极开路输出）、例如可编程控制器（PLC）时，将晶体管输出用的外部电源公共端接到该端子，可以防止因漏电引起的误动作	
		DC 24 V 电源公共端	DC 24 V 0.1 A 电源（端子 PC）的公共输出端子。 与端子 5 及端子 SE 绝缘	
	PC	外部晶体管公共端（漏型）（初始设定）	漏型逻辑时当连接晶体管输出（即集电极开路输出）、例如可编程控制器（PLC）时，将晶体管输出用的外部电源公共端接到该端子时，可以防止因漏电引起的误动作	电源电压范围 DC 22 ~ 26 V；容许负载电流 100 mA
		接点输入公共端（源型）	接点输入端子（源型逻辑）的公共端子	
		DC 24 V 电源	可作为 DC 24 V、0.1 A 的电源使用	
频率设定	10	频率设定用电源	作为外接频率设定（速度设定）用电位器时的电源使用。（参照 Pr. 73 模拟量输入选择）	DC 5.2 V ± 0.2 V 容许负载电流 10 mA
	2	频率设定（电压）	如果输入 DC 0 ~ 5 V（或 0 ~ 10 V），在 5 V（10 V）时为最大输出频率，输入输出成正比。通过 Pr. 73 进行 DC 0 ~ 5 V（初始设定）和 DC 0 ~ 10 V 输入的切换操作	输入电阻 10 kΩ ± 1 kΩ；最大容许电压 DC 20 V
	4	频率设定（电流）	如果输入 DC 4 ~ 20 mA（或 0 ~ 5 V，0 ~ 10 V），在 20 mA 时为最大输入频率，输入输出成正比。只有 AU 信号为 ON 时端子 4 的输入信号才会有效（端子 2 的输入将无效）。通过 Pr. 267 进行 4 ~ 20 mA（初始设定）和 DC 0 ~ 5 V、DC 0 ~ 10 V 输入的切换操作。电压输入（0 ~ 5 V/0 ~ 10 V）时，请将电压/电流输入切换开关切换至"V"	电流输入的情况下：输入电阻为 233 Ω ± 5 Ω；最大容许电流 30 mA。电压输入的情况下：输入电阻为 10 kΩ ± 1 kΩ；最大容许电压 DC 20 V 电流输入（初始状态） 电压输入 I V I V
	5	频率设定公共端	频率设定信号（端子 2 或 4）及端子 AM 的公共端子，请勿接大地	—

②输出信号。输出端子功能如表 3.6 所示。

表 3.6　输出端子功能

<table>
<tr><th>种类</th><th>端子记号</th><th>端子名称</th><th colspan="2">端子功能说明</th><th>额定规格</th></tr>
<tr><td>继电器</td><td>A、B、C</td><td>继电器输出（异常输出）</td><td colspan="2">指示变频器因保护功能动作时输出停止的 1c 接点输出。
异常时：B－C 间不导通（A－C 间导通），正常时：B－C 间导通（A－C 间不导通）</td><td>接点容量 AC 230 V 0.3 A
（功率因数＝0.4）
DC 30 V　0.3 A</td></tr>
<tr><td rowspan="3">集电极开路</td><td>RUN</td><td>变频器正在运行</td><td colspan="2">变频器输出频率大于或等于启动频率（初始值 0.5 Hz）时为低电平，已停止或正在直流制动时为高电平 *</td><td rowspan="2">容许负载 DC 24 V
（最大 DC 27 V）0.1 A
（ON 时最大电压降3.4 V）。
* 低电平表示集电极开路输出用的晶体管处于 ON（导通状态）。高电平表示处于 OFF（不导通状态）</td></tr>
<tr><td>FU</td><td>频率检测</td><td colspan="2">输出频率大于或等于任意设定的检测频率时为低电平，未达到时为高电平 *</td></tr>
<tr><td>SE</td><td>集电极开路输出公共端</td><td colspan="2">端子 RUN、FU 的公共端子</td><td>—</td></tr>
<tr><td>模拟</td><td>AM</td><td>模拟电压输出</td><td>可以从多种监示项目中选一种作为输出。变频器复位中不被输出。
输出信号与监示项目的大小成比例</td><td>输出项目：
输出频率
（初始设定）</td><td>输出信号 DC 0～10 V 许可负载电流 1 mA（负载阻抗 10 kΩ 以上），分辨率 8 位</td></tr>
</table>

③通信。通信端子如表 3.7 所示。

表 3.7　通信端子

<table>
<tr><th>种类</th><th>端子记号</th><th>端子名称</th><th>端子功能说明</th></tr>
<tr><td>RS－485</td><td>—</td><td>PU 接口</td><td>通过 PU 接口，可进行 RS－485 通信。
• 标准规格：EIA－485（RS－485）；
• 传输方式：多站点通信；
• 通信速率：4 800～38 400 b/s；
• 总长距离：500 m</td></tr>
<tr><td>USB</td><td>—</td><td>USB 接口</td><td>与个人计算机通过 USB 连接后，可以实现 FR Configurator 的操作。
• 接口：USB1.1 标准；
• 传输速度：12 Mb/s；
• 连接器：USB 迷你－B 连接器（插座迷你－B 型）</td></tr>
</table>

4）熟悉变频器的操作面板

变频器的操作面板如图 3. 38 所示。

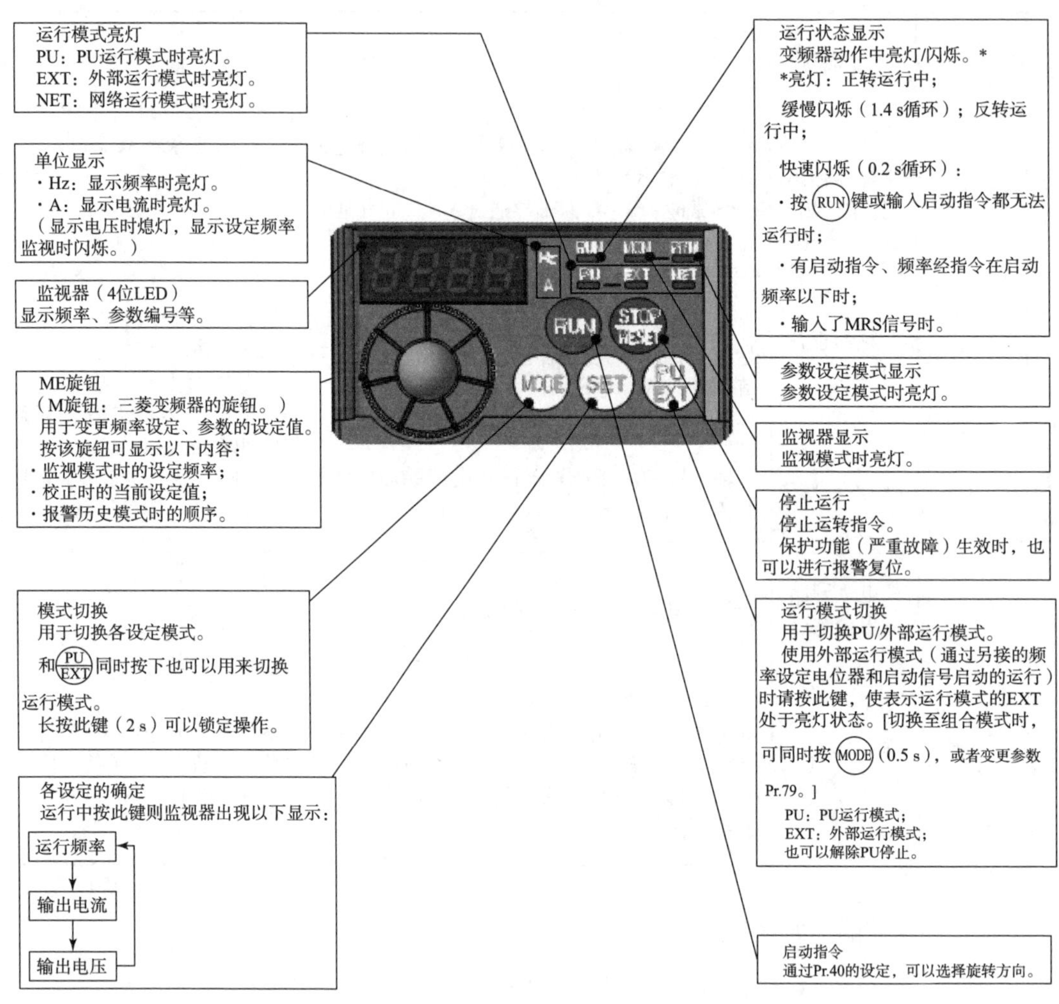

图 3. 38　变频器的操作面板

3. 3. 2　通用变频器的基本操作

1. 实训目的

（1）熟悉变频器的基本操作。

（2）掌握变频器的运行模式设定方法。

（3）掌握变频器的参数设定值变更方法。

（4）掌握变频器的初始化设定方法。

2. 实训设备及仪器

实训设备及仪器有万用表、螺丝刀、连接线、三菱 FR - E700 系列变频器、三相异步电动机。

3. 实训内容及步骤

1）面板基本操作

面板基本操作如图 3.39 所示。

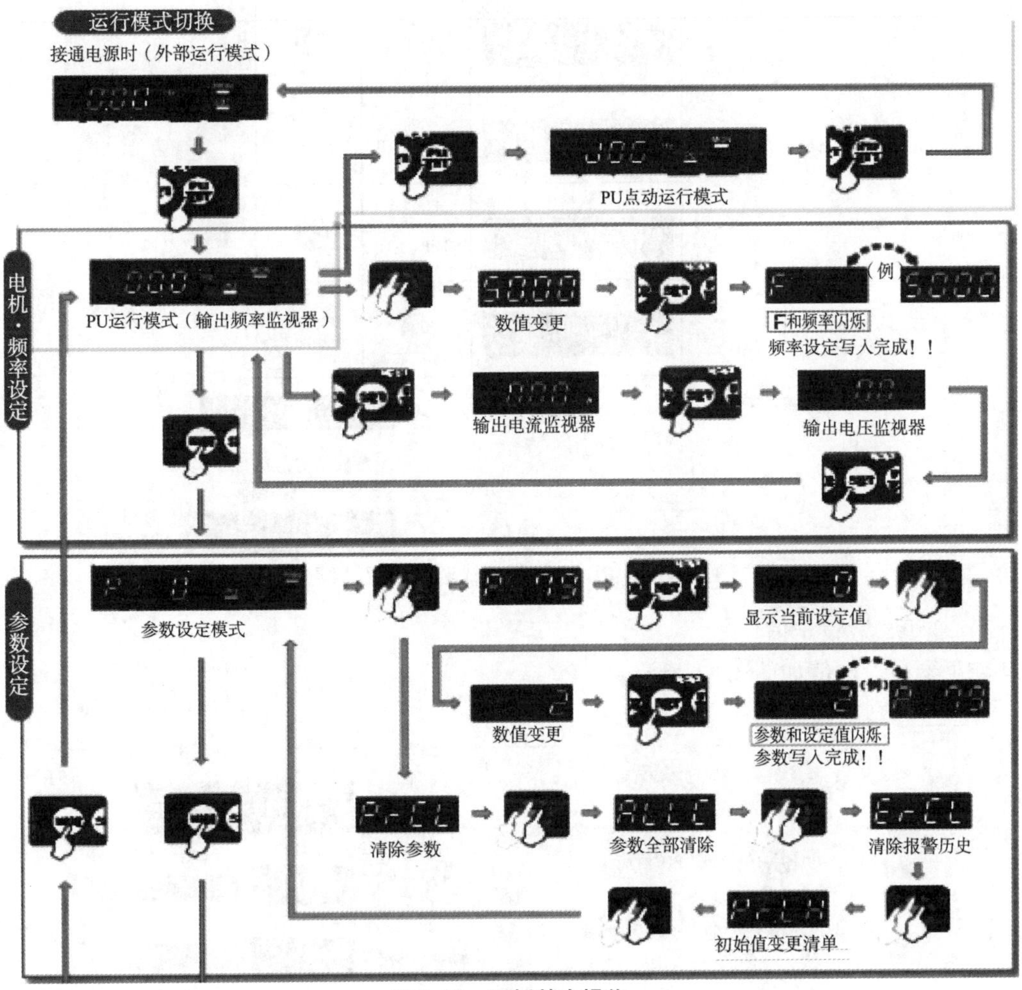

运行模式切换
接通电源时（外部运行模式）
PU点动运行模式
电机·频率设定
PU运行模式（输出频率监视器）
数值变更
F和频率闪烁
频率设定写入完成！！
输出电流监视器
输出电压监视器
参数设定
参数设定模式
显示当前设定值
数值变更
参数和设定值闪烁
参数写入完成！！
清除参数
参数全部清除
清除报警历史
初始值变更清单

图 3.39　面板基本操作

2）设定运行模式

可通过简单的操作来完成利用启动指令和速度指令的组合进行的 Pr. 79 运行模式选择设定，如图 3.40 所示。

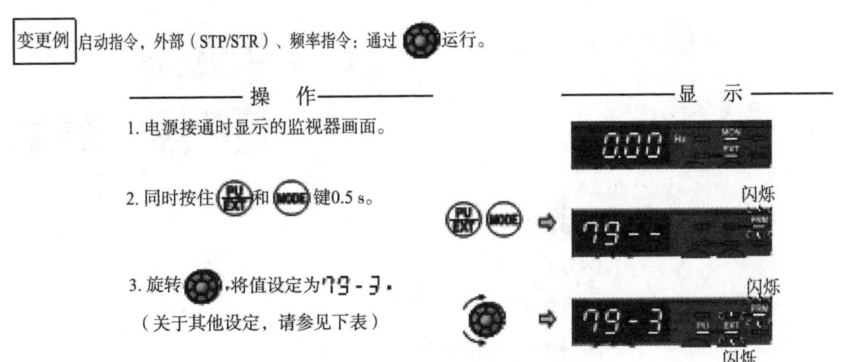

图 3.40　Pr. 79 运行模式选择设定

操作面板显示	运行方法	
	启动指令	频率指令
79-1 闪烁 PU 闪烁	RUN	旋钮
79-2 闪烁 EXT 闪烁	外部（STEP、STR）	模拟量电压输入
79-3 闪烁 PU EXT 闪烁	外部（STEP、STR）	旋钮
79-4 闪烁 PU EXT 闪烁	RUN	模拟量电压输入

4. 按 SET 键设定。

闪烁…参数设定完成!!

3 s后显示监视器画面。

图 3.40　Pr. 79 运行模式选择设定（续）

3）变更参数设定值

变更参数设定值如图 3.41 所示。

变更例　变更Pr.1上限频率。

操　作 —— 显　示

1. 电源接通时显示的监视器画面。 —— 0.00 Hz MON EXT

2. 按 PU/EXT 键，进入PU运行模式。 —— PU显示灯亮 0.00 PU

3. 按 MODE 键，进入参数设定模式。 —— PRM显示灯亮。P. 0 PRM（显示以前读取的参数编号）

4. 旋转旋钮，将参数编号设定为 P.　1 (Pr.1)。 —— P.　1

5. 按 SET 键，读取当前的设定值。显示“120.0”[120.0 Hz（初始值）]。 —— 120.0 Hz

6. 旋转旋钮，将值设定为“50.00”（50.00Hz） —— 50.00 Hz

7. 按 SET 键设定。 —— 50.00 Hz　P.　1　闪烁…参数设定完成！！

• 旋转旋钮可读取其他参数。

• 按 SET 键可再次显示设定值。

• 按两次 SET 键可显示下一个参数。

• 按两次 MODE 键可返回频率监视画面。

图 3.41　变更参数设定值

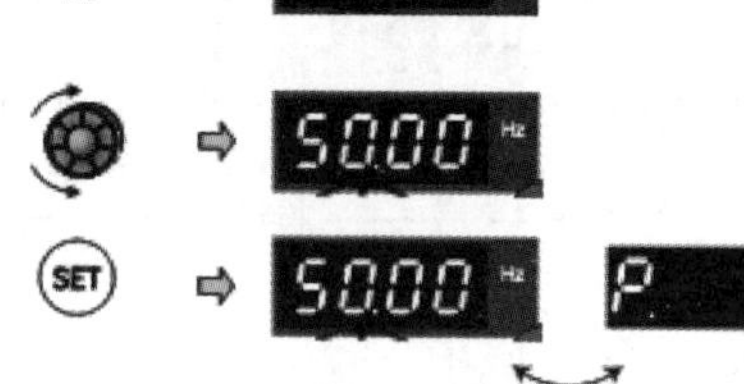

4）将变频器的参数值和校准值全部初始化到出厂设定值

初始化到出厂设定值如图 3. 42 所示。

要　点

• 设定 Pr.CL参数清除、ALLC参数全部清除 = “1”，可使参数恢复为初始值。（如果设定 Pr.77参数写入选择 = “1”，则无法清除。）

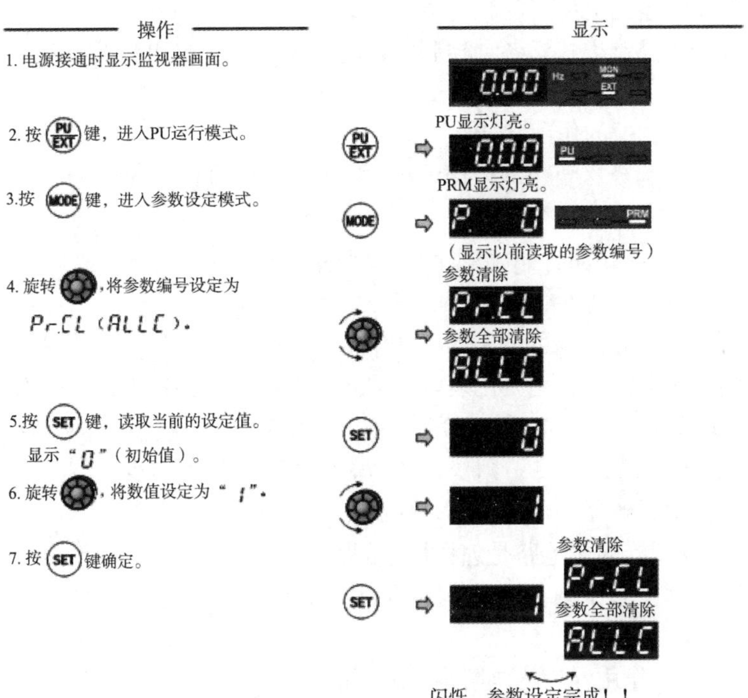

图 3. 42　初始化到出厂设定值

5）操作模式选择（Pr. 79）

X16 信号输入所使用的端子请通过将 Pr. 178 ~ Pr. 184（输入端子功能选择）设定为“16”来分配功能，如表 3. 8 所示。

表 3. 8　X16 信号输入所使用的端子

<table>
<tr><th colspan="2" rowspan="2">Pr. 79
设定值</th><th colspan="2">X16 信号状态运行模式</th><th rowspan="2">备　注</th></tr>
<tr><th>ON（外部）</th><th>OFF（PU）</th></tr>
<tr><td colspan="2">0（初始值）</td><td>外部运行模式</td><td>PU 运行模式</td><td>可以在外部、PU、网络运行模式间切换</td></tr>
<tr><td colspan="2">1</td><td colspan="2">PU 运行模式</td><td>固定为 PU 运行模式</td></tr>
<tr><td colspan="2">2</td><td colspan="2">外部运行模式</td><td>固定为外部运行模式（可切换至网络运行模式）</td></tr>
<tr><td colspan="2">3、4</td><td colspan="2">外部/PU 组合模式</td><td>固定为外部/PU 组合模式</td></tr>
<tr><td colspan="2">6</td><td>外部运行模式</td><td>PU 运行模式</td><td>可以在持续运行的同时，进行外部、PU、网络运行模式的切换</td></tr>
<tr><td rowspan="2">7</td><td>X12（MRS）ON</td><td>外部运行模式</td><td>PU 运行模式</td><td>可以在外部、PU、网络运行模式间切换（外部运行模式时输出停止）</td></tr>
<tr><td>X12（MRS）OFF</td><td colspan="2">外部运行模式</td><td>固定为外部运行模式（强制切换到外部运行模式）</td></tr>
</table>

【练习与思考】

1. 电压型变频器与电流型变频器有什么不同？

2. 为什么电动机额定容量的单位是 kW，而变频器额定容量的单位却是 kV · A？

3. 为什么变频器的输出电压要与频率成比例地改变？

4. 什么是变频器的控制方式？各种控制方式的主要特点和应用范围如何？

5. 根据变频器的主电路（图 3.13），试回答如下问题：

（1）电阻 R_L 和开关 S_L 的作用是什么？

（2）电容 C_{F1} 和 C_{F2} 为什么要串联使用？R_1 与 R_2 的主要作用是什么？

（3）VT_B 起什么作用？

（4）若要将电能反馈回电网，电路应做怎样改进？

（5）逆变管旁边为什么要并联反向二极管？

6. 变频器有时在轻载时出现过电流保护动作，原因是什么？

7. 变频器在刚脱离电源时，用万用表电压挡测量整流模块的输出，为什么还有电压？

8. 电动机在 50 Hz 时的运行电流为 80 A，变频器的输入电流也接近于 80 A，如果电动机在 20 Hz 时的运行电流仍为 80 A，则变频器的输入电流大概是多少？

9. 变频器逆变桥中的各器件作用分别是什么？

10. 交 - 直 - 交变频器的主电路是怎样构成的？

11. 变频器三相输入电压的允许范围是 340 ~ 420 V，其直流平均电压的变化范围是多少？

12. 均压电阻起什么作用？均压电阻烧坏的可能原因是什么？

13. 直流电源指示灯的作用是什么？

14. 电动机在低频时为什么要进行转矩补偿？

15. 普通控制型 V/f 通用变频器有什么特点？

16. 一台额定功率为 55 kW 的电动机，运行在 35 Hz 时，其有效功率大约是多少？

17. 为什么变频器要设置许多 U/f 线供用户选择？

18. 什么是矢量控制？实现矢量控制的必要条件是什么？

项目 4

变频器的控制与参数设置

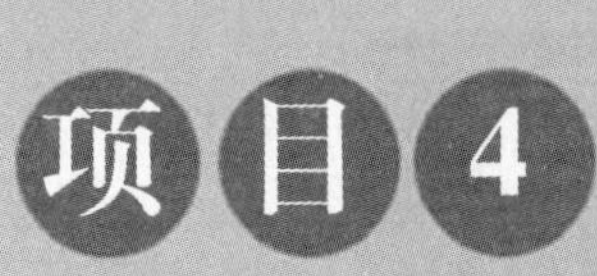

【教学目标】

知识目标：

1. 熟悉变频器主要参数的含义。
2. 熟悉变频器的控制模式。
3. 熟练掌握变频器的多段速控制方法。
4. 熟练掌握变频器的 PID 调节方法。

技能目标：

1. 能用正确的方法根据要求设置变频器的参数。
2. 能根据控制要求用变频器实现多段速控制。
3. 能根据控制要求用变频器实现 PID 调节。
4. 能分析变频器在启动、运行、停止过程中出现故障的原因。

任务 4.1　变频器频率给定方式

4.1.1　频率给定的方式

1. 给定方式的基本含义

要调节变频器的输出频率，必须首先向变频器提供改变频率的信号，这个信号称为频率给定信号，也称频率指令信号或频率参考信号。所谓给定方式，是指调节变频器输出频率的具体方法，也就是提供给定信号的方式。

2. 面板给定方式

通过操作面板上的键盘或电位器进行频率给定（即调节频率）的方式，称为面板给定方式，面板给定又有两种情况，如图 4.1 所示。

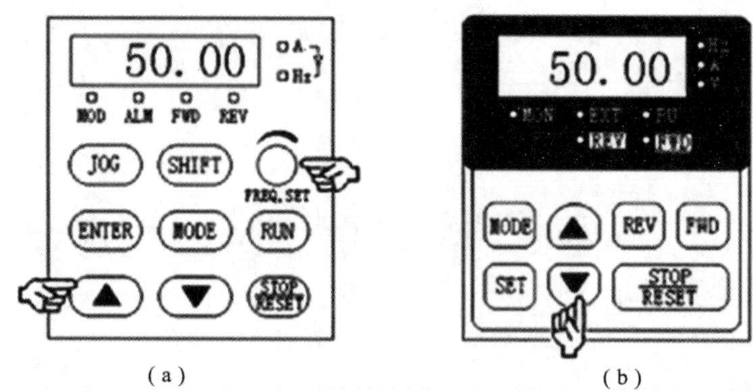

图 4.1　频率的面板给定方式

（a）电位器可快速调节；（b）上、下键调节

（1）电位器给定——部分变频器在面板上设置了电位器，如图 4.1（a）所示。频率大小也可以通过电位器来调节，电位器给定属于模拟量给定，精度稍低，为最高频率的 ±0.50 以内。

（2）键盘给定——频率的大小通过键盘上的上升键（▲键）和下降键（▼键）来进行给定，键盘给定属于数字量给定，精度较高，如图 4.1（b）所示。

多数变频器在面板上并无电位器，故说明书中所说的“面板给定”，实际就是键盘给定。

变频器的面板通常可以取下，通过延长线安置在用户操作方便的地方，如图 4.2 所示。

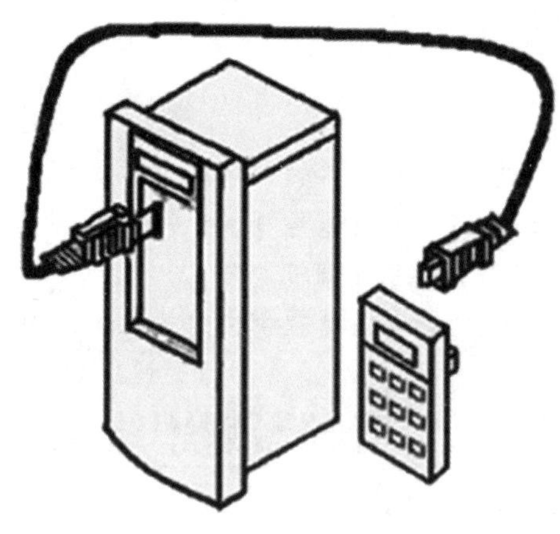

图 4.2　面板遥控

3. 外部给定方式

从外接输入端子输入频率给定信号，来调节变频器输出频率的大小，称为外部给定或远控给定，主要的外部给定方式介绍如下。

1）外接模拟量给定

通过外接给定端子从变频器外部输入模拟量信号（电压或电流）进行给定，并通过调节给定信号的大小来调节变频器的输出频率。

模拟量给定信号的种类有：

（1）电压信号——以电压大小作为给定信号，给定信号的范围有：0～10 V、2～10 V、0～±10 V、0～5 V、1～5 V、0～±5 V 等。

（2）电流信号——以电流大小作为给定信号，给定信号的范围有：0～20 mA、4～20 mA 等。

2）外接数字量给定

通过外接开关量端子，输入开关信号进行给定，如多段速给定等。

3）外接脉冲给定

通过外接端子输入脉冲序列进行给定。

4）通信给定

由 PLC 或计算机通过通信接口进行频率给定。

5）辅助给定

在变频器的给定信号输入端，配置有辅助给定信号输入端（简称辅助给定），辅助给定信号与主给定信号叠加，起调整变频器输出频率的辅助作用。

变频器采用哪一种给定方式，须通过功能预置来事先决定，以三菱 FR－E700 系列变频器为例，可通过参数 Pr. 79 来进行设置。

4.1.2 频率给定方式选择的一般原则

1. 面板给定和外接给定

优先选择面板给定，因为变频器的操作面板包括键盘和显示屏，而显示屏的显示功能十分齐全。例如，可显示运行过程中的各种参数、电压电流以及故障代码等。但由于受连接线长度的限制，控制面板与变频器之间的距离不能过长。

2. 数字量给定与模拟量给定

优先选择数字量给定，因为数字量给定时频率精度较高；数字量给定通常用触点操作，不仅不易损坏，而且抗干扰能力强。

3. 电压信号与电流信号

优先选择电流信号，因为电流信号在传输过程中，不受线路电压降、接触电阻及其压降、杂散的热电效应以及感应噪声等的影响，抗干扰能力较强。

但由于电流信号电路比较复杂，故在距离不远的情况下，仍选用电压给定方式居多。

4.1.3 频率给定的其他功能

1. 频率指令的保持功能

变频器在停机后，是否保持停机前运行频率的选择功能，再开机时，变频器的运行频率有两种状态可供选择：

（1）保持功能无效。

运行频率为0，如要恢复到原来的工作频率，需重新加速。

（2）保持功能有效。

运行频率自动上升到停机前的工作频率。

2. 点动频率功能

点动是各类机械在调试过程中经常使用的操作方式。因为主要用于调试，故所需频率较低，一般也不需要调节。所以，点动频率（用f_J表示）是通过功能预置来确定的，有的变频器也可以预置多挡点动频率。

3. 频率给定异常时的处理功能

给定信号异常大致有以下两种情形：

（1）给定信号丢失。

当外接模拟频率给定信号因电路接触不良或断线而丢失时，变频器处理方式的选择功能。例如：是否停机；如继续运行，则在多大频率下运行等。

（2）给定信号小于最低频率时的处理功能。

有的负载在频率很低时实际上不能运行，因而需要预置“最低频率”。对应地，也就有一个最小给定信号。当实际给定信号小于最小给定信号时，应视为异常状态。

任务4.2　频率给定线的设定方法

频率给定线的设定

4.2.1　基本频率给定线

1. 频率给定线的定义

由模拟量进行频率给定时，称为模拟量给定方式，模拟量给定时的频率精度略低，为最高频率的±0.50以内。变频器的给定信号G（G是给定信号的统称，既可以是电压信号U_G，也可以是电流信号I_G）与对应的给定频率f之间的关系曲线$U=f(G)$或$I=f(G)$，称为频率给定线。

2. 基本频率给定线

在给定信号X从0增大至最大值X_{max}的过程中，给定频率f线性地从0增大到最大频率f_{max}的频率给定线称为基本频率给定线。其起点为（$G=0$，$f_G=0$），终点为（$G=G_{max}$，$f_G=f_{max}$），如图4.3所示。

（1）以电压大小作为给定信号的称为电压信号，其范围有0~5 V或0~10 V，输入端为2号端子，可通过参数Pr.73切换，即输入电压可进行“0~5 V，0~10 V”选择，Pr.73=“0”对应DC 0~5 V；Pr.73=“1”对应DC 0~10 V。

说明：本教材中的变频器参数设定方法均以三菱变频器为参考，其他系列的变频器参数设定方法，可参考相关使用说明手册。

例如Pr.73=“1”时，给定电压信号为$U_G=0\sim10$ V，若对应的输出频率$f_G=0\sim50$ Hz，则$U_G=0$与$f_G=0$相对应；$U_G=10$ V与$f_G=50$ Hz相对应。

电压给定方法比较容易，用一个电位器即可调节，如图4.4所示，但是稳定性较差。

（2）以电流大小作为给定信号的称为电流信号，其范围为4~20 mA，也有的为0~20 mA。

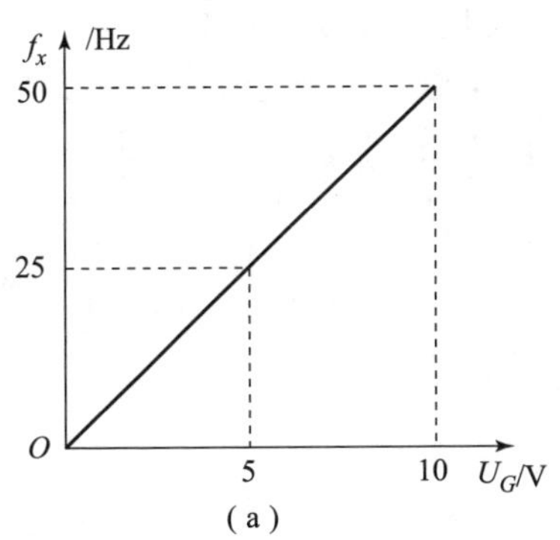

(a)

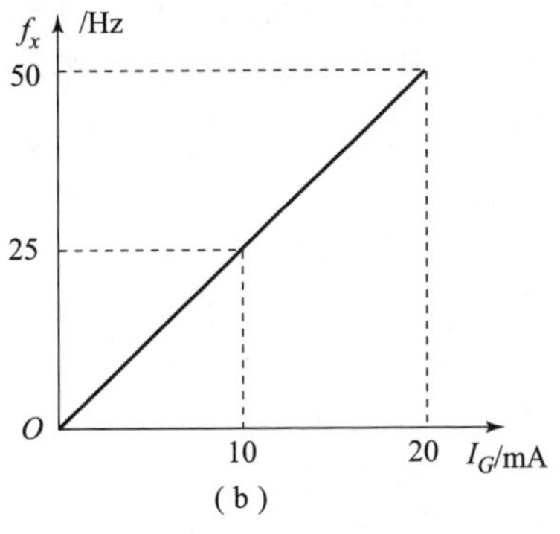

(b)

图 4.3 基本频率给定线

(a) 电压给定；(b) 电流给定

由于电流信号所传输的信号不受线路电压降、接触电阻及其压降、杂散的热效应以及感应噪声等的影响，因此抗干扰能力较强。在远距离控制中，给定信号的范围常用 4 ~ 20 mA，其“零”信号为 4 mA，这是为了提高抗干扰能力，同时也为了方便检查工作是否正常。在进行测量时，因为电流中还有 4 mA，说明给定信号电路的工作是正常的，如图 4.5（a）所示；无电流信号说明因传感器或信号电路发生故障而根本没有信号，在进行测量时，如果给定信号值为 0，则说明给定电路的工作不正常，如图 4.5（b）所示。

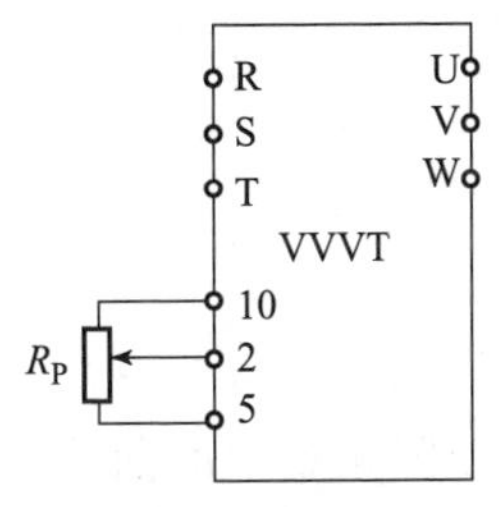

图 4.4 电位器给定

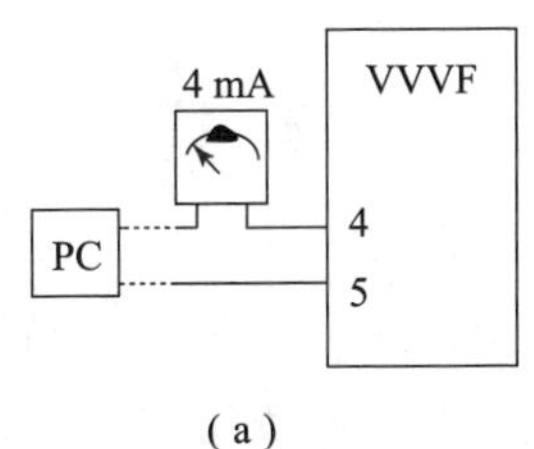

(a)

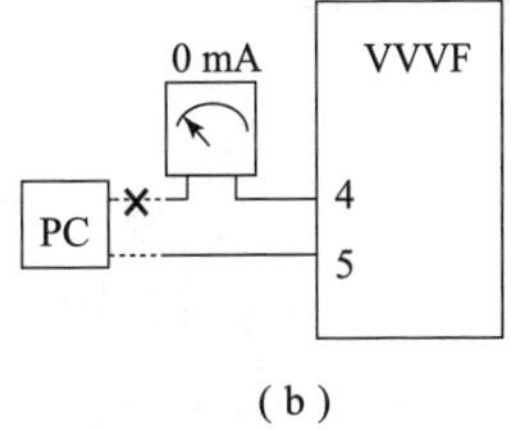

(b)

图 4.5 零电流与无电流

(a) 零电流；(b) 无电流

4.2.2 频率给定线的调整

在生产实践中，生产机械所要求的最低频率及最高频率常常不是 0 和额定频率，或者说，实际要求的频率给定线与基本频率给定线并不一致，所以需要对频率给定线进行适当的调整，使之符合生产实际的需要。因为频率给定线是直线，所以，调整的着眼点便是调整频率给定线的起点或终点。

1. 调整频率给定线的起点或终点

频率给定线的起点（偏置频率），即当给定信号为最小值（0）时对应的频率。

频率给定线的终点（频率增益），即当给定信号为最大值（100%）时所对应的频率。

1）偏置频率

部分变频器把给定信号为 0 时的对应频率称为偏置频率，用 f_{BI} 表示，如图 4.6 所示。

偏置频率的表示方式主要有：

(1) 频率表示——直接用频率值 f_{BI} 表示；

（2）百分数表示——用与最大输出频率f_{max}之比的百分数f_{BI}%表示。

例如，某传感器的输出信号为1～5 V，要求输出频率范围是0～50 Hz，如图4.7所示，则根据相似三角形原理，应预置偏置频率$f_{BI}=-12.5$ Hz。

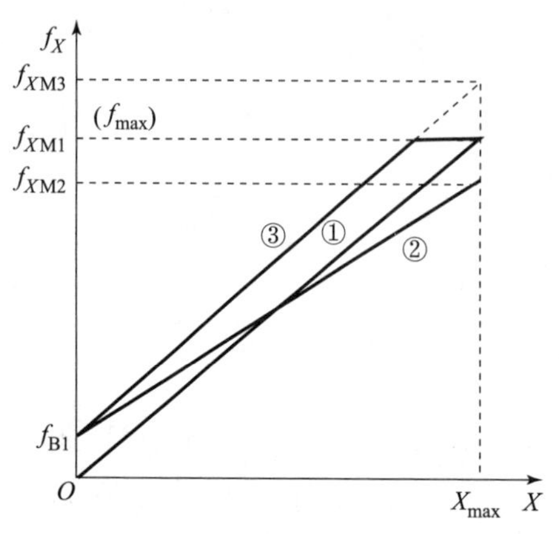

图4.6 偏置频率与频率增益

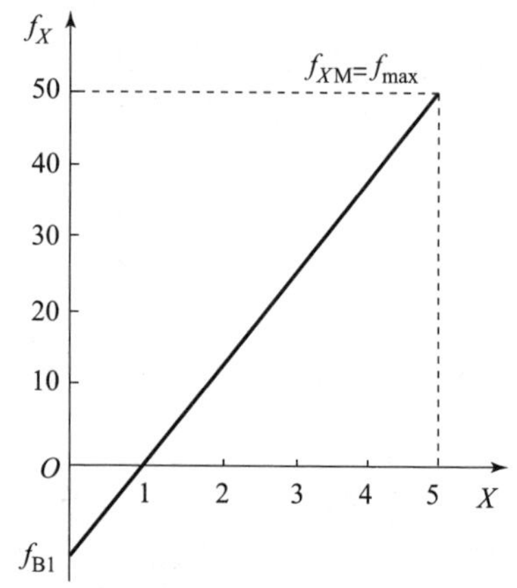

图4.7 频率给定线修正

2）频率增益

当给定信号为最大值X_{max}时，对应的最大给定频率f_{XM}与变频器预置的最大输出频率f_{max}之比的百分数，用G%表示：

$$G\%=\frac{f_{XM}}{f_{max}}\times 100\%$$

式中 f_{max}——变频器预置的最大频率，Hz；

f_{XM}——虚拟最大给定频率，Hz，f_{XM}不一定与最大频率f_{max}相等。

当$G\%<100\%$时，变频器实际输出的最大频率就等于f_{XM}，如图4.6中的曲线②所示（曲线①是基本频率给定线）；

当$G\%>100\%$时，变频器实际输出的最大频率等于f_{max}，如图4.6中的曲线③所示。

2. 任意设定两点（两点决定了一条直线）

三菱变频器的频率给定线可通过参数Pr. 902、Pr. 903（电流控制时为Pr. 904、Pr. 905），任意设置两点来进行调整，图4.8所示为频率给定线的调整方法。参数Pr. 125（Pr. 126）与

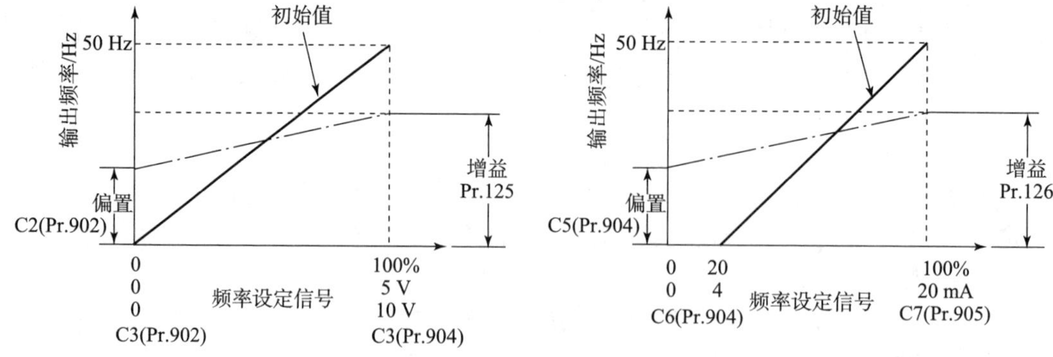

图4.8 频率给定线的调整方法

变频器的其他参数一样，只能输入频率的大小（或增益），对应的给定信号默认为100%；而参数Pr. 902、Pr. 903、Pr. 904、Pr. 905这四个参数是特别的，要同时输入频率和对应的给定信号百分比，可用于任意两点的设置（具体操作请参考项目实训4. 4. 2）。

给定电压的百分比计算比较容易，即输入电压与满量程电压之比；而给定电流的百分比计算时要注意起点是4 mA。如某传感装置输入变频器的电流是10 mA，则给定电流的百分比是6∶16，大约为37%。

4. 2. 3　上限频率和下限频率

为了防止因传感器故障或变频器输入信号干扰而使生产机械出现过高或过低的转速，有必要设置上、下限频率。与生产机械所要求的最高转速相对应的频率称为上限频率，用f_H表示，又称最大频率f_{max}。在数字量给定（包括键盘给定、外接升速/降速给定、外接多挡转速给定等）时，上限频率是变频器允许输出的最高频率；在模拟量给定时，是与最大给定信号对应的频率，f_{max}由上限频率参数Pr. 1 = 0 ~ 120 Hz设定。上限频率与最高频率之间，必有$f_H \leqslant f_{max}$。与生产机械所要求的最低转速相对应的频率，称为下限频率，用f_L表示，由下限频率参数Pr. 2设定。

注意：上限频率f_H是根据生产需要预置的最大运行频率，它并不和某个确定参数相对应。假如采用模拟量给定方式，给定信号为0 ~ 5 V的电压信号，给定频率对应为0 ~ 50 Hz，而上限频率f_H = 40 Hz，则表示给定电压大于4 V以后，不论如何变化，变频器输出频率为最大频率40 Hz，如图4. 9所示。同样，下限频率f_L表示最小运行频率。

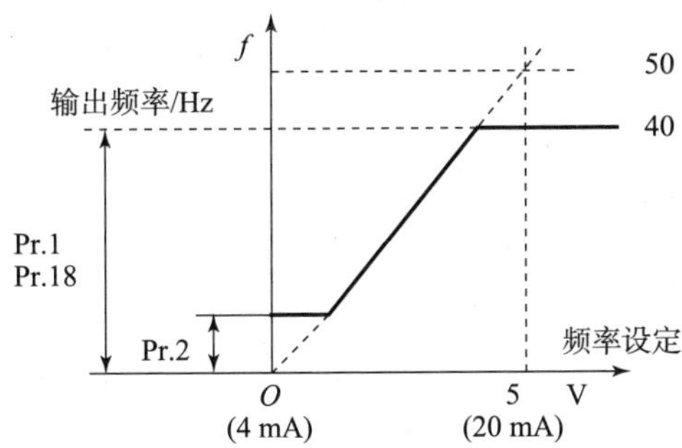

图4. 9　设置上、下限频率的基本频率给定线

任务4. 3　变频器常用的控制功能

变频器的频率给定线是输出频率与给定信号的对应关系，而变频器的实际运行还有许多制约与控制。

4. 3. 1　电动机的正、反转控制

变频控制电路中，电动机的正、反转是通过改变SPWM波形的相序来实现的，不需要切换主电路，所以没有火花，具体控制方法主要有两种。

1. 正、反转输入控制端控制

STF端子与公共端SD相连接时为正转运行；STR端子与公共端SD相连接时为反转运行；若两者都与公共端相连则为无效，如图4.10所示。

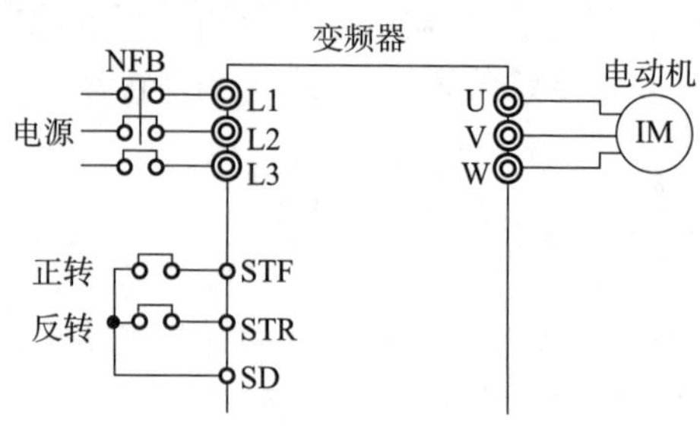

图4.10 输入端控制方式

2. 模拟量给定控制

1）双极性给定信号控制

给定信号可“+”可“-”，正信号控制正转，负信号控制反转。

2）单极性给定信号控制

给定信号只有“+”值，由给定信号中间的任意值作为正转和反转的分界点。

3. 死区的设置

用模拟量给定信号进行正、反转控制时，“0”速控制很难稳定，在给定信号为“0”时，常常出现正转或反转的“蠕动”现象。为了防止这种“蠕动”现象，需要在“0”速附近设定一个死区ΔX，使给定信号从$-\Delta X$到$+\Delta X$的区间内，输出频率为0，如图4.11所示。

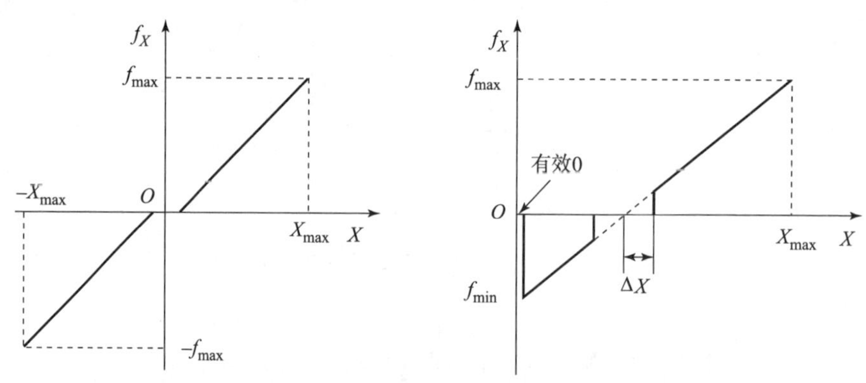

图4.11 模拟量给定的正、反转控制

4. 有效“0”的功能

在给定信号为单极性的正、反转控制方式中，存在着一个特殊的问题，即如果给定信号因电路接触不良或其他原因而“丢失”，则变频器的给定输入端得到的信号为“0”，其输出频率将跳变为反转的最大频率，电动机将从正常工作状态转入高速反转状态。在生产过程中，这种情况的出现是十分有害的，甚至有可能损坏生产机械。

对此，变频器设置了一个有效“0”功能。就是说，变频器的最小给定信号不等于0（$X_{min}\neq 0$）。如果给定信号$X=0$，变频器将认为是故障状态而把输出频率降至0。

例如，将有效“0”预置为0.3 V，则：

当给定信号 $X=0.3$ V 时，变频器的输出频率为 f_{min}；

当给定信号 $X<0.3$ V 时，变频器的输出频率降为0。

4.3.2　辅助给定控制功能

当变频器有两个或多个模拟量给定信号同时从不同的端子输入时，其中必有一个为主给定信号，其他为辅助给定信号。

大多数变频器的辅助给定信号都是叠加到主给定信号上去的，叠加后的频率给定线如图4.12 所示（曲线2 和曲线3）。

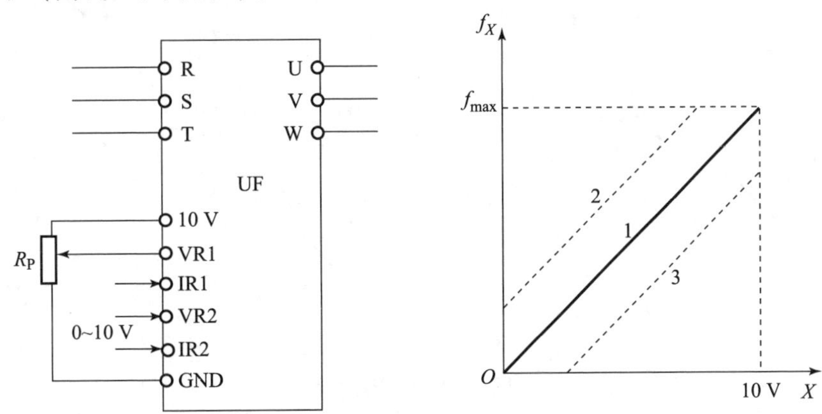

图4.12　主给定与辅助给定

4.3.3　设置回避频率消除振荡

1. 基础概念

设置回避频率的目的是消除机械谐振，任何机械都有一个固有的振荡频率，它取决于机械结构。运动部件的固有振荡频率常常和运动部件与基座之间以及各运动部件之间的紧固情况有关，而机械在运行过程中的实际振荡频率则与运动的速度有关。在对机械进行无级调速的过程中，机械的实际振荡频率也将不断地变化。当机械的实际振荡频率和它的固有频率相等时，机械将发生谐振，这时机械的振动将十分剧烈，可能导致机械损坏。

消除机械谐振的途径如下：

（1）改变机械的固有振荡频率。

（2）避开可能导致谐振的速度。

在变频调速的情况下，设置回避频率使拖动系统“回避”可能引起谐振的转速是必要的，设置回避频率的具体方法是通过设置回避频率区域来实现的，即设置回避频率的区间。

2. 设置回避频率的方法

1）设置回避频率区间

回避区的起始频率 f_L 是在频率上升过程中开始进入回避区的频率；回避区的截止频率 f_H 是在频率上升过程中退出回避区的频率，如图4.13 所示。

2）设置回避频率的中心

预置回避中心频率时，必须预置以下两个数据：

（1）中心回避频率 f_J，即回避频率所在的位置；

（2）回避宽度 Δf_J，即回避频率的范围。

3. 回避频率的数量

三菱变频器最多可以预置三段回避频率，可通过参数 Pr. 31 ~ Pr. 36 =0 ~400 Hz 进行设置。Pr. 31、Pr. 33、Pr. 35 分别设置三段回避频率的起点；Pr. 32、Pr. 34、Pr. 36 分别设置三段回避频率的截止点，如图 4. 13 所示。

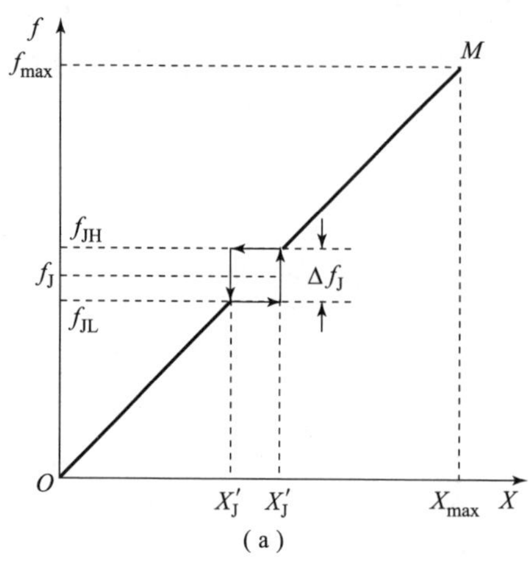

(a)

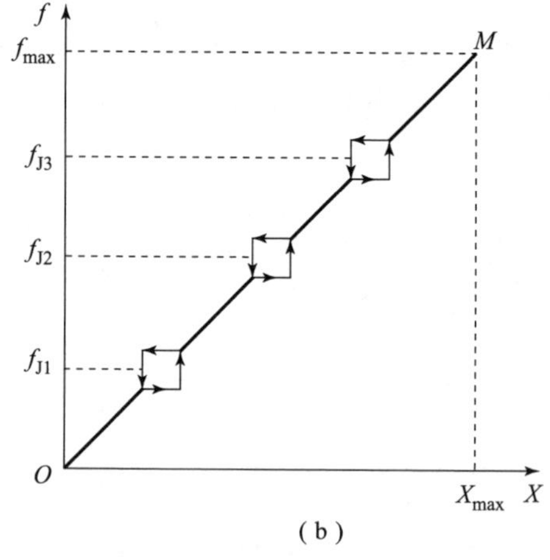

(b)

图 4. 13　回避频率

例如，Pr. 31 =29，Pr. 32 =31，则当输入信号无论怎样改变，29 ~31 Hz 段是不可能稳定运行的，但在频率升降过程中还是会经过该频率段。

变频启动

4. 3. 4　变频启动运行的控制

1. 启动频率

对于静摩擦系数较大的负载，为了易于启动，启动时需要有一点冲击力。为此，可根据需要预置启动频率 f_s（Pr. 13 =0 ~60 Hz），使电动机在该频率下“直接启动”，如图 4. 14 所示。

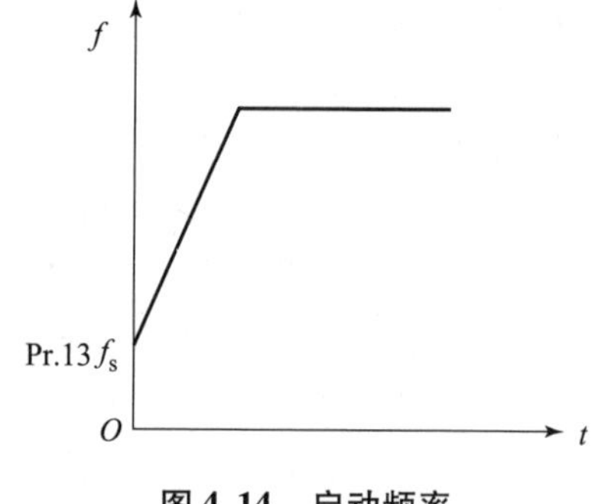

图 4. 14　启动频率

2. 启动前的直流制动

启动前的直流制动用于保证拖动系统从零速开始启动，因为变频调速系统总是从最低频率开始启动的，如果在开始启动时，电动机已经有一定转速，则将会引起过电流或过电压。启动前的直流制动功能可以保证电动机在完全停转的状态下开始启动。

4. 3. 5　变频器的升、降速控制

1. 升速时间

在生产机械的工作过程中，升速过程属于从一种状态转换到另一种状态的过渡过程，在这段时间内，通常不进行生产活动。因此，从提高生产力的角度出发，升速时间越短越好。

但升速时间越短，频率上升越快，越容易“过流”。所以，预置升速时间（Pr.7 = 0 ~ 3 600 s/0 ~ 360 s）的基本原则是在不过流的前提下越短越好。通常，可先将升速时间预置长一些，观察拖动系统在启动过程中电流的大小，如启动电流较小，则可逐渐缩短时间，直至启动电流接近最大允许值时为止。如图 4.15 所示，I_{MN} 为变频器所允许的最大启动电流，频率升速时间的长短一般要求在现场进行调试，如果在整个启动过程中，旋转磁场与转子转速能始终保持同步上升（转差率 S 最小），则该方案就是最合理的启动方案。

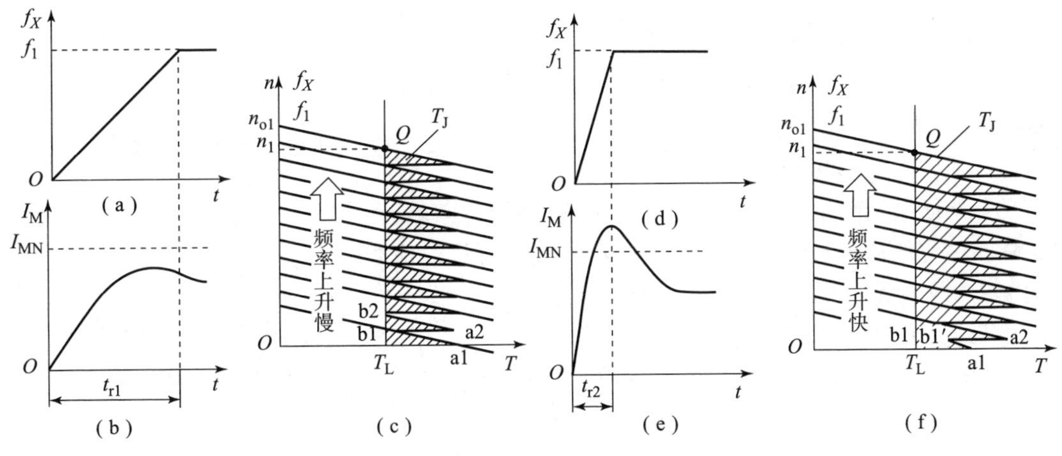

图 4.15　变频启动升速过程

2. 降速时间

在降速过程中，电机处于发电状态，其电能通过逆变电路反馈到直流电路，将产生泵升电压，使直流电压升高。降速过程和升速过程一样，也属于从一种状态转换到另一种状态的过渡过程。从提高生产力的角度出发，降速时间应越短越好。但降速时间越短，频率下降越快，直流电压越容易超过上限值。所以在实际工作中，也可以先将降速时间（Pr.8 = 0 ~ 3 600 s/0 ~ 360 s）预置长一些，观察直流电压升高的情况，在直流电压不超过允许范围的前提下，尽量缩短降速时间。图 4.16 所示为变频再生制动降速过程，U_{DH} 为变频器直流侧所允许的最高直流电压，降速时间的长短同样要求现场调试，使旋转磁场与转子转速能始终保

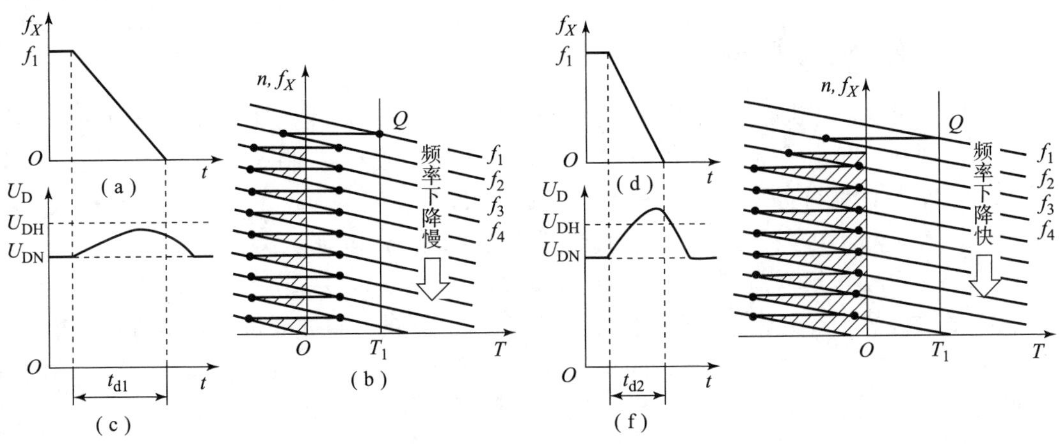

图 4.16　变频再生制动降速过程

持同步下降（转差率 S 最小）。

水泵类负载，由于有液体（水）的阻力，一旦切断电源，水泵立即停止工作，故在降速过程中不会产生泵升电压，直流电压不会增大。但过快的降速和停机，会导致管路系统的“水锤效应”，必须尽量避免，所以即使直流电压不增大，也应预置一定的降速时间。风机的惯性较大，且风机在任何情况下都属于长期连续负载，因此，其降速时间应适当预置长一些。

3. 升、降速方式

1）线性方式（Pr. 29 =0）

频率与时间呈直线性关系，如图4. 17 所示，多数负载可预置线性方式。

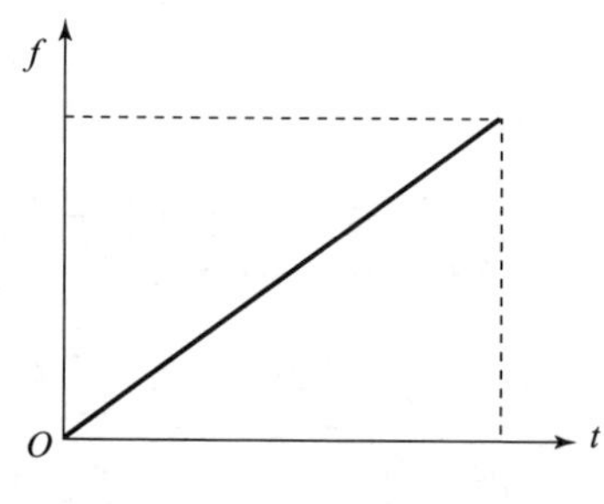

图 4. 17　线性升速方式

2）S 形 A（Pr. 29 =1）

在开始阶段和结束阶段，升、降速比较缓慢，具有缓和升、降速过程的冲击振动作用。这种启动方式，可有效地防止运输货物的倒塌，如图4. 18（a）所示。

3）S 形 B（Pr. 29 =2）

在两个频率 f_1、f_2 间提供一个 S 形升、降速曲线，且稍有停顿，在加、减速过程中，使人或货物有一个反应过程，如图4. 18（b）所示。

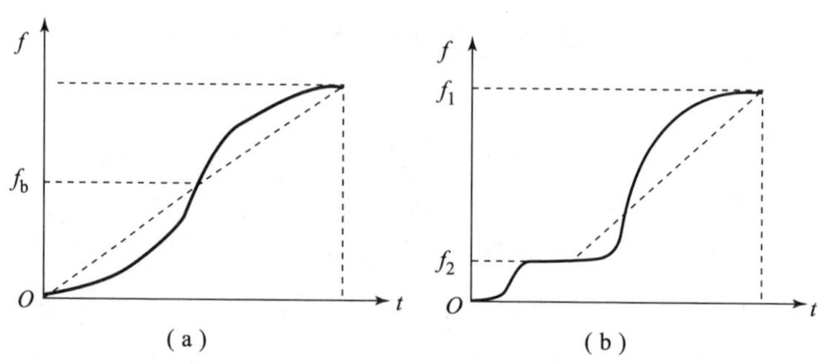

图 4. 18　非线性升速方式

（a）S 形 A；（b）S 形 B

4. 3. 6　直流制动控制

为了防止出现生产机械的“爬行”和“溜坡”现象，同时也为了缩短停车时间，有必要加入直流制动。Pr. 10 是直流制动时的动作频率，Pr. 11 是直流制动时的动作时间（作用时间），Pr. 12 是直流制动时的电压（转矩），通过设定这三个参数，可以提高生产机械停止的准确度，使之符合负载的运行要求。直流制动过程如图 4. 19 所示。

1. 直流制动动作频率 f_{DB}（Pr. 10 =0 ~ 120 Hz）

在大多数情况下，直流制动都是和再生制动配合使用的，首先通过变频器的逆变电路用再生制动方式（降速方式）将电动机的转速降至较低转速，其对应的频率为直流制动的动作频率 f_{DB}，然后再加入直流制动，使电动机迅速停住。负载要求制动时间越短，则动作频率 f_{DB} 应越高，但冲击也就越大。

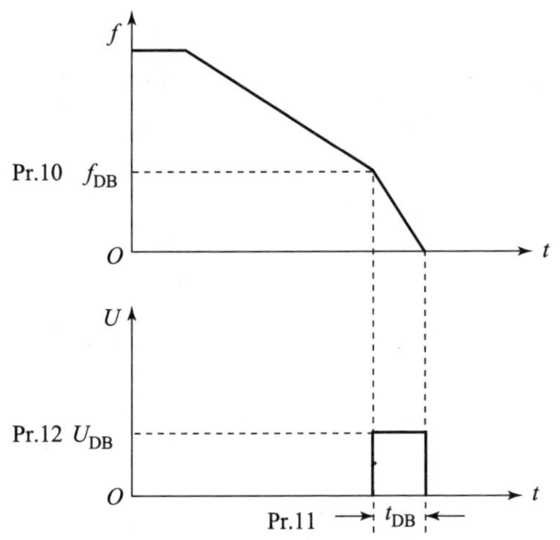

图4.19　直流制动过程

2. 直流制动电压 U_{DB}（Pr. 12 =0，增益为30%的电源电压）

在定子绕组上施加直流电压的大小，决定了直流制动的强度，负载惯性越大，U_{DB}也应该越大，但制动也就越“硬”。

3. 直流制动时间 t_{DB}（Pr. 11 =0 ~10 s）

其是指施加直流制动的时间长短。预置直流制动时间 t_{DB}的主要依据是负载是否有“爬行”现象，以及对克服“爬行”的要求如何。要求高的，t_{DB}应当长一些。

风机在停机状态下，有时会因自然风的对流而旋转，且旋转方向总是反转的。如遇这种情况，应预置启动前的直流制动功能，以保证电动机在零速下启动。

4.3.7　多段速控制

多段速控制

在工农业生产中，由于生产工艺的要求，许多生产机械需要在不同的转速下运行。例如，车床的主轴、龙门刨床的主运动、高炉加料料斗的提升和电梯的变速等。针对这些情况，一般的变频器都有多段速度控制功能，以满足生产工艺的要求。

在三菱变频器的外接输入端中，通过功能预置，最多可以将4个输入端（RH、RM、RL、REX）作为多挡转速控制端，根据若干个输入端的状态（接通或断开）可以按二进制方式组成1 ~15挡。每一挡可预置一个对应的工作频率，则电动机转速的切换便可以用开关器件通过改变外接输入端子的状态及其组合来实现。

使用多挡转速控制功能时，必须进行两步预置：

第一步：通过预置确定哪几个输入端子为多挡转速输入端子。

将输入端子功能选择参数（Pt. 180 ~ Pr. 182）分别预置成0、1、2（Pr. 180 =0，Pr. 181 =1，Pr. 182 =2），Pr. 183 =6（出厂设置），则控制端子RL、RM、RH成为7挡转速控制端子。

若修改Pr. 183参数（不同型号的变频器参数值不一样，详见使用说明书），则控制端子REX、RL、RM、RH成为15挡转速控制端子，如图4. 20所示。

第二步：预置与各挡转速对应的工作频率（进行频率给定）。分别用参数Pr. 4 ~ Pr. 6，

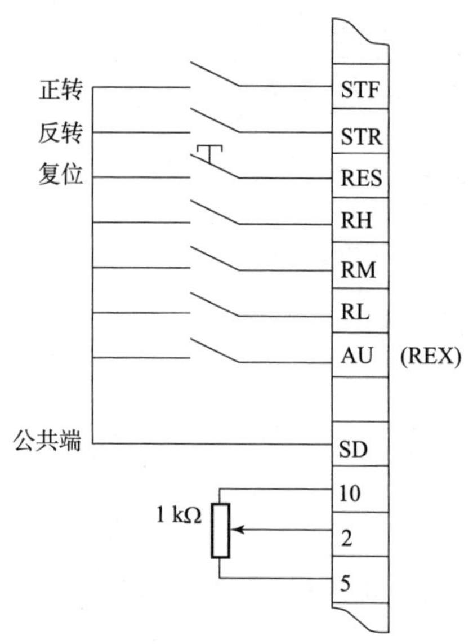

图 4.20　三菱变频器多段速控制端

Pr. 24 ~ Pr. 27，设置 1 ~7 挡转速频率；Pr. 232 ~ Pr. 239，设置 8 ~15 挡转速频率。

图 4.20 中，STF、STR 是控制变频器正、反转运行的，RH、RM、RL、（REX）是控制变频器输出频率的。在简单控制场合，这些输入端可以采用普通的钮子开关或按钮，与公共端相连时为“有效”；在要求较高的控制系统中，可以采用 PLC 的输出端作为开关量输入控制。

各转速挡与输入端状态之间的对应关系如图 4.21 所示（请参阅 4.4.3 项目实训）。

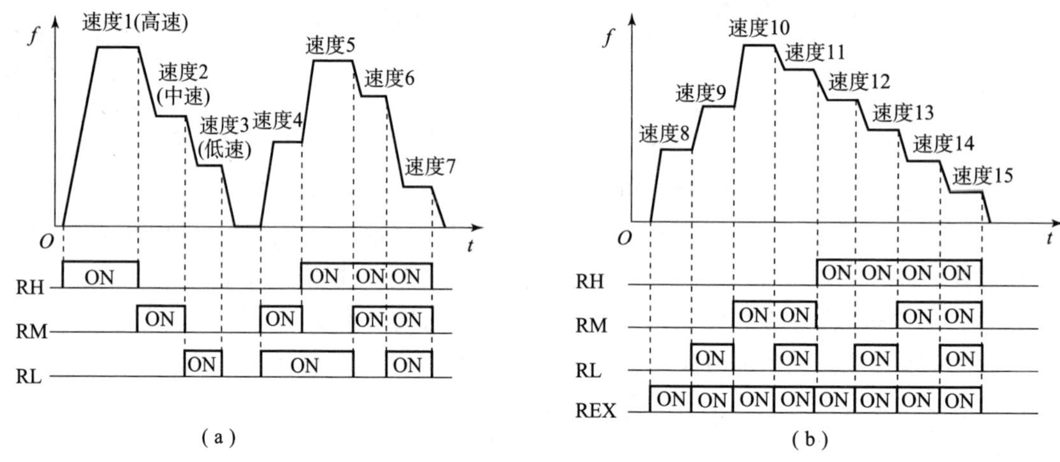

图 4.21　多段速控制状态图

4.3.8　PID 调节功能

PID 调节

1. PID 调节的基本概念

PID 控制属于闭环控制，是使控制系统的被控量在各种情况下，都能够迅速而准确地无限接近控制目标的一种手段。具体地说，其可以随时将传感器测量的实际信号（称为反馈信号）与被控量的目标信号相比较，以判断是否已经达到预定的控制目标。如尚未达到，则根据两者的差值进行调整，直到达到预定的控制目标为止。图4.22所示为基本PID控制框图，X_T为目标信号，X_F为反馈信号，变频器输出频率f_x的大小由合成信号（X_T-X_F）决定：一方面，反馈信号X_F应无限接近目标信号X_T，即$X_T-X_F=0$；另一方面，变频器的输出频率f_x又是由X_T和X_F相减的结果来决定的。

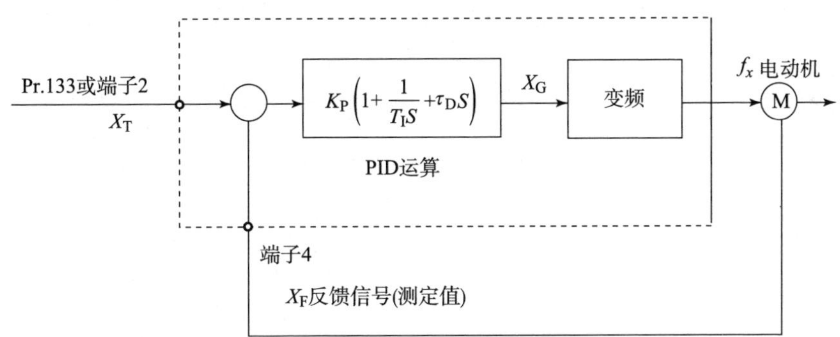

图4.22　基本PID控制框图

为了使变频器输出频率f_x维持一定值，就要求有一个与此相对应的给定信号X_G，这个给定信号既需要有一定的值，又要与$X_T-X_F=0$相联系。

1）比例增益环节（P）

为了使X_G这个给定信号既有一定的值，又与$X_T-X_F=0$相关联，要将（X_T-X_F）进行放大后再作为频率给定信号，即

$$X_G=K_P(X_T-X_F)$$

式中，K_P为放大倍数，也叫比例增益。

定义静差£$=X_T-X_F$，当X_G保持一定的值，比例增益K_P越大，静差£越小，如图4.23（a）所示。为了使静差£减小，就要使K_P增大。如果K_P太大，一旦X_T和X_F之间的差值变大，$X_G=K_P(X_T-X_F)$一下子增大或减小了许多，很容易使变频器输出频率发生超调，又容易引起被控量的振荡，如图4.23（b）所示。

2）积分环节（I）

积分环节能使给定信号X_G的变化与$X_G=K_P(X_T-X_F)$对时间的积分成正比，既能防止振荡，也能有效地消除静差，如图4.23（c）所示。但积分时间太长，又会产生当目标信号急剧变化时，被控量难以迅速恢复的情况。

3）微分环节（D）

微分环节可根据偏差的变化趋势，提前给出较大的调节动作，从而缩短调节时间，克服了因积分时间太长而使恢复滞后的缺点，如图4.23（d）所示。

2. PID调节功能预置

1）PID动作选择

在自动控制系统中，电动机的转速与被控量的变化趋势相反，称为负反馈或正逻辑，反之为负逻辑。如空气压缩机的恒压控制中，压力越高要求电动机的转速越低，其逻辑关系为正逻辑；空调机制冷中温度越高，要求电动机转速越高，其逻辑关系为负逻辑。

PID动作选择（Pr.128）有三种功能：

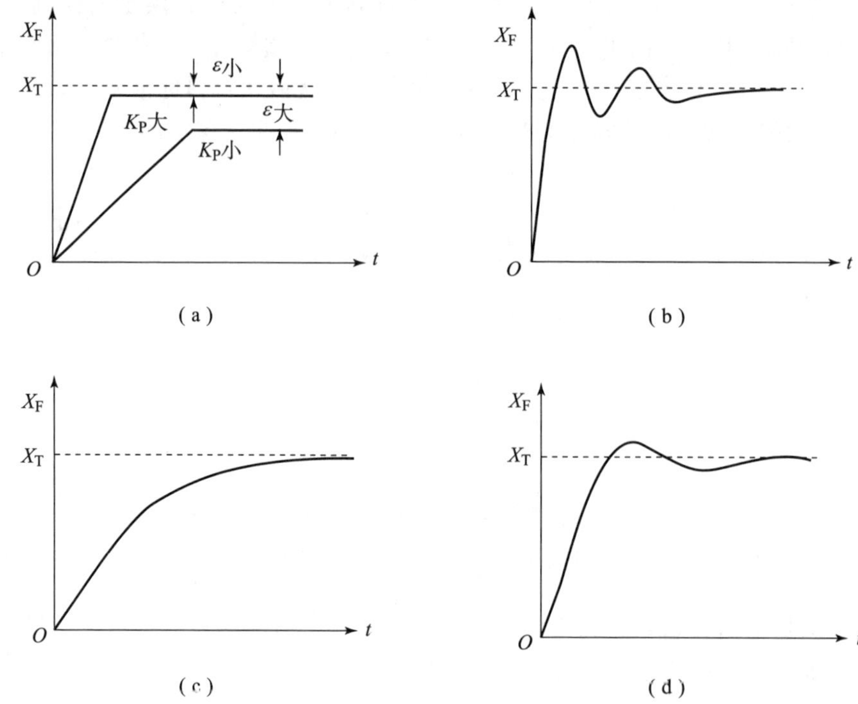

图 4.23 PID 的综合作用示意图

（a）P 调节；（b）振荡现象；（c）PI 调节；（d）PID 调节

“0”——PID 功能无效。

“1”——PID 正逻辑（负反馈、负作用）。

“2”——PID 负逻辑（正反馈、正作用）。

参数 Pr. 128 的值根据具体情况进行预置，当预置变频器 PID 功能有效时，变频器完全按 P、I、D 调节规律运行，其工作特点是：

（1）变频器的输出频率（f_x）只根据反馈信号（X_F）和目标信号（X_T）比较的结果进行调整，故频率的大小与被控量之间并无对应关系。

（2）变频器的加、减速过程将完全取决于 P、I、D 数据所决定的动态响应过程，而原来预置的“加速时间”和“减速时间”将不再起作用。

（3）变频器的输出频率（f_x）始终处于调整状态，因此显示的频率常不稳定。

2）目标值的给定

（1）键盘给定法。

由于目标信号是一个百分数，所以可由键盘直接给定。

（2）电位器给定法。

目标信号从变频器的频率给定端输入，一般以电压输入端作为目标信号输入，以电流输入端作为反馈信号的输入，由于变频器已经预置为 PID 运行方式，所以在调节目标值时，显示屏上显示的是百分数，如图 4.24 所示。

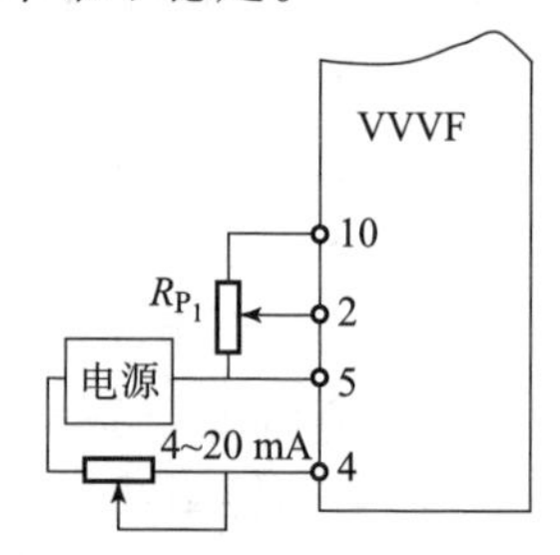

图 4.24 目标值与反馈值给定

（3）变量目标值给定法。

在生产过程中，有时要求目标值能够根据具体情况进行调整，变量目标值为分挡类型，如图 4.25 所示。

例如，某压力变送器 SP 的量程为 0～1 MPa，输出电流为 4～20 mA，若用户希望水压稳定在 0.6 MPa，则目标值就是 60%。此时的目标输入电压（0～5 V 给定时）为 3 V，稳定运行时对应的反馈电流为 13.6 mA。

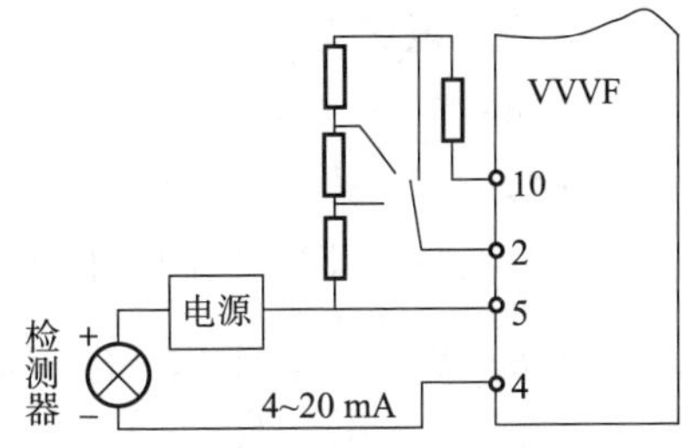

图 4.25　变量目标值给定

3）PID 参数设定

在系统运行之前，可以先用手动模拟的方式对 PID 功能进行初步调试。以负反馈为例：先将目标值预置到实际需要的数值（可以通过图 4.24 中 R_{P_1}调节）；将一个可调的电流信号接至变频器的反馈信号输入端，缓慢地调节反馈信号。正常情况是，当反馈信号低于目标信号时，变频器的输出频率将不断上升，直至最高频率；反之，当反馈信号高于目标信号时，变频器的输出频率将不断下降，直至频率为 0。上升或下降的快慢反映了积分时间的长短。

在许多要求不高的控制系统中，微分功能 D 可以不用。当系统运行时，被控量上升或下降后难以恢复，说明反应太慢，应加大比例增益 K_P，直至比较满意为止；在增大 K_P后，虽然反应快了，但容易在目标值附近波动，说明系统有振荡，应加大积分时间，直至基本不振荡。在某些对反应速度要求较高的系统中，可考虑增加微分环节 D。

FR－E500 变频器的 PID 参数设置及范围如下：

比例增益 K_P：（Pr. 129＝0.1%～1 000%，9 999 即无效），出厂设置为 100%；

积分时间 T_I：（Pr. 130＝0.1～3 600 s，9 999 即无效），出厂设置为 1 s；

微分时间 T_D：（Pr. 134＝0.01～10.00 s，9 999 即无效），出厂设置为 0.01 s。

（请参阅 4.4.4 项目实训）

任务 4.4　三菱变频器项目实训

4.4.1　变频器的面板操作模式

1. 实训目的

（1）掌握变频器面板操作模式的操作过程。

（2）熟悉变频启动、升速、降速、直流制动过程的特征。

（3）进一步熟悉变频器参数的设定方法。

（4）了解变频器基本参数的意义。

2. 实训设备及仪器

（1）万用表、螺丝刀、连接线。

（2）三菱 FR－E700 系列变频器。

（3）三相异步电动机。

（4）计时器。

3. 变频器键盘操作

1）熟悉操作键盘

键盘各键的功能如下：

RUN键——用于控制正转运行。

MODE键——用于选择操作模式或设定模式。

SET键——用于进行频率和参数的设定。

旋钮键——在设定模式中旋转此键可连续设定参数，用于连续增加或降低运行频率，按旋转键可改变频率。

STOP/RESET键——用于停止运行变频器以及当变频器保护功能动作使输出停止时复位变频器。

PU/EXT——用于运行模式的切换。

2）键盘控制过程

（1）接通电源，合上电源开关后，LED 显示屏将显示“0.00”。

（2）开始运行控制。

①按MODE键，切换到频率设定模式。

②使用旋转键，使给定频率升至所需数值。

③按SET键 1.5 s 以上，写入给定频率。

④按RUN键，变频器的输出频率即按预置的升速时间开始上升到给定频率。

⑤按STOP/RESET键，频率按预置的降速时间开始下降。

3）查看运行参数

在运行状态下，可以通过按SET键更改LED显示屏的显示内容，以便查看在运行过程中变频器的输出电流或电压。每次按SET键，显示内容依次是频率、电流、电压、报警、频率。FR-E700 系列变频器 LED 显示屏可以显示给定频率、运行电流和电压等参数。显示屏旁有单位指示及状态指示，具体如下：

Hz——显示频率；

A——显示运行电流；

RUN——显示变频器运行状态，正转时灯亮，反转时灯闪亮；

MON——监视模式状态显示；

PU——面板操作模式显示；

EXT——外部操作模式显示。

注意：组合模式 1、2 时 PU 和 EXT 同时灯亮。

4）停止

按STOP/RESET键，输出频率按预置的降速时间下降至 0。

4. 变频器面板给定操作

（1）按图 4.26 接线。

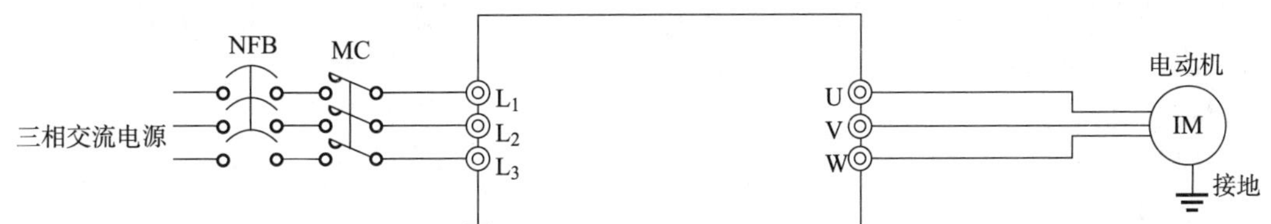

图 4.26 变频器的输入输出接线

(2) 将变频器的参数值和校准值全部初始化到出厂设定值。

(3) 进入 PU 模式设定运行频率，如图 4.27 所示。

图 4.27 PU 运行模式

(4) 观察变频器的运行情况。

在 PU 模式下，观察并记录变频器的正转、停止和反转运行时频率变化情况。

①正转启动过程现象。

②停止过程现象。

③反转过程现象。

5. 升降速时间对启动和停车过程的影响

升速时间（Pr. 7 =0 ~360 s），厂家出厂设定值为 5 s，是指从 0 加速到 50 Hz 的时间；降速时间（Pr. 8 =0 ~360 s），厂家出厂设定值也为 5 s，是指从 50 Hz 减速到 0 Hz 的时间，如图 4.28 所示。

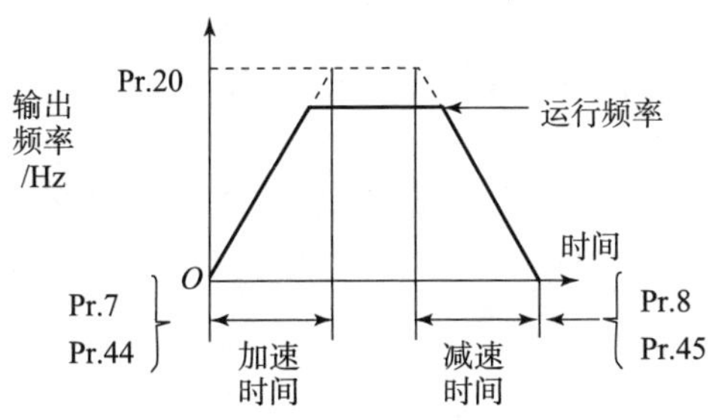

图 4.28 升、降速时间对启动和停车过程的影响

(1) 在 PU 模式下，观察设定频率为 50 Hz 时的运行情况，并记录启动与停止过程的时间。

记录启动时间：________________ s；

记录停止时间：________________ s。

(2) 将频率设定改为 100 Hz，再观察运行情况，并记录启动与停止的时间。

记录启动时间：________________ s；

记录停止时间：________________ s。

（3）将升速时间与降速时间分别改为 6 s 和 8 s，在设定频率为 100 Hz 的情况下，观察运行情况，并记录时间。

记录启动时间：________________ s；

记录停止时间：________________ s。

6. 启动频率设置

对于静摩擦力较大的负载，为了易于启动，启动时需要有一定的冲击力，为此，可根据需要预置启动频率 f_s（Pr. 13 = 0 ~ 360 Hz），使电动机在该频率下“直接启动”。

将 Pr. 13 参数设定为 20，观察启动频率为________________，在 Pr. 7 = 6 的情况下，上升到 100 Hz 所需的时间为____________。

7. 升、降速方式设置

为了防止运输设备在运输时负荷的倒塌，起到缓冲和防止振动的作用，需改变升降速方式，升、降速方式可通过参数 Pr. 29 设定，如图 4. 29 所示。

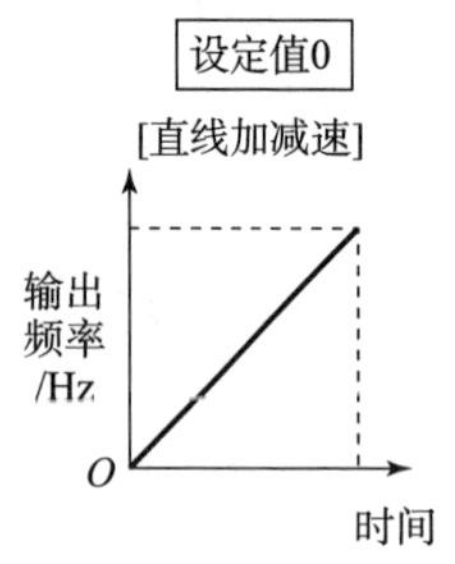

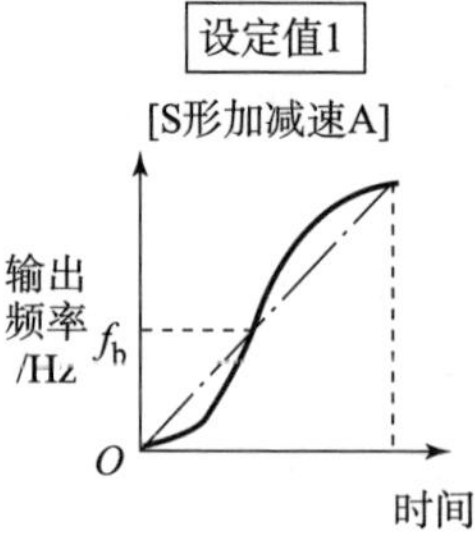

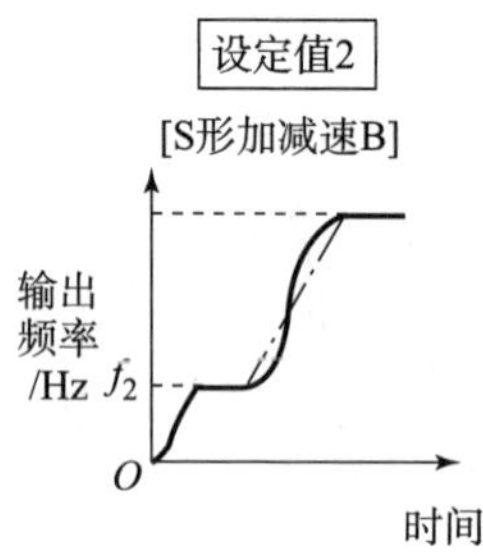

图 4. 29　变频器的升、降速方式

在设定频率为 100 Hz 的情况下，为了便于观察现象，将升、降速时间都改为 20 s，观察频率升、降规律：

将 Pr. 29 参数设定为 0，观察启动时的频率变化规律为________________。

将 Pr. 29 参数设定为 1，观察启动时的频率变化规律为________________。

将 Pr. 29 参数设定为 2，观察启动时的频率变化规律为________________。

8. 直流制动设置

设定以下参数：Pr. 10 = 10，Pr. 11 = 1，Pr. 12 = 10%，观察制动过程中电动机的转速变化规律。电动机在 100 Hz 运行过程中，按下“停止”键，制动过程现象为：____________
____。

9. 思考

（1）升、降速时间的长短对变频器运行有什么影响？

（2）在制动过程中加入直流制动的目的是什么？直流制动参数大小对设备的运行有什么影响？

（3）电动叉车为了防止运输货物的倒塌，移动控制应该采用哪种升、降速方式？变频器的参数应怎样设置？

4. 4. 2　变频器的外控操作模式

1. 实训目的

（1）掌握变频器外控操作模式的操作过程。

（2）掌握频率给定线的设置方法。

（3）掌握上、下限频率，回避频率的设定方法。

（4）了解变频器基本参数的意义。

2. 实训设备及仪器

（1）万用表、螺丝刀、连接线。

（2）三菱 FR－E700 系列变频器。

（3）三相异步电动机。

3. 实训步骤

（1）按图 4.30 接线，接通电动机与电源，并将变频器的参数值和校准值全部初始化到出厂设定值。

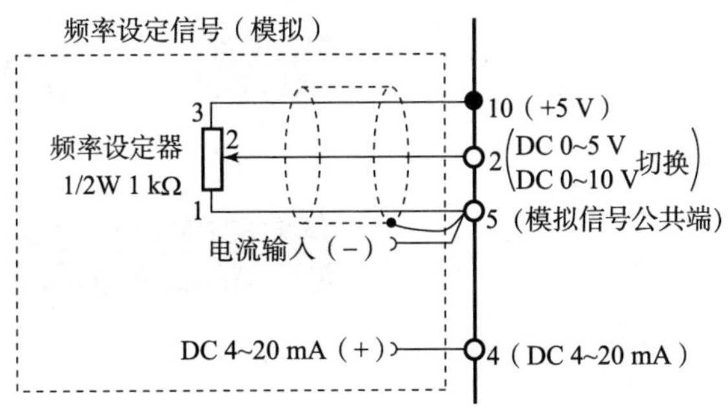

图 4.30　电压频率给定线测试

（2）在外控模式下，按厂家设定的方式运行，观察输入电压在 1～5 V 范围变化时与输出频率之间的对应关系，并将数据记录于表 4.1 中。

表 4.1　记录表

输入电压	1 V						5 V
输出频率							

绘出厂家设定的频率给定线：

（3）将 Pr. 73 改为“1”，10 号端子的输出电压为 10 V，重新观察输入电压与输出频率之间的对应关系，并将数据记录于表 4.2 中，绘出相应的频率给定线。

表 4.2　记录表

输入电压	1 V						10 V
输出频率							

（4）调整频率给定线，重新观察输入电压与输出频率之间的对应关系。

常用频率给定线调整方法：

①不调整增益电压（电流），仅调整输入为满量程时的频率（例 60 Hz），如图 4.31 所示。

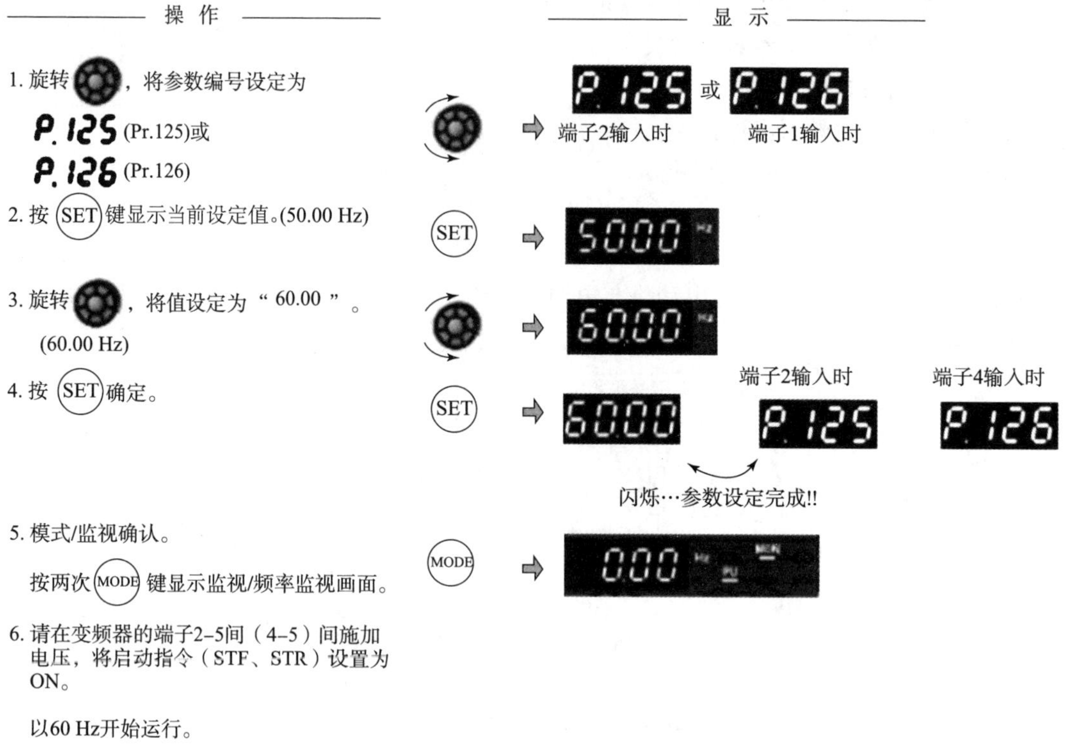

操 作	显 示
1. 旋转旋钮，将参数编号设定为 P.125 (Pr.125)或 P.126 (Pr.126)	P.125 或 P.126 端子2输入时　端子1输入时
2. 按 SET 键显示当前设定值。(50.00 Hz)	50.00 Hz
3. 旋转旋钮，将值设定为“60.00”。(60.00 Hz)	60.00 Hz
4. 按 SET 确定。	60.00　P.125（端子2输入时）　P.126（端子4输入时） 闪烁…参数设定完成!!
5. 模式/监视确认。 按两次 MODE 键显示监视/频率监视画面。	0.00 Hz MON PU
6. 请在变频器的端子2–5间（4–5）间施加电压，将启动指令（STF、STR）设置为ON。 以60 Hz开始运行。	

图 4.31　调整输入为满量程时的频率

②通过参数 Pr. 902、Pr. 903（电流输入时为 Pr. 904、Pr. 905）任意设定两点，如图 4. 32 所示。

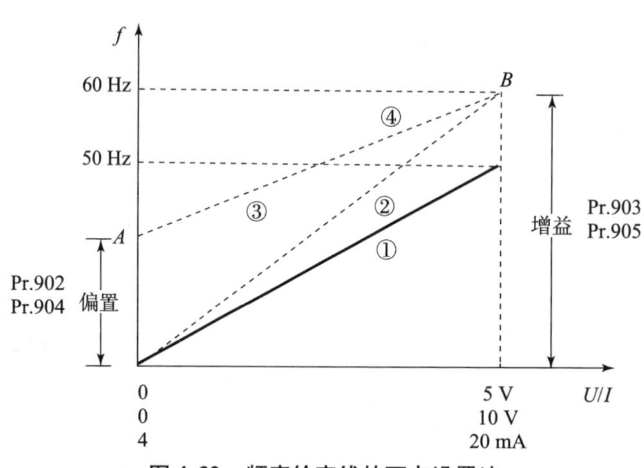

图 4.32　频率给定线的两点设置法

Pr. 902、Pr. 903、Pr. 904、Pr. 905 这四个参数是特别的，要同时输入频率和所对应的给定信号百分比，可用于任意两点的设置。

例如，图 4. 32 中④，要求 *A* 点——0 V 对应 30 Hz；*B* 点——5 V 对应 60 Hz。

设置方法：Pr. 902→SET→30→SET→0→SET→闪烁（30 Hz 时对应输入电压 0%）；

Pr. 903→SET→60→SET→100→SET→闪烁（60 Hz 时对应输入电压 100%）。

电流给定时为 Pr. 904、Pr. 905 输入，同样方法输入频率与所对应的输入百分比。

③通过参数 C 调整频率给定线，如表 4. 3 所示。

表 4. 3　通过参数 C 调整频率给定线

C2(902) *6	端子 2 频率设定偏置频率	0～400 Hz	0. 01 Hz	0 Hz
C3(902) *6	端子 2 频率设定偏置	0～300%	0. 1%	0%
125(903) *6	端子 2 频率设定增益频率	0～400 Hz	0. 01 Hz	50 Hz
C4(903) *6	端子 2 频率设定增益	0～300%	0. 1%	100%
C5(904) *6	端子 4 频率设定偏置频率	0～400 Hz	0. 01 Hz	0 Hz
C6(904) *6	端子 4 频率设定偏置	0～300%	0. 1%	20%
126(905) *6	端子 4 频率设定增益频率	0～400 Hz	0. 01 Hz	50 Hz
C7(905) *6	端子 4 频率设定增益	0～300%	0. 1%	100%

参数 C 的修改方法如图 4. 33 所示。

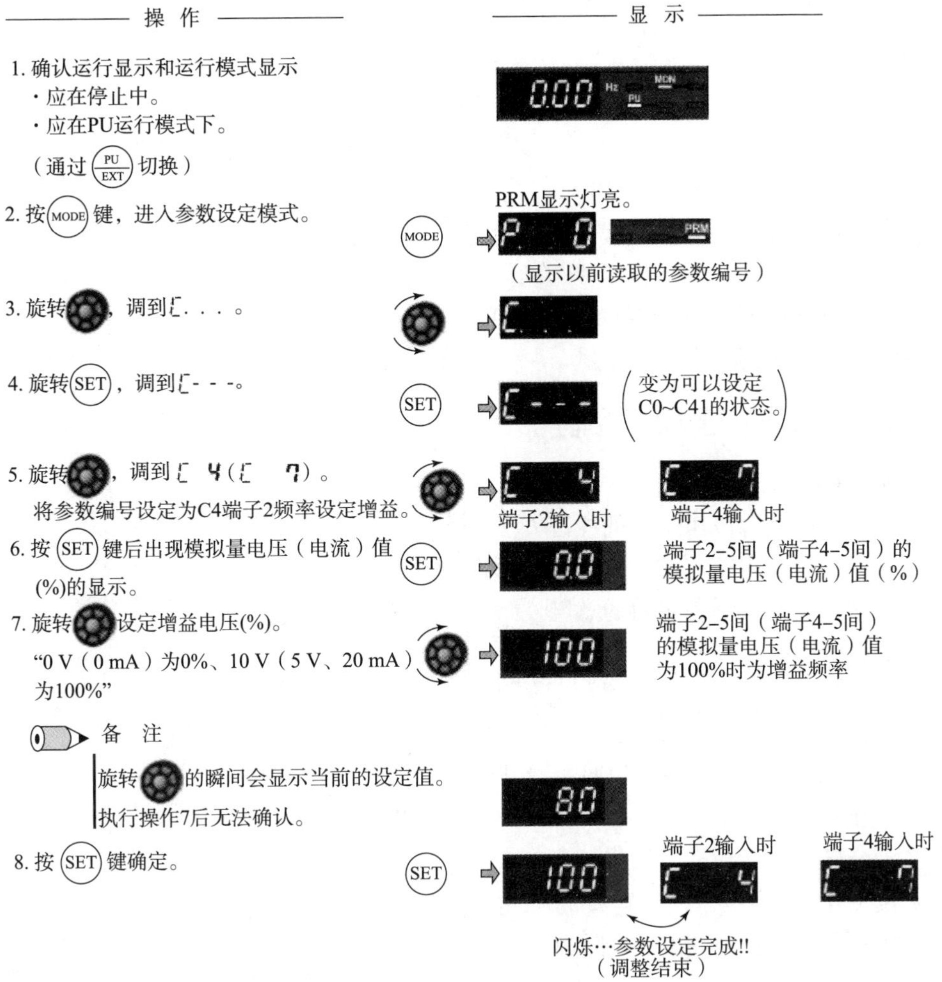

操　作
显　示
1. 确认运行显示和运行模式显示
· 应在停止中。
· 应在PU运行模式下。
（通过 PU/EXT 切换）
0.00 Hz MON PU
2. 按 MODE 键，进入参数设定模式。
PRM显示灯亮。
MODE
P. 0 PRM
（显示以前读取的参数编号）
3. 旋转 ，调到 C. . . 。
C. . .
4. 旋转 SET，调到 C- - -。
SET
C- - -
变为可以设定C0~C41的状态。
5. 旋转 ，调到 C 4（C 7）。
将参数编号设定为C4端子2频率设定增益。
C 4
端子2输入时
C 7
端子4输入时
6. 按 SET 键后出现模拟量电压（电流）值(%)的显示。
SET
0.0
端子2–5间（端子4–5间）的模拟量电压（电流）值（%）
7. 旋转 设定增益电压(%)。
“0 V（0 mA）为0%、10 V（5 V、20 mA）为100%”
100
端子2–5间（端子4–5间）的模拟量电压（电流）值为100%时为增益频率
备　注
旋转 的瞬间会显示当前的设定值。
执行操作7后无法确认。
80
8. 按 SET 键确定。
SET
100
端子2输入时
C 4
端子4输入时
C 7
闪烁…参数设定完成!!
（调整结束）

图 4. 33　参数 C 的修改方法

现要求：输入电压 $U=1\sim5$ V，对应输出频率 $f=10\sim100$ Hz。

按要求输入频率给定线，运行并将数据记录于表 4. 4。

表 4. 4　记录表

输入电压								
输出频率								

（5）在以上频率给定线的基础上，设置下限频率 $F_L=20$ Hz，上限频率 $F_H=50$ Hz。观察运行情况，并绘制频率给定线。

（6）设置回避频率。

设置回避频率 24 ~ 26 Hz，观察运行现象，并绘制频率给定线。

4. 思考题

（1）为了防止电梯在升降过程中出现过高转速，应采取什么措施？

（2）设置回避频率有什么作用？

（3）当传感器的输出电流在 6 ~ 18 mA 变化时，要求变频器的输出频率对应为 10 ~ 50 Hz，变频器的参数应怎样设置？

4. 4. 3　变频器的多段速控制

1. 实训目的

（1）掌握变频器多段速运行的控制方法。

（2）掌握变频器多段速控制的频率参数设定方法。

（3）理解多段速控制各参数的意义。

（4）了解变频器多段速控制的应用。

2. 实训设备及仪器

（1）万用表、螺丝刀、连接线。

（2）三菱 FR – E700 系列变频器。

（3）三相异步电动机。

3. 实训步骤

（1）按图 4. 34 接线，接通电动机与电源，并将变频器的参数值和校准值全部初始化到出厂设定值（PU 模式）。

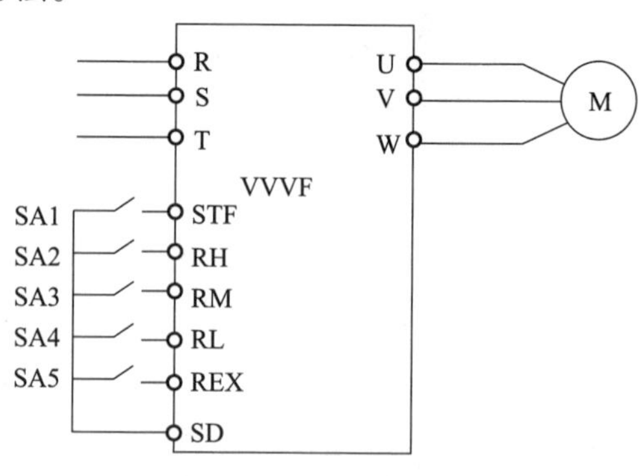

图 4. 34　多段速控制接线图

此时，输入端子功能选择参数（Pr. 180 ~ Pr. 183）应该分别为 Pr. 180 =0，Pr. 181 =1，Pr. 182 =2，Pr. 183 =6，控制端子 RL、RM、RH 成为 7 挡转速控制端子。

（2）预置与各挡转速对应的工作频率（进行频率给定），分别用参数 Pr. 4 ~ Pr. 6，Pr. 24 ~ Pr. 27，按表 4. 5 要求设置 1 ~7 挡转速频率。

（3）七段速运行控制。

在外控模式下接通 STF 或 STR，电动机开始运行，按表 4. 6 中次序对 RH、RM、RL 三个控制端进行逻辑切换，观察并记录输出频率。

表 4. 5 7 段速频率设定表

控制端子	RH	RM	RL	RM、RL	RH、RL	RH、RM	RH、RM、RL
参数号	Pr. 4	Pr. 5	Pr. 6	Pr. 24	Pr. 25	Pr. 26	Pr. 27
设定值/Hz	50	30	5	20	25	45	10

表 4. 6 7 段速控制运行频率表

闭合开关	RH	RM	RL	RM、RL	RH、RL	RH、RM	RH、RM、RL
运行频率/Hz							

（4）十五段速控制。

①预置十五段速控制功能。

将输入端子功能选择参数（Pr. 180 ~ Pr. 183）分别预置成 0、1、2、8（24），控制端 REX、RH、RM、RL 即成为 15 挡转速控制端子。

②按表 4. 7 和表 4. 8 预置与各挡转速对应的工作频率。

表 4. 7 1 ~7 段速度运行参数设定表

控制端子	RH	RM	RL	RM、RL	RH、RL	RH、RM	RH、RM、RL
参数号	Pr. 4	Pr. 5	Pr. 6	Pr. 24	Pr. 25	Pr. 26	Pr. 27
设定值/Hz	50	30	5	20	25	45	10

表 4. 8 8 ~15 段速度运行参数设定表

参数号	Pr. 232	Pr. 233	Pr. 234	Pr. 235	Pr. 236	Pr. 237	Pr. 238	Pr. 239
设定值/Hz	40	48	38	28	18	12	36	26

③在外控模式下接通 STF 或 STR，电动机开始运行，按表 4. 9 中次序对 REX、RH、RM、RL 四个控制端进行逻辑切换，观察并记录输出频率。

表 4. 9 记录表

闭合开关	RH	RM	RL	RM、RL	RH、RL	RH、RM	RH、RM、RL
REX 断开时 运行频率/Hz							
REX 闭合时 运行频率/Hz							

4. 思考题

（1）多段速控制与输入电压给定控制有什么不同?

（2）七段速与十五段速控制在参数设置方法上有什么不同?

（3）怎样用 PLC 来实现变频器的七段速控制，试画出 PLC 与变频器的连线图。

4.4.4　变频器的 PID 调节功能

1. 实训目的

（1）熟悉变频器 PID 调节功能的作用。

（2）掌握变频器 PID 调节功能的接线和参数设置方法。

（3）学会使用变频器的 PID 功能实现电动机的调速。

2. 实训设备及仪器

（1）万用表、螺丝刀、连接线。

（2）三菱 FR－E700 系列变频器。

（3）可调电流源。

（4）三相异步电动机、转速表。

3. 实训步骤

（1）按图 4.35 连接实训线路（反馈信号可由“可调电流源”替代）。

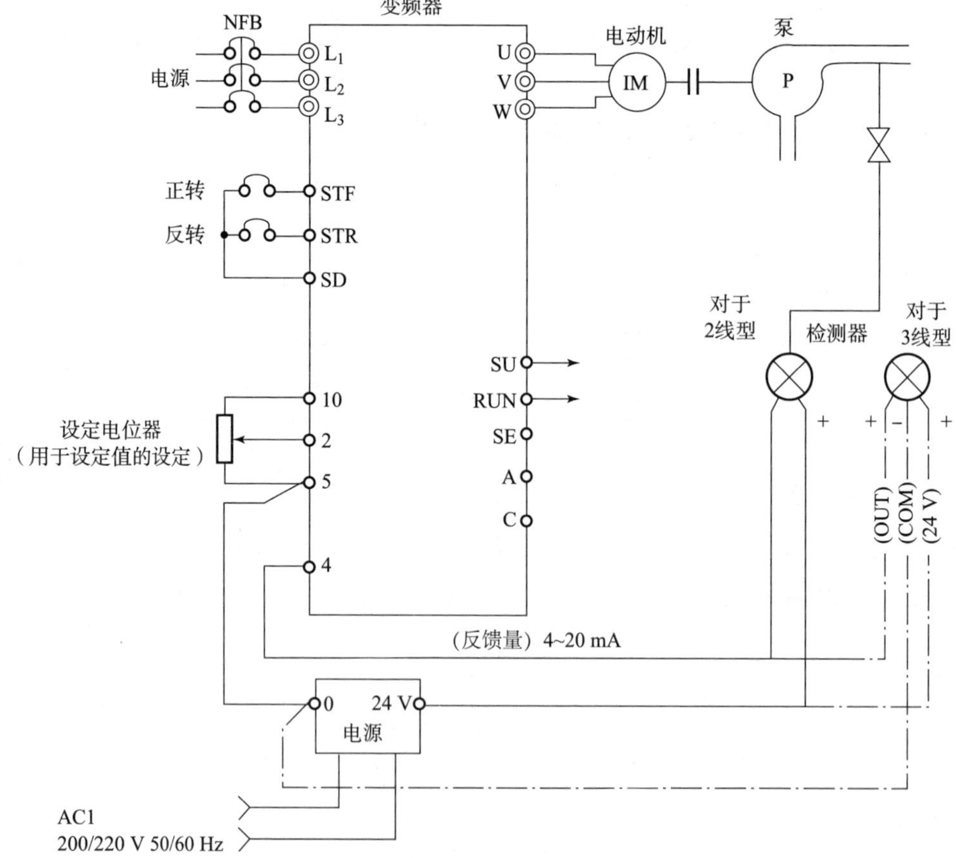

图 4.35　变频器 PID 调节接线图

（2）先将变频器参数恢复出厂设置，再将上、下限频率分别设置为 50 Hz、10 Hz。

（3）调节给定电位器使 $U_{2.5}(X_T)=2.5$ V（50%），调节反馈信号 X_F 使 $I_4=12$ mA（50%）。实训过程中保持 $U_{2.5}$ 不变，而 I_4 可在 12 mA 左右调节。

（4）将参数 Pr. 128 的值分别设置为“0”“1”“2”，I_4 在 12 mA 左右调节，记录变频器稳定频率 f 和达到稳定频率的时间 t 并填表 4. 10。

表 4. 10　记录表

Pr. 128	$I_4=12$ mA 时（稳定）	$I_4=$______ mA 时（大于 12 mA）	$I_4=$______ mA 时（小于 12 mA）
0	$f=$______	$f=$______	$f=$______
1	$f=$______	$f=$______；$t=$______	$f=$______；$t=$______
2	$f=$______	$f=$______；$t=$______	$f=$______；$t=$______

（5）将比例增益 K_P 设置为 1%；重复步骤（4），观察变频器频率变化情况。

（6）改变 Pr. 129、Pr. 130、Pr. 134 参数，观察变频器频率变化。

4. 4. 5　FR – E700 系列主要参数表

（1）有◎标记的参数表示的是简单模式参数。（初始值为扩展模式）

（2）对于有□标记的参数，即使 Pr. 77“参数写入选择”为“0”（初始值），也可以在运行过程中更改设定值。FR – E700 系列主要参数如表 4. 11 所示。

表 4. 11　FR – E700 系列主要参数

功能	参数	名　称	设定范围	最小设定单位	初始值
基本功能	◎ 0	转矩提升	0 ~ 30%	0. 1%	6/4/3% *1
	◎ 1	上限频率	0 ~ 120 Hz	0. 01 Hz	120 Hz
	◎ 2	下限频率	0 ~ 120 Hz	0. 01 Hz	0 Hz
	◎ 3	基准频率	0 ~ 400 Hz	0. 01 Hz	50 Hz
	◎ 4	多段速设定（高速）	0 ~ 400 Hz	0. 01 Hz	50 Hz
	◎ 5	多段速设定（中速）	0 ~ 400 Hz	0. 01 Hz	30 Hz
	◎ 6	多段速设定（低速）	0 ~ 400 Hz	0. 01 Hz	10 Hz
	◎ 7	加速时间	0 ~ 3 600/360 s	0. 1/0. 01 s	5/10 s *2
	◎ 8	减速时间	0 ~ 3 600/360 s	0. 1/0. 01 s	5/10 s *2
	◎ 9	电子过电流保护	0 ~ 500 A	0. 01 A	变频器测定电流
直流制动	10	直流制动动作频率	0 ~ 120 Hz	0. 01 Hz	3 Hz
	11	直流制动动作时间	0 ~ 10 s	0. 1 s	0. 5 s
	12	直流制动动作电压	0 ~ 30%	0. 1%	4% *3
—	13	启动频率	0 ~ 60 Hz	0. 01 Hz	0. 5 Hz
—	14	适用负载选择	0 ~ 3	1	0

续表

功能	参数	名　　称	设定范围	最小设定单位	初始值
JOG运行	15	点动频率	0～400 Hz	0.01 Hz	5 Hz
	16	点动加减速时间	0～3 600/360 s	0.1/0.01 s	0.5 s
—	17	MRS 输入选择	0、2、4	1	0
—	18	高速上限频率	120～400 Hz	0.01 Hz	120 Hz
—	19	基准频率电压	0～1 000 V、8 888、9 999	0.1 V	9 999
加减速时间	20	加减速基准频率	1～400 Hz	0.01 Hz	50 Hz
	21	加减速时间单位	0、1	1	0
失效防止	22	失速防止动作水平补偿系数	0～200%	0.1%	150%
	23	倍速时失速防止动作水平补偿系数	0～200%、9 999	0.1%	9 999
多段速度设定	24	多段速设定（4 速）	0～400 Hz、9 999	0.01 Hz	9 999
	25	多段速设定（5 速）	0～400 Hz、9 999	0.01 Hz	9 999
	26	多段速设定（6 速）	0～400 Hz、9 999	0.01 Hz	9 999
	27	多段速设定（7 速）	0～400 Hz、9 999	0.01 Hz	9 999
—	29	加减速曲线选择	0、1、2	1	0
—	30	再生制动功能选择	0、1、2	1	0
频率跳变	31	频率跳变 1A	0～400 Hz、9 999	0.01 Hz	9 999
	32	频率跳变 1B	0～400 Hz、9 999	0.01 Hz	9 999
	33	频率跳变 2A	0～400 Hz、9 999	0.01 Hz	9 999
	34	频率跳变 2B	0～400 Hz、9 999	0.01 Hz	9 999
	35	频率跳变 3A	0～400 Hz、9 999	0.01Hz	9 999
	36	频率跳变 3B	0～400 Hz、9 999	0.01 Hz	9 999
—	37	转速显示	0、0.01～9 998	0.001	0
—	40	RUN 键旋转方向选择	0、1	1	0
频率检测	41	频率到达动作范围	0～100%	0.1%	10%
	42	输出频率检测	0～400 Hz	0.01 Hz	6 Hz
	43	反转时输出频率检测	0～400 Hz、9 999	0.01 Hz	9 999
第 2 功能	44	第 2 加减速时间	0～3 600/360 s	0.1/0.01 s	5/10 s *2
	45	第 2 减速时间	0～3 600/360 s、9 999	0.1/0.01 s	9 999
	46	第 2 转矩提升	0～30%、9 999	0.1%	9 999
	47	第 2V/F（基准频率）	0～400 Hz、9 999	0.01 Hz	9 999

续表

功能	参数	名　称	设定范围	最小设定单位	初始值
第 2 功能	48	第 2 失速防止动作水平	0 ~ 200%、9 999	0.1%	9 999
	51	第 2 电子过电流保护	0 ~ 500 A、9 999	0.01 A	9 999
监视器功能	52	DU/PU 主显示数据选择	0、5、7 ~ 12、14、20、23 ~ 25、52 ~ 57、61、62、100	1	0
	55	频率监视基准	0 ~ 400 Hz	0.01 Hz	50 Hz
	56	电流监视基准	0 ~ 500 A	0.01 A	变频器额定电流
再启动	57	再启动自由运行时间	0、0.1 ~ 5 s、9 999	0.1 s	9 999
	58	再启动上升时间	0 ~ 60 s	0.1 s	1 s
—	59	遥控功能选择	0、1、2、3	1	0
—	60	节能控制选择	0、9	1	0
自动加减速	61	基准电流	0 ~ 500 A、9 999	0.01 A	9 999
	62	加速时基准值	0 ~ 200%、9 999	1%	9 999
	63	减速时基准值	0 ~ 200%、9 999	1%	9 999
—	65	再试选择	0 ~ 5	1	0
—	66	失速防止动作水平降低开始频率	0 ~ 400 Hz	0.01 Hz	50 Hz
再试	67	报警发生时再试次数	0 ~ 10、101 ~ 110	1	0
	68	再试等待时间	0.1 ~ 360 s	0.1 s	1s
	69	再试次数显示和消除	0	1	0
—	70	特殊再生制动使用率	0 ~ 30%	0.1%	0%
—	71	适用电动机	0、1、3 ~ 6、13 ~ 16、23、24、40、43、44、50、53、54	1	0
—	72	PWM 频率选择	0 ~ 15	1	1
—	73	模拟量输入选择	0、1、10、11	1	1
—	74	输入滤波时间常数	0 ~ 8	1	1
—	75	复位选择/PU 脱离检测/PU 停止选择	0 ~ 3、14 ~ 17	1	14
—	77	参数写入选择	0、1、2	1	0
—	78	反转防止选择	0、1、2	1	0
—	◎ 79	运行模式选择	0、1、2、3、4、6、7	1	0

续表

功能	参数	名　称	设定范围	最小设定单位	初始值
电机常数	80	电机容量	0.1～15 kW、9 999	0.01 kW	9 999
	81	电机极数	2、4、6、8、10、9 999	1	9 999
	82	电机励磁电流	0～500 A（0～****）、9 999 *5	0.01 A（1） *5	9 999
	83	电机额定电压	0～1 000 V	0.1 V	400 V
	84	电机额定频率	10～120 Hz	0.01 Hz	50 Hz
	89	速度控制增益（磁通矢量）	0～200%、9 999	0.1%	9 999
	90	电机常数（R_1）	0～50 Ω（0～****）、9 999 *5	0.001 Ω（1） *5	9 999
	91	电机常数（R_2）	0～50 Ω（0～****）、9 999 *5	0.001 Ω（1） *5	9 999
	92	电机常数（L_1）	0～1 000 mH（0～50 Ω、0～****）、9 999 *5	0.1 mH（0.001 Ω、1） *5	9 999
	93	电机常数（L_2）	0～1 000 mH（0～50 Ω、0～****）、9 999 *5	0.1 mH（0.001 Ω、1） *5	9 999
	94	电机常数（X）	0～100%（0～500 Ω、0～****）、9 999 *5	0.1%（0.01 Ω、1） *5	9 999
	96	自动调谐设定/状态	0、1、11、21	1	0
PU接口通信	117	PU 通信站号	0～31（0～247）	1	0
	118	PU 通信速率	48、96、192、384	1	192
	119	PU 通信停止位长	0、1、10、11	1	1
	120	PU 通信奇偶校验	0、1、2	1	2
	121	PU 通信再试次数	0～10、9 999	1	1
	122	PU 通信校验时间间隔	0、0.1～999.8 s、9 999	0.1 s	0
	123	PU 通信等待时间设定	0～150 ms、9 999	1	9 999
	124	PU 通信有无 CR/LF 选择	0、1、2	1	1
—	◎125	端子 2 频率设定增益频率	0～400 Hz	0.01 Hz	50 Hz
—	◎126	端子 4 频率设定增益频率	0～400 Hz	0.01 Hz	50 Hz
PID运行	127	PID 控制自动切换频率	0～400 Hz、9 999	0.01 Hz	9 999
	128	PID 动作选择	0、20、21、40～43、50、51、60、61	1	0
	129	PID 比例带	0.1～1 000%、9 999	0.1%	100%

续表

功能	参数	名　称	设定范围	最小设定单位	初始值
PID运行	130	PID 积分时间	0.1～3 600 s、9 999	0.1 s	1 s
	131	PID 上限	0～100%、9 999	0.1%	9 999
	132	PID 下限	0～100%、9 999	0.1%	9 999
	133	PID 动作目标值	0～100%、9 999	0.01%	9 999
	134	PID 微分时间	0.01～10.00 s、9 999	0.01 s	9 999
PU	145	PU 显示语言切换	0～7	1	1
—	146	生产厂家设定用参数，请不要设定			
—	147	加减速时间切换频率	0～－400 Hz、9 999	0.01 Hz	9 999
电流检测	150	输出电流检测水平	0～200%	0.1%	150%
	151	输出电流检测信号延迟时间	0～10 s	0.1 s	0
	152	零电流检测水平	0～200%	0.1%	5%
	153	零电流检测时间	0～1 s	0.01 s	0.5 s
—	156	失速防止动作选择	0～31、100、101	1	0
—	157	OL 信号输出延时	0～25 s、9 999	0.1 s	0
—	158	AM 端子功能选择	1～3、5、7～12、14、21、24、52、53、61、62	1	1
—	◎160	用户参数组读取选择	0、1、9 999	1	0
—	161	频率设定/键盘锁定操作选择	0、1、10、11	1	0
再启动	162	瞬时停电再启动动作选择	0、1、10、11	1	0
	165	再启动失速防止动作水平	0～200%	0.1%	150%
—	168	生产厂家设定用参数，请不要设定			
—	169				
累计监视值清零	170	累计电度表清零	0、10、9 999	1	9 999
	171	实际运行时间清零	0、9 999	1	9 999
用户参数组	172	用户参数组注册数显示/一次性删除	9 999、(0～16)	1	0
	173	用户参数注册	0～999、9 999	1	9 999
	174	用户参数删除	0～999、9 999	1	9 999

续表

功能	参数	名　　称	设定范围	最小设定单位	初始值
输入端子功能分配	178	STF 端子功能选择	0~5、7、8、10、12、14~16、18、24、25、60、62、65~67、9 999	1	60
	179	STR 端子功能选择	0~5、7、8、10、12、14~16、18、24、25、61、62、65~67、9 999	1	61
	180	RL 端子功能选择	0~5、7、8、10、12、14~16、18、24、25、62、65~67、9 999	1	0
	181	RM 端子功能选择		1	1
	182	RH 端子功能选择		1	2
	183	MRS 端子功能选择		1	24
	184	RES 端子功能选择		1	62
输出端子功能分配	190	RUN 端子功能选择	0、1、3、4、7、8、11~16、20、25、26、46、47、64、90、91、93、95、96、98、99、100、101、103、104、107、108、111~116、120、125、126、146、147、164、190、191、193、195、196、198、199、9 999	1	0
	191	FU 端子功能选择		1	4
	192	ABC 端子功能选择	0、1、3、4、7、8、11~16、20、25、26、46、47、64、90、91、95、96、98、99、100、101、103、104、107、108、111~116、120、125、126、146、147、164、190、191、195、196、198、199、9 999	1	99
多段速度设定	232	多段速设定（8 速）	0~400 Hz、9 999	0.01 Hz	9 999
	233	多段速设定（9 速）	0~ –400 Hz、9 999	0.01 Hz	9 999
	234	多段速设定（10 速）	0~400 Hz、9 999	0.01 Hz	9 999
	235	多段速设定（11 速）	0~400 Hz、9 999	0.01 Hz	9 999
	236	多段速设定（12 速）	0~400 Hz、9 999	0.01 Hz	9 999
	237	多段速设定（13 速）	0~400 Hz、9 999	0.01 Hz	9 999
	238	多段速设定（14 速）	0~400 Hz、9 999	0.01 Hz	9 999
	239	多段速设定（15 速）	0~400 Hz、9 999	0.01 Hz	9 999
—	240	Soft – PWM 动作选择	0、1	1	1
—	241	模拟输入显示单位切换	0、1	1	0
—	244	冷却风扇的动作选择	0、1	1	1

续表

功能	参数	名　　称	设定范围	最小设定单位	初始值
转差补偿	245	额定转差	0～50%、9 999	0.01%	9 999
	246	转差补偿时间常数	0.01～10 s	0.01 s	0.5 s
	247	恒功率区域转差补偿选择	0、9 999	1	9 999
—	249	启动时接地检测的有无	0、1	1	1
—	250	停止选择	0～100 s、1 000～1 100 s、8 888、9 999	0.1 s	9 999
—	251	输出缺相保护选择	0、1	1	1
寿命诊断	255	寿命报警状态显示	(0～15)	1	0
	256	浪涌电流抑制电路寿命显示	(0～100%)	1%	100%
	257	控制电路电容器寿命显示	(0～100%)	1%	100%
	258	主电路电容器寿命显示	(0～100%)	1%	100%
	259	测定主电路电容器寿命	0、1 (2、3、8、9)	1	0
掉电停止	261	掉电停止方式选择	0、1、2	1	0
—	267	端子4输入选择	0、1、2	1	0
—	268	监视器小数位数选择	0、1、9 999	1	9 999
—	269	厂家设定用参数，请勿自行设定			
—	270	挡块定位控制选择	0、1	1	0
挡块定位控制	275	挡块定位励磁电流低速倍速	0～300%、9 999	0.1%	9 999
	276	挡块定位时 PWM 载波频率	0～9、9 999	1	9 999
—	277	失速防止电流切换	0、1	1	0
制动顺控功能	278	制动开启频率	0～30 Hz	0.01 Hz	3 Hz
	279	制动开启电流	0～200%	0.1%	130%
	280	制动开启电流检测时间	0～2 s	0.1 s	0.3 s
	281	制动操作开始时间	0～5 s	0.1 s	0.3 s
	282	制动操作频率	0～30 Hz	0.01 Hz	6 Hz
	283	制动操作停止时间	0～5 s	0.1 s	0.3 s
固定偏差控制	286	增益偏差	0～100%	0.1%	0%
	287	滤波器偏差时定值	0～1 s	0.01 s	0.3 s
—	292	自动加减速	0、1、7、8、11	1	0
—	293	加速减速个别动作选择模式	0～2	1	0
—	295	频率变化量设定	0、0.01、0.10、1.00、10.00	0.01	0

续表

<table>
<tr><th>功能</th><th>参数</th><th>名　　称</th><th>设定范围</th><th>最小设定单位</th><th>初始值</th></tr>
<tr><td>—</td><td>298</td><td>频率搜索增益</td><td>0～32 767、9 999</td><td>1</td><td>9 999</td></tr>
<tr><td>—</td><td>299</td><td>再启动时的旋转方向检测选择</td><td>0、1、9 999</td><td>1</td><td>0</td></tr>
<tr><td rowspan="6">数字输入</td><td>300</td><td>BCD 输入偏置</td><td>0～400 Hz</td><td>0.01 Hz</td><td>0</td></tr>
<tr><td>301</td><td>BCD 输入增益</td><td>0～400 Hz、9 999</td><td>0.01 Hz</td><td>50</td></tr>
<tr><td>302</td><td>BIN 输入偏置</td><td>0～400 Hz</td><td>0.01 Hz</td><td>0</td></tr>
<tr><td>303</td><td>BIN 输入增益</td><td>0～400 Hz、9 999</td><td>0.01 Hz</td><td>50</td></tr>
<tr><td>304</td><td>数字输入及模拟量输入补偿选择</td><td>0、1、10、11、9 999</td><td>1</td><td>9 999</td></tr>
<tr><td>305</td><td>读取时钟动作选择</td><td>0、1、10</td><td>1</td><td>0</td></tr>
<tr><td rowspan="7">模拟量输出</td><td>306</td><td>模拟量输出信号选择</td><td>1～3、5、7～12、14、21、24、52、53</td><td>1</td><td>2</td></tr>
<tr><td>307</td><td>模拟量输出零时设定</td><td>0～100%</td><td>0.1%</td><td>0</td></tr>
<tr><td>308</td><td>模拟量输出最大时设定</td><td>0～100%</td><td>0.1%</td><td>100</td></tr>
<tr><td>309</td><td>模拟量输出信号电压/电流切换</td><td>0、1、10、11</td><td>1</td><td>0</td></tr>
<tr><td>310</td><td>模拟量仪表电压输出选择</td><td>1～3、5、7～12、14、21、24、52、53</td><td>1</td><td>2</td></tr>
<tr><td>311</td><td>模拟量仪表电压输出零时设定</td><td>0～100%</td><td>0.1%</td><td>0</td></tr>
<tr><td>312</td><td>模拟量仪表电压输出最大时设定</td><td>0～100%</td><td>0.1%</td><td>100</td></tr>
<tr><td rowspan="7">数字输出</td><td>313</td><td>D00 输出选择</td><td rowspan="7">0、1、3、4、7、8、11～16、20、25、26、46、47、64、90、91、93、95、96、98、99、100、101、103、104、107、108、11～116、120、125、126、146、147、164、190、191、193、195、196、198、199、9 999</td><td>1</td><td>9 999</td></tr>
<tr><td>314</td><td>D01 输出选择</td><td>1</td><td>9 999</td></tr>
<tr><td>315</td><td>D02 输出选择</td><td>1</td><td>9 999</td></tr>
<tr><td>316</td><td>D03 输出选择</td><td>1</td><td>9 999</td></tr>
<tr><td>317</td><td>D04 输出选择</td><td>1</td><td>9 999</td></tr>
<tr><td>318</td><td>D05 输出选择</td><td>1</td><td>9 999</td></tr>
<tr><td>319</td><td>D06 输出选择</td><td>1</td><td>9 999</td></tr>
<tr><td rowspan="3">继电器输出</td><td>320</td><td>RA1 输出选择</td><td rowspan="3">0、1、3、4、7、8、11～16、20、25、26、46、47、64、90、91、95、96、98、99、9 999</td><td>1</td><td>0</td></tr>
<tr><td>321</td><td>RA2 输出选择</td><td>1</td><td>1</td></tr>
<tr><td>322</td><td>RA3 输出选择</td><td>1</td><td>4</td></tr>
</table>

续表

功能	参数	名　　称	设定范围	最小设定单位	初始值
模拟量输出	323	AM0 0 V 调整	900% ~1 100%	1%	1 000
	324	AM1 0 mA 调整	900% ~1 100%	1%	1 000
—	329	数字输入单位选择	0、1、2、3	1	1
RS－485 通信	338	通信运行指令权	0、1	1	0
	339	通信速率指令权	0、1、2	1	0
	340	通信启动模式选择	0、1、10	1	0
	342	通信 EEPROM 写入选择	0、1	1	0
	343	通信错误计数	—	1	0
Device-Net	345	DeviceNet 地址	0 ~4 095	1	63
	346	DeviceNet 波特率	0 ~4 095	1	132
—	349	通信复位指令	0、1	1	0
LONW-ORKS 通信	387	初始通信延迟时间	0 ~120 s	0. 1 s	0
	388	节拍时发送间隔	0 ~999. 8 s	0. 1 s	0
	389	节拍时最小发送时间	0 ~999. 8 s	0. 1 s	0. 5 s
	390	% 设定基准频率	1 ~400 s	0. 01 Hz	50 Hz
	391	节拍时接收间隔	0 ~999. 8 s	0. 1 s	0
	392	事件驱动检测范围	0. 00 ~163. 83%	0. 01%	0%
第 2 电机常数	450	第 2 适用电机	0、1、9 999	1	9 999
远程输出	495	远程输出选择	0、1、10、11	1	0
	496	远程输出内容 1	0 ~409 5	1	0
	497	远程输出内容 2	0 ~409 5	1	0
通信错误	500	通信异常执行等待时间	0 ~999. 8 s	0. 1 s	0
	501	通信异常发生次数显示	0	1	0
—	502	通信异常时停止模式选择	0、1、2、3	1	0
维护	503	维护定时器	0（1 ~9 998）	1	0
	504	维护定时器报警输出设定时间	0 ~9 998、9 999	1	9 999
CC－Link	541	频率指令符合选择（CC－Link）	0、1	1	0
	542	通信站号（CC－Link）	1 ~64	1	1

续表

功能	参数	名　称	设定范围	最小设定单位	初始值
CC－Link	543	波特率选择（CC－Link）	0～4	1	0
	544	CC－Link 扩展设定	0、1、12、14、18	1	0
USB	547	USB 通信站号	0～31	1	0
	548	USB 通信检查时间间隔	0～999.8 s、9 999	0.1 s	9 999
通信	549	协议选择	0、1	1	0
	550	网络模式操作权选择	0、2、9 999	1	9 999
	551	PU 模式操作权选择	2～4、9 999	1	9 999
电流平均值监视器	555	电流平均时间	0.1～1.0 s	0.1 s	1 s
	556	数据输出屏蔽时间	0.0～20.0 s	0.1 s	0
	557	电流平均值监视信号基准输出电流	0～500 A	0.01 A	变频器额定电流
—	563	累计通电时间次数	（0－65 535）	1	0
—	564	累计运转时间次数	（0～65 535）	1	0
—	571	启动时维持时间	0.0～10.0 s、9 999	0.1 s	9 999
—	611	再启动时加速时间	0～3 600 s、9 999	0.1 s	9 999
—	645	AM OV 调整	970～1 200	1	1 000
—	653	速度滤波控制	0～200%	0.1%	0
—	665	再生回避频率增益	0～200%	0.1%	100
—	800	控制方法选择	20、30	1	20
—	859	转矩电流	0～500 A（0～****）、9 999 *7	0.01 A（1） *7	9 999
保护功能	872	输入缺相保护选择	0、1	1	1
再生回避功能	882	再生回避动作选择	0、1、2	1	0
	883	再生回避动作水平	300～800 V	0.1 V	DC 780 V
	885	再生回避补偿频率限制值	0～10 Hz、9 999	0.01 Hz	6 Hz
	886	再生回避电压增益	0～200%	0.1%	100%
自由参数	888	自由参数 1	0－9 999	1	9 999
	889	自由参数 2	0～9 999	1	9 999

续表

功能	参数	名　称	设定范围	最小设定单位	初始值
校正参数	C1 (90)*6	AM 端子校正	—	—	—
	C2 (902)*6	端子 2 频率设定偏置频率	0～400 Hz	0.01 Hz	0 Hz
	C3 (902)*6	端子 2 频率设定偏置	0～300%	0.1%	0%
	125 (903)*6	端子 2 频率设定增益频率	0～ 400 Hz	0.01 Hz	50 Hz
	C4 (903)*6	端子 2 频率设定增益	0～300%	0.1%	100%
	C5 (904)*6	端子 4 频率设定偏置频率	0～400 Hz	0.01 Hz	0 Hz
	C6 (904)*6	端子 4 频率设定偏置	0～300%	0.1%	20%
	126 (905)*6	端子 4 频率设定增益频率	0～400 Hz	0.01 Hz	50 Hz
	C7 (905)*6	端子 4 频率设定增益	0～300%	0.1%	100%
	C22～C25 (922、923)	生产厂家设定用参数，请不要设定			
PU	990	PU 蜂鸣器音控制	0、1	1	1
	991	PU 对比度调整	0～63	1	58
清除参数初始值变更清单	Pr. CL	清除参数	0、1	1	0
	ALLC	参数全部清除	0、1	1	0
	Pr. CL	清除报警历史	0、1	1	0
	Pr. CH	初始值变更清单	—	—	—

*1　容量不同也各不相同。6%：0.75 kV・A 以下；4%：1.5～3.7 kV・A；3%：5.5 kV・A、7.5 kV・A。

*2　容量不同也各不相同。5 s：3.7 kV・A 以下；10 s：5.5 kV・A、7.5 kV・A。

*3　容量不同也各不相同。4%：0.4～7.5 kV・A。

*4　从 PU 接口进行的通信（网络运行模式）无法写入。

*5　根据 Pr. 71 的设定值不同而不同。

*6　（　）内为使用 FR－E500 系列用操作面板（FR－PA02－02）或参数单元（FR－PU04－CH/FR－PU07）时的参数编号。

【练习与思考】

1. 变频器的升、降速时间长短对运行有什么影响?

2. 最高预置频率、增益频率和上限频率三者在概念上有什么不同?

3. 某变频器的加速时间预置为20 s，按线性方式启动，试计算从30 ~ 45 Hz 所需要的时间。

4. 电流给定信号的范围通常采用4 ~ 20 mA，为什么?

5. 某传感器的实际输出电压为1 ~ 4.8 V，在外控模式下正常运行时，要求变频器的输出频率对应为20 ~ 50 Hz，请设置变频器主要参数并画出频率给定线。

6. 某压力变送器SP的量程为0 ~ 1 MPa，输出电流为4 ~ 20 mA，若用户希望水压稳定在0.6 MPa，即目标值是60%。计算此时的目标输入电压（0 ~ 5 V给定时）为多少?稳定运行时对应的反馈电流为多少?

7. 变频调速系统在制动过程中加入直流制动的目的是什么?直流制动的参数有哪些?

8. 频率给定线的修正有哪几种方法?

9. 实际使用时，变频器为什么要设置上、下限频率?回避频率设置又有何意义?

10. 闭环控制要求达到的目的是什么?

11. 什么是负反馈?什么是正反馈?

12. 变频器的PID功能有效时，有哪些功能将发生变化?

13. 某传输机采用变频器减速时把传动比减小了一些，结果满负荷时电动机过载，发热严重，问题出在哪里（最高工作频率为40 Hz）?怎样解决?

14. P、I、D参数的大小对频率的调节过程有什么影响?

15. 若调速系统出现振荡现象，应怎样修改参数?

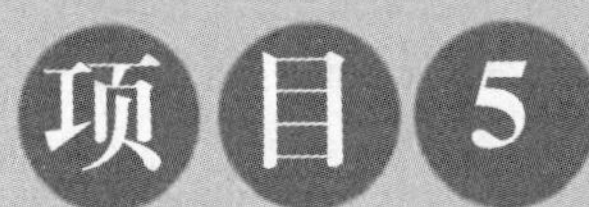

项目 5　变频器及外围设备的选择

【教学目标】

知识目标：

1. 熟悉常用生产机械的负载类型。
2. 掌握变频器类型及容量的选择方法。
3. 熟悉变频器电路的抗干扰措施。
4. 熟悉变频器所需的外围设备及用途。

技能目标：

1. 能根据生产机械的性质要求合理选择变频器类型。
2. 能根据生产机械的拖动要求正确地选择变频器的容量。
3. 能根据生产现场抗干扰要求合理地选择变频器的外围设备。

任务 5.1　变频器的选择方法

5.1.1　变频器类型的选择

选择合适的变频器，首先要根据负载特性来选择变频器的控制方式（类型），再根据负载功率要求和运行环境合理选择变频器的容量，同时考虑生产机械的调速范围、控制精度、通信接口、启动要求、经济成本等各种因素，合理选择变频器的品牌。在同样满足技术指标的前提下，考虑投入成本和维护保养，国产品牌是明智选择。

1. 生产机械的负载特性

变频器的正确选择对于控制系统的正常运行是非常关键的，选择变频器时必须要充分了解变频器所驱动的负载特性。人们在实践中将生产机械分为三种类型：恒转矩负载、恒功率负载和通风性负载。

1）恒转矩负载

负载转矩 T_L与转速 n 无关，任何转速下 T_L总保持恒定或基本恒定。例如传送带、搅拌机和挤压机等摩擦类负载，其负载转矩与转速的大小基本无关，但转矩随转速的方向不同而改变，称之为“反抗性恒转矩负载”；吊车、提升机等位能负载，无论运行在何种状态，转矩的大小与方向都是不变的，称之为“位能性恒转矩负载”。变频器拖动恒转矩性质的负载时，低速下的转矩要足够大，并且有足够的过载能力。如果需要在低速下稳速运行，应该考虑标准异步电动机的散热能力，避免电动机的温升过高。

2）恒功率负载

机床主轴和轧机、造纸机、塑料薄膜生产线中的卷取机和开卷机等要求的转矩，大体与转速成反比，这就是恒功率负载。负载的恒功率性质是对于一定的速度变化范围而言的。当速度很低时，受机械强度的限制，T_L不可能无限增大，在低速下将转变为恒转矩性。

负载的恒功率区和恒转矩区对传动方案的选择有很大的影响，电动机在恒磁通调速时，最大允许输出转矩不变，属于恒转矩调速；而在弱磁调速时，最大允许输出转矩与速度成反比，属于恒功率调速。电动机的恒转矩和恒功率调速范围与负载的恒转矩和恒功率范围相一致时，即所谓“匹配”的情况下，电动机的容量和变频器的容量均最小。

3）通风性负载

在各种风机、水泵、油泵中，随叶轮的转动，空气或液体在一定的速度范围内所产生的阻力大致与 n^2 成正比。随着转速的减小，转矩按转速的 2 次方减小，这种负载所需的功率与 n^3 成正比。当所需风量和流量减小时，利用变频器通过调速的方式来调节风量和流量，可以大幅地节约电能。由于高速时所需功率随转速增长过快，与 n^3 成正比，所以通常不应使风机和泵类负载超工频运行。

2. 变频器类型的选择

由于生产机械的性质不同，对于拖动电机运行的变频器要求也不一样，变频器类型的选择，要根据负载的要求来进行。

（1）风机、泵类负载，$T_L \propto n^2$。低速下负载转矩较小，通常可以选择普通功能型，即普通 V/f 控制型变频器。

（2）恒转矩类负载，例如挤压机、搅拌机、传送带、电动叉车、立体车库的平移机构、起重机的提升机构和提升机等，有两种情况：

①采用普通功能型变频器实现恒转矩调速，这种方案常采用加大电动机和变频器容量的办法，以提高低速转矩。

②采用具有转矩控制功能的高功能型变频器实现恒转矩负载的恒速运行，这种方案是比较理想的。因为这种变频器低速转矩大，静态机械特性硬度大，不怕冲击负载，具有挖土机特性。从目前看，这种变频器的性价比是很高的。

恒转矩负载下的传动电动机，如果采用通用标准电动机，则应考虑低速下的强迫通风冷却。新设备投产，可以考虑专为变频调速设计的加强了绝缘等级并考虑了低速强迫通风的变频专用电动机。

(3) 轧钢、造纸、塑料薄膜加工线这一类对动态性能要求较高的机械，原来多采用直流调速传动方式。目前，矢量控制型变频器已经通用化，加之笼型异步电动机具有坚固耐用、不用维护、价格便宜等优点，对于要求高精度、快响应的生产机械，采用矢量控制高性能型通用变频器是一种很好的方案。

5.1.2　变频器容量的选择

不同品牌的变频器，其容量的表示方法有所不同，一般用额定输出电流（A）、额定输出容量（kV·A）、适配电动机功率（kW）来表示。额定输出电流是指变频器可以连续输出的最大交流电流的有效值；额定输出容量取决于额定输出电流与额定输出电压的乘积，是指三相视在功率；适配电动机功率一般是以 4 极标准三相异步电动机为对象，表示在额定输出电流以内可以驱动的电动机功率。

根据工程设计手册或产品样本，在工程设计选择变频器容量的时候，通常是按照电动机的额定功率（kW）、额定电流（A）拟选变频器容量。变频器容量与电动机容量要相匹配，容量偏小会影响电动机有效力矩的输出，影响系统的正常运行，甚至损坏装置；而容量偏大则电流的谐波分量会增大，也增加了设备投资。

变频器的容量选择视所控电动机的功率而定，一般电动机在额定运行状态时的功率因数大约为 0.85，电动机额定功率除以功率因数即为变频器的计算容量，在满足生产机械要求的前提下，变频器容量越小越经济。对于风机和普通水泵这类负载，只要变频器容量略大于电动机的视在功率即可；如果是重载或惯性较大的负载可提高一挡，特殊负载和特殊工作环境时要再调大一挡。

通常只根据驱动电动机的功率来匹配变频器容量，这不一定完全正确，驱动电动机所带动的负载性质不一样，对变频器的要求也不一样。由于电动机所带的负载特性存在差异，如果不充分考虑综合因素，可能会造成变频器使用不当而损坏，同时由于未配备必要的制动单元和滤波器，还有可能会引起安全问题，所以有必要对拟选变频器的电压与电流进行校验，尤其是低速运行时的电流校验。

变频器适配电动机功率指的是它适用的 4 极交流异步电动机的功率，同样功率的电动机，其极数不同，额定电流也不同。6 极及以上的电动机和变极电动机等特殊电动机的额定电流比标准电动机大，所以不能仅根据适配电动机的功率来选择变频器的容量。变频器与电动机的匹配主要还是电动机的额定电压及额定电流，必要时还要进行过载能力和启动能力的校验，特殊运行状态下的变频器容量选择，可参考以下方法。

1. 连续恒载运转时所需的变频器容量（kV·A）的计算

以下变频器容量的计算公式适用于单台变频器拖动单台电动机连续运行的情况，三个等式是统一的。选择变频器时应同时满足三个等式的关系，尤其变频器电流是一个较关键的量，必须满足以下条件：

$$P_{CN} \geqslant \frac{kP_M}{\eta \cos\varphi}$$

$$P_{CN} \geqslant \sqrt{3}kU_M I_M \times 10^{-3}$$

$$I_{CN} \geqslant kI_M$$

式中　P_M——负载所要求的电动机的轴输出功率；

η——电动机的效率（通常约为0.85）；

$\cos\varphi$——电动机的功率因数（通常约为0.75）；

U_M——电动机的电压，V；

I_M——电动机工频电源时的电流，A；

k——电流波形的修正系数（PWM方式时取1.05～1.10）；

P_{CN}——变频器的额定容量，kV·A；

I_{CN}——变频器的额定电流，A。

2. 一台变频器带动多台电动机并联运行（即成组传动时变频器容量的计算）

（1）当变频器短时过载能力为150%，1 min时，如果电动机加速时间在1 min以内，则

$$1.5P_{CN} \geqslant \frac{kP_M}{\eta\cos\varphi}[n_T + n_s(K_s - 1)] = P_{CN1}\left[1 + \frac{n_s}{n_T}(K_s - 1)\right]$$

$$P_{CN} \geqslant \frac{2}{3}\frac{kP_M}{\eta\cos\varphi}[n_T + n_s(K_s - 1)] = \frac{2}{3}P_{CN1}\left[1 + \frac{n_s}{n_T}(K_s - 1)\right]$$

$$I_{CN} \geqslant \frac{2}{3}n_T I_M\left[1 + \frac{n_s}{n_T}(K_s - 1)\right]$$

（2）当电动机加速时间在1 min以上，则

$$P_{CN} \geqslant \frac{kP_M}{\eta\cos\varphi}[n_T + n_s(K_s - 1)] = P_{CN1}\left[1 + \frac{n_s}{n_T}(K_s - 1)\right]$$

$$I_{CN} \geqslant n_T I_M\left[1 + \frac{n_s}{n_T}(K_s - 1)\right]$$

式中　P_M——负载所要求的电动机的轴输出功率；

n_T——并联电动机的台数；

n_s——同时启动的电动机的台数；

η——电动机的效率（通常约为0.85）；

$\cos\varphi$——电动机的功率因数（通常约为0.75）；

P_{CN1}——连续容量，$P_{CN1} = kP_{Mn_T}/\eta\cos\varphi$，kV·A；

K_s——电动机启动电流/电动机额定电流，A；

I_M——电动机的额定电流，A；

k——电流波形的修正系数（PWM方式时取1.05～1.10）；

P_{CN}——变频器的额定容量，kV·A；

I_{CN}——变频器的额定电流，A。

此变频器容量的计算公式适用于一台变频器为多台并联电动机供电且各电动机不同时启动的情况。选择变频器容量，无论电动机加速时间在1 min以内或以上，都应同时满足容量计算式和电流计算式。

3. 大惯性负载启动时变频器容量的计算

$$P_{CN} \geqslant \frac{kn_M}{9\,550\eta\cos\varphi}\left(T_L + \frac{GD^2 n_M}{375t_A}\right)$$

式中　GD^2——换算到电动机轴上的总飞轮力矩，N·m²；

T_L——负载转矩，N·m；

η——电动机的效率（通常约为0.85）；

$\cos\varphi$——电动机的功率因数（通常约为0.75）；

t_A——电动机加速时间，s（据负载要求确定）；

k——电流波形的修正系数（PWM方式时取1.05～1.10）；

P_{CN}——变频器的额定容量，kV·A；

n_M——电动机额定转速，r/min。

此变频器容量的计算公式适用于大惯量负载的情况，例如起重机的平移机构、离心式分离机、离心式铸造机等，负载折算到电动机轴上的等效 GD^2 比电动机转子的 GD^2 大得多。

5.1.3　选择变频器需注意事项

用户可以根据自己的实际工艺要求和运用场合，合理选择不同类型的变频器，在选择变频器时要注意以下几点：

（1）选择变频器时应以实际电动机的电流值作为变频器选择的依据，电动机的额定功率只能作为参考。另外，应充分考虑变频器的输出含有丰富的高次谐波，会使电动机的功率因数和效率降低。因此，用变频器给电动机供电与用工频电网供电相比较，电动机的电流会增加10%，而温升会增加20%左右。所以在选择电动机和变频器时，应考虑到这种情况，适当留有余量，以防止温升过高，影响电动机的使用寿命。

（2）变频器若要长电缆运行时，应该采取措施抑制长电缆对地耦合电容的影响，避免变频器出力不够。所以变频器应放大一、二挡选择或在变频器的输出端安装输出电抗器。

（3）当变频器用于控制并联的几台电动机时，一定要考虑变频器到电动机的电缆的长度总和在变频器的容许范围内。如果超过规定值，要放大一挡或两挡来选择变频器。另外，在此种情况下，变频器的控制方式只能为 V/f 控制方式，并且变频器无法实现电动机的过流、过载保护，此时需在每台电动机侧加熔断器来实现保护。

（4）对于一些特殊的应用场合，如高环境温度、高开关频率和高海拔高度等，此时会引起变频器的降容，变频器需放大一挡选择。

（5）使用变频器控制高速电动机时，由于高速电动机的电抗小，会产生较多的高次谐波，而这些高次谐波会使变频器的输出电流值增加。因此，选择用于高速电动机的变频器时，应比普通电动机的变频器稍大一些。

（6）变频器用于变极电动机时，应充分注意选择变频器的容量，使其最大额定电流在变频器的额定输出电流以下。另外，在运行中进行极数转换时，应先停止电动机工作，否则会造成电动机空转，严重时会造成变频器损坏。

（7）驱动防爆电动机时，变频器没有防爆构造，应将变频器设置在危险场所之外。

（8）使用变频器驱动齿轮减速电动机时，使用范围受到齿轮转动部分润滑方式的制约：润滑油润滑时，在低速范围内没有限制；在超过额定转速以上的高速范围内，有可能发生润滑油用光的危险。因此，不要超过最高转速容许值。

（9）变频器驱动绕线转子异步电动机时，大多是利用已有的电动机。绕线电动机与普通的鼠笼电动机相比，绕线电动机绕组的阻抗小。因此，容易发生由于纹波电流而引起的过电流跳闸现象，所以应选择比通常容量稍大的变频器。一般绕线电动机多用于飞轮力矩 GD^2 较大的场合，在设定加减速时间时应多注意。

（10）变频器驱动同步电动机时，与工频电源相比，会使输出容量降低10% ~20%，变频器的连续输出电流要大于同步电动机额定电流与同步牵入电流的标幺值的乘积。

（11）对于压缩机、振动机等转矩波动大的负载和油压泵等有峰值负载的情况，如果按照电动机的额定电流或功率值选择变频器的话，有可能发生因峰值电流过高使过电流保护动作的现象。因此，应了解工频运行情况，选择比其最大电流更大的额定输出电流的变频器。

（12）变频器驱动潜水泵电动机时，因为潜水泵电动机的额定电流比通常电动机的额定电流大，所以选择变频器时，其额定电流要大于潜水泵电动机的额定电流。

（13）当变频器控制罗茨风机或特种风机时，由于其启动电流很大，所以选择变频器时一定要注意变频器的容量是否足够大。

（14）选择变频器时，一定要注意其防护等级是否与现场的情况相匹配，否则现场的灰尘和水汽会影响变频器的长久运行。

（15）单相异步电动机需用专用的变频器驱动。

任务5.2　变频器外围设备的选择方法

5.2.1　变频器电路的防干扰措施

变频器在工作过程中，周围的各种干扰源会通过电源线或电磁辐射侵入变频器的内部，引起控制回路误动作，造成工作不正常或停机，严重时甚至损坏变频器。同时由于变频器中的逆变部分是通过高速半导体功率开关来产生一定宽度和极性的SPWM控制信号，这种具有陡变沿的脉冲信号会产生很强的电磁干扰。因此，变频器的生产厂家为用户制造了一些专用设备，用来抑制外来干扰信号的影响和减小变频器本身对外产生的干扰，以提高变频器的工作性能。

1. 防止外界对变频器的干扰

外界对变频器的干扰主要来自电源进线，其中影响比较大的主要有：

（1）当电源侧的补偿电容投入或切出电网时，在暂态过程中，电源电压将出现很高的峰值，其结果可能使变频器电路的整流二极管因承受过高的反向电压而损坏，如图5.1所示。

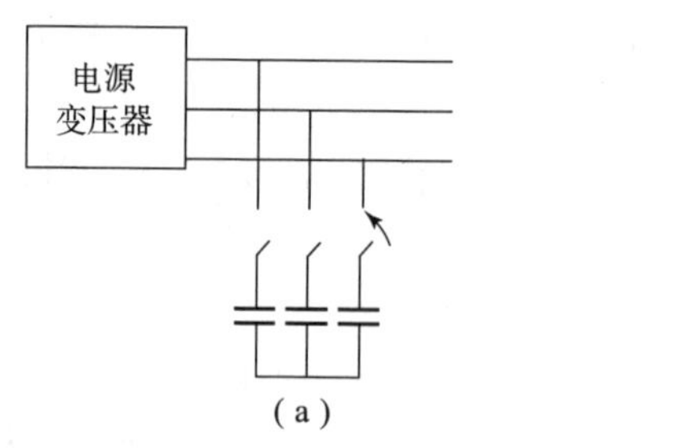

（a）

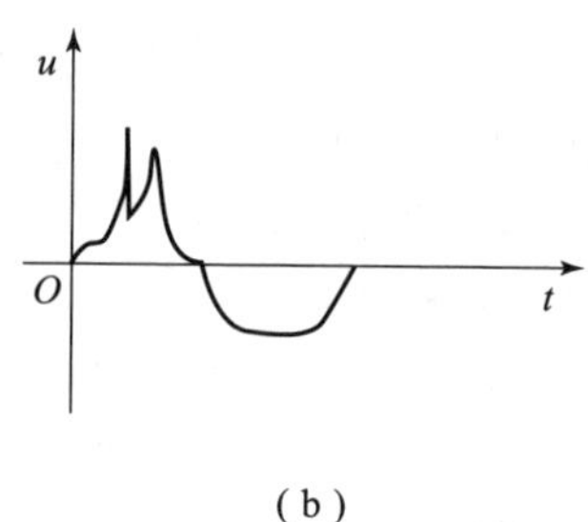

（b）

图5.1　补偿电容投入时电压的畸变

（a）投入电路；（b）电压波形

（2）当电源网络内有容量较大的晶闸管变流设备时，如电焊机、电镀电源、电解电源等，由于晶闸管总是在每半个周期的部分时间内导通，在其导通时，容易使网络电压出现凹口，对电网有很严重的污染，影响变频器的正常运行，重则造成变频器输入回路的损坏。

在变频器的输入电路中接入交流电抗器，其平波作用可以有效地抑制上述两种干扰。

对于无线电高频电磁波干扰，变频器本身的机壳和接地有一定的屏蔽作用，但如果电磁辐射信号比较强，建议在变频器输入电路中加装滤波器。

2. 防止逆变器对外产生的干扰

逆变器对外产生的干扰主要有：

（1）一般是通过电磁波的方式向空中辐射；

（2）通过线间电感向周围线路产生电磁感应；

（3）通过线间电容向周围线路及器件产生静电感应；

（4）通过电源网络向电网传播。

当变频调速系统的容量足够大时，所产生的高频信号将足以对周围各种电子设备的工作形成干扰，其主要后果有：

（1）影响无线电设备的正常接收；

（2）影响周围机器设备的正常工作。

此外，变频器输出的具有陡变沿的驱动脉冲包含多次高频谐波，而变频器与电动机之间的连接电缆存在杂散电容和电感，并受某次谐波的激励而产生衰减振荡，造成传送到电动机输入端的驱动电压产生过冲现象，同时电动机绕组也存在杂散电容，过冲电压在绕组中产生尖峰电流，使其在绕组绝缘层不均匀处引起过热，甚至烧坏绝缘层而导致损坏，还会增加电源的功率损耗，如果逆变器的开关频率位于听觉范围内，电动机还会产生噪声污染。

为了抑制逆变器对外产生的干扰，可采取以下办法：

（1）尽量使逆变器本身少发出干扰信号；

（2）提高被干扰对象的抗干扰能力，采用隔离措施；

（3）使变频器传送到被干扰对象的干扰信号减弱。

前两种办法对变频器用户来说很难被采用，因为尽量使逆变器本身少发出干扰信号，这样往往会影响到变频器本身性能的正常发挥，所以变频器用户不能使用第一种方法。而用提高被干扰对象的抗干扰能力方法抑制干扰，对于变频器用户来说则更加困难，实际上也常常是做不到的。所以，在上述三种方法中，对于变频器用户来说，唯一可行的是第三种方法。

通常，对低频干扰可通过串接滤波器之类的元件来阻止其沿电缆传输，防止电动机过热和噪声；对高频干扰可采用屏蔽、良好接地和搭接等手段来防止电磁波向外辐射，其抑制措施如下：

①因接地不正确而带来的干扰问题时有发生。首先在概念上必须分清“安全接地”和“电磁干扰接地”是有差别的，特别是在高频区域，由于集肤效应，在接头处将呈高阻状态，造成接地不良，使系统对外辐射干扰增强，对外界的影响也变得敏感。因此，在电磁干扰接地时，需要很低的高频阻抗。

具体操作时应当注意以下两点：在使用机壳作为公共地时，需要除去连接点处的油漆或其他涂料，以确保低阻连接；不同接地点之间，使用尽可能短的扁平导线把它们连接在一起，因为扁平导线的高频低阻特性较好，并经常检查所有的接地点，以防止脱落或松动现象发生。

②变频器安装于机壳内，既能屏蔽交流调速系统向外辐射能量，又能防止外界电磁波进入系统。具体施工时应注意：机壳、电缆屏蔽层及电动机机壳三者应连接在一起。

③使用滤波器。

④用屏蔽线的方法来削弱电磁感应和静电感应。

⑤在逆变器 DC 侧的正、负端到地线之间跨接 100 nF 以下的 Y 型电容器，特别适用于较小功率（小于 7.5 kW）的逆变器电路。

⑥控制线和信号线应与电源线分开，通常距离在 20 cm 以上即可，如果控制线必须与电源线交错，应尽量使交叉角接近 90°。

5.2.2 变频器电路所需的外围设备

变频装置－外围设备选择

1. 变频器外围设备的作用

在选定了变频器之后，下一步的工作就是根据需要选择与变频器配合工作的各种设备。正确选择变频器周边设备主要是为了达到以下目的：

（1）保证变频器驱动系统能够正常工作；

（2）提供对变频器和电动机的保护；

（3）抑制干扰，减少对其他设备的影响。

外围设备通常是选购配件，分为常规配件和专用配件，如图 5.2 所示。图 5.2 中 1、2、3、4、9 和 10 是常规配件；5、6、7、8 和 *L* 是专用配件。

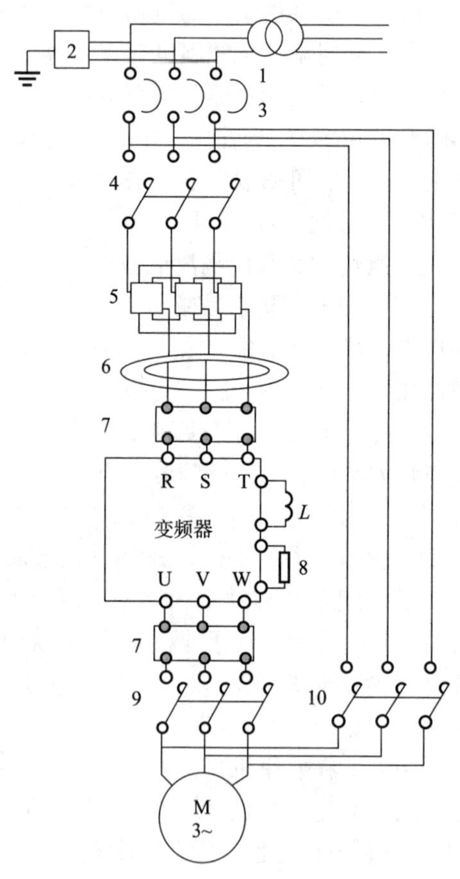

图 5.2　变频器的外围设备

1—电源变压器；2—避雷器；3—电源侧断路器；4—电磁接触器；5—电源侧交流电抗器；6—无线电噪声滤波器；7—电源滤波器；8—制动电阻；9—电动机侧电磁接触器；10—工频电网切换用接触器；*L*—用于改善功率因数的直流电抗器

2. 变频器外围设备的选用

1）电源变压器

其作用是将供电电网的高压电源转换为变频器所需要的电压等级（200 V或400 V）。电源变压器的容量确定方法一般来说可以为变频器容量的1.5倍左右，在进行变频器容量的选择时，具体计算可以参考下式：

$$变压器容量=\frac{变频器的输出功率}{变频器输入功率因数\times 变频器效率}$$

式中，变频器的输出功率即为被驱动电动机的总容量，单位为kW；变频器的输入功率因数在有交流电抗器时取0.5～0.8，没有输入交流电抗器时取0.6～0.8；变频器的效率一般取0.9～0.95。

2）避雷器

其作用是吸收由电源侵入的感应雷击浪涌电压，保护与电源相连接的全部机器，高电压大容量变频器建议使用避雷器。

3）电源侧断路器

其主要用于变频器、电动机与电源回路的通断，其作用是在出现过流或短路事故时能自动切断变频器与电源的联系，以防事故扩大。由于在变频调速系统中，电动机的启动电流可控制在较小范围内，因此电源侧断路器的额定电流可按变频器的额定电流来选用。如果有工频电源切换电路，当变频器停止工作时，电源直接接电动机，所以电源侧断路器应按电动机的启动电流进行选择。

4）电源侧交流接触器

电源一旦断电，电源侧交流接触器自动将变频器与电源脱开，以免在外部端子控制状态下重新供电时变频器自行工作，以保护设备及人身安全；在变频器内部保护功能起作用时，通过接触器使变频器与电源脱开。当然，变频器即使无电源侧的交流接触器（MC）也可使用，使用时需注意以下事项：

（1）不要用交流接触器进行频繁的启动或停止（变频器输入的开闭寿命大约为10万次）。

（2）不能用电源侧的交流接触器停止变频器。

（3）接触器选用方法与低压断路器基本相同，但接触器一般不会有同时控制多台变频器的情形。

5）电动机侧电磁接触器和工频电网切换用接触器

变频器和工频电网之间的切换运行是互锁的，这可以防止变频器的输出端接到工频电网上。一旦出现变频器输出端误接到工频电网的情况，将损坏变频器。具体的选择方法如下：

（1）对于具有内置工频电源切换功能的通用变频器，要选择变频器生产厂家提供或推荐的接触器型号；

（2）对于变频器用户自己设计的工频电源切换电路，按照接触器常规选择原则进行选择。

在变频器运转中请勿将输出侧电磁接触器开启（OFF→ON）。在变频器运转中开启电磁接触器，将有很大的冲击电流流过，有时会因过电流而停机。

6）热继电器

通用变频器都具有内部电子热敏保护功能，不需要热继电器保护电动机，但遇到下列情况时，应考虑使用热继电器。

（1）在 10 Hz 以下或 60 Hz 以上连续运行时；

（2）一台变频器驱动多台电动机时。

如果导线过长（10 m 或更长），继电器会过早跳开，此情况下应在输出侧串入滤波器或者利用电流传感器。50 Hz 时过热继电器的设定值为电动机额定电流；60 Hz 时过热继电器的设定值为电动机额定电流的 1.1 倍。

7）专用电抗器

表 5.1 所示为电抗器的名称、安装位置和作用，在选择交流电抗器的容量时，一般按下式进行：

表 5.1　电抗器的名称、安装位置和作用

名　称	安装位置	作　　用
输入交流电抗器	电网电源和变频器输入端之间	实现变频器和电源的匹配； 改善功率因数； 减少高次谐波的不良影响
输出交流电抗器	变频器输出端和电动机之间	降低电动机噪声（通常电动机的噪声为 70 ~ 80 dB，接入电抗器可以将噪声降低 5 dB 左右）；降低输出高次谐波的不良影响
直流电抗器	对于大容量变频器，有时也采用在变频器的整流电路和平滑电容之间接入直流电抗器代替输入电抗器	改善功率因数

$$L=\frac{(2\% \sim 5\%)U}{2\pi fI}$$

式中　U——额定电压，V；

I——额定电流，A；

f——最大频率，Hz。

常用交流电抗器和直流电抗器的规格分别如表 5.2 和表 5.3 所示。

表 5.2　常用交流电抗器的规格

电动机容量/kW	30	37	45	55	75	90	110	132	160	200	220
允许电流/A	60	75	90	110	150	170	210	250	300	380	415
电感量/mH	0.32	0.26	0.21	0.18	0.13	0.11	0.09	0.08	0.06	0.05	0.05

表 5.3　常用直流电抗器的规格

电动机容量/kW	30	37 ~ 55	75 ~ 90	110 ~ 132	160 ~ 200	220	280
允许电流/A	75	150	220	280	370	560	740
电感量/mH	600	300	200	140	110	70	55

注意：小功率变频器（小于95 kW）安装交流电抗器，对于提高功率因数的效果比较明显。大功率变频器安装交流电抗器，尽管对提高功率因数的效果不明显，但对改善变频器运行质量和滤波都有好处。

8）专用滤波器（请参考 EMC 规则要求选用）

（1）一般采用无源滤波器，使用滤波器的目的是允许特定频率的信号通过，阻止干扰信号沿电源线传输并进行阻抗变换，使干扰信号不能通过地线传播而被反射回干扰源。在变频器输入、输出端都应安装滤波器，在输入端几个电容与一个轭流圈结合起来便构成一个简单且效果不错的滤波器。为使滤波器能够有效地发挥作用，在安装输入端滤波器时，尽量靠近变频器安装，并与变频器共基板。若两者距离超过变频器使用说明书的规定标准，应用扁平导线进行连接。

在变频器输出端安装滤波器，能解决电动机过热和噪声问题。采用了输出滤波器，就没有必要在变频器和电动机之间使用屏蔽电缆线来防止电磁辐射，这样做不仅降低了系统成本，减少了安装费用，而且能很好地抑制变频器对外产生的干扰，这是使用滤波器的主要优点。是否选用滤波器，应视变频器使用情况而定，也就是说，电源滤波器和无线电噪声滤波器可以在交流调速控制系统投入使用后再选购。

（2）选购和使用滤波器时的注意事项：滤波器在工作期间要耗电发热，所以除了要满足额定容量要求外，还要求在一定环境温度下工作，其额定电压必须满足接入线路的要求。变频器输出侧滤波器的输入端接变频器，输出端接电动机，不能接错，否则会烧毁变频器。

虽然无源滤波器成本低，但无源滤波器也存在以下缺点：性能受电网阻抗的影响很大，电网和无源滤波器之间有可能产生共振，不能对谐波实现动态补偿。因而，有的国家采用有源滤波器或混合式滤波器（无源滤波器和有源滤波器结合组成的滤波器）来抑制电网谐波。有源滤波器和混合式滤波器作为一类新型的滤波器，已开始受到各国电力电子界的广泛重视。

9）制动电阻（制动单元）

在变频调速系统控制过程中，电机的降速和停机是通过逐渐减小频率来实现的，在频率减小的瞬间，电机的同步转速随之下降，但由于机械惯性的原因，电机的转子转速来不及变化。当同步转速小于转子转速时，电机从电动状态变为发电状态；与此同时，电机轴上的转矩变成了制动转矩，使电机的转速迅速下降，电机处于再生制动状态。电机再生的电能经逆变电路中的续流二极管全波整流后反馈到直流电路，由于直流电路的电能无法通过整流桥回馈到电网，仅靠变频器本身的电容吸收，会使变频器直流母线电压迅速升高。

对于风机、水泵和车床之类的负载，只要合理选择频率下降时间，不会存在这个问题。如果负载不是很重，也没有什么快速停车要求，这种场合也是不需要使用制动电阻的，即使你装了制动电阻，制动单元的工作阈值电压没有被触发，制动电阻也不会投入工作。

但对于大惯量运动机械（电动机车、起重机下放、大型机床部件的运动等），或制动时间要求非常短而又要频繁制动的那种机械，在制动过程中电机会经常工作在发电状态，这时需要制动单元或制动电阻来配合，给电机回馈制动提供快捷的通路，如图 5. 3 所示。

对于小功率电机，可以使用制动电阻，请按照所使用的变频器手册选取。

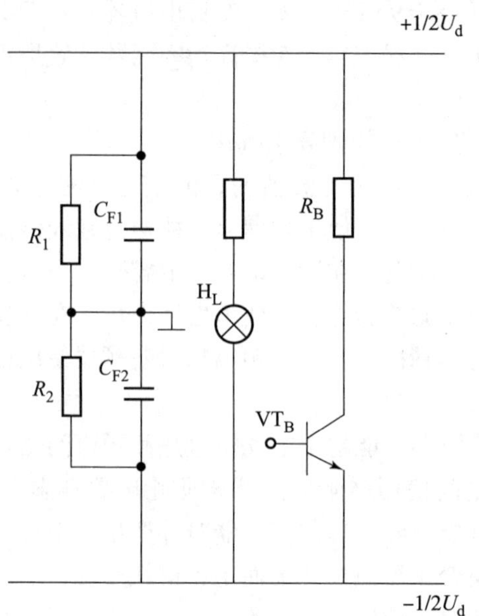

图 5.3　变频器泵升电压释放原理图

对于75 kW以上的电动机，建议使用厂家配套生产的与变频器型号相匹配的制动单元。

三菱变频器的制动电阻或制动单元的接线如图 5.4 所示，+与 PR 之间连接选购的制动电阻；+与 - 之间连接制动单元；拆下端子+与 P1 之间的短路片，可连接直流电抗器以改善输入功率因数，并可以抑制变流装置产生的谐波。其他品牌的变频器可参考使用说明书，接线方法基本大同小异。

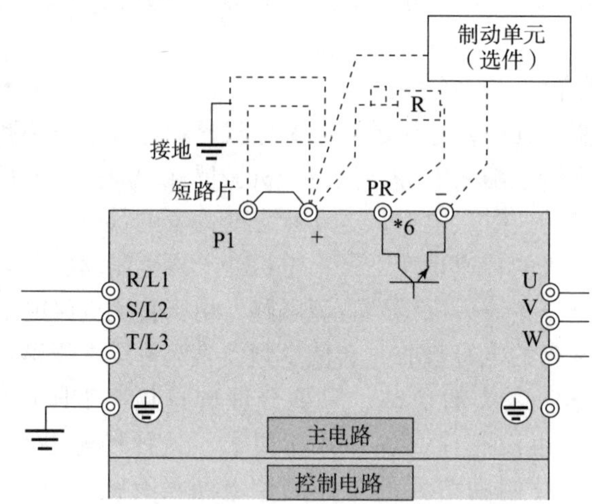

图 5.4　变频器制动电阻或制动单元接线

10）主电路线径的选择

（1）电动机与变频器的连接如图 5.5 所示。

一般来说，与同容量普通电动机的电线选择方法相同，考虑到其输入侧谐波电流较多，

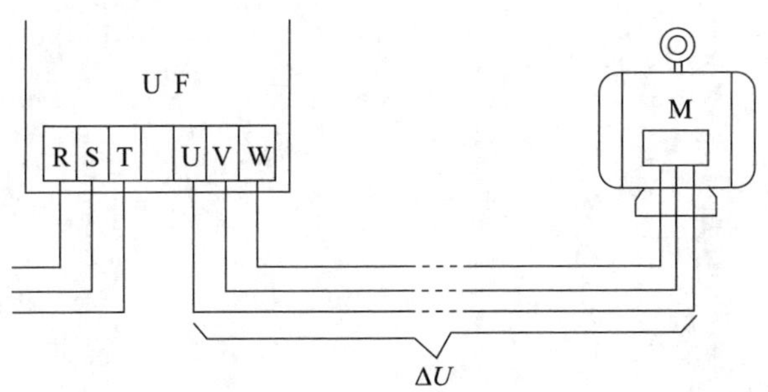

图 5.5 电动机与变频器的连接

功率因数往往较低，应本着宜大不宜小的原则来选择线径。

（2）因为频率下降时，电压也要下降，在电流相等的情况下，线路电压降 ΔU 在输出电压中占的比例将上升，而电动机得到电压的比例则下降，有可能导致电动机带不动负载并发热。所以，在选择变频器与电动机之间导线的线径时，最关键的因素便是线路电压降 ΔU 的影响。一般要求 $U \leqslant (2\% \sim 3\%) U_N$。

计算公式为

$$\Delta U = \frac{\sqrt{3} I_{MN} R_0 L}{1\ 000}$$

式中 I_{MN}——电动机的额定电流，A；

R_0——单位长度导线的电阻，mΩ/m；

L——导线的长度，m。

常用电动机引出线的单位长度电阻值如表 5.4 所示。

表 5.4 常用电动机引出线的单位长度电阻值

标称截面/mm^2	1.0	1.5	2.5	4.0	6.0	10.0	16.0	25.0	35.0
R_0/(mΩ · m^{-1})	17.8	11.9	6.92	4.40	2.92	1.73	1.10	0.69	0.49

【练习与思考】

1. 生产机械的负载特性主要有哪几类？
2. 变频器外围设备主要有哪些？各起什么作用？
3. 用电源侧的交流接触器停止变频器会产生什么后果？
4. 变频器分别采取什么措施来防止低频干扰和高频干扰？
5. 是否需要配置制动电阻或制动单元的依据是什么？

项目 6 变频器的安装调试及故障处理

【教学目标】

知识目标：

1. 熟悉变频器的 EMC 规则。
2. 掌握变频器的安装、布线工艺。
3. 熟悉变频器的保护功能。
4. 掌握变频器电路的故障处理方法。

技能目标：

1. 能正确地对变频器进行安装、调试。
2. 能对变频器进行维护与检查。
3. 具有对变频器常见故障的处理能力。

任务 6.1 变频器的安装工艺及要求

变频器的安装调试

6.1.1 变频器 EMC 规则

1. EMC 的概念

EMC 即“电磁兼容性”，国际电工委员会（IEC）对电磁兼容性的定义是“电磁兼容性是电子设备的一种功能，电子设备在电磁环境中能完成其功能而不产生不能容忍的干扰”。

我国最近颁布的“电磁兼容性”国家标准中，对电磁兼容性做出以下定义：“设备或系统在其电磁环境中能正常工作且不对该环境中的任何事物构成不能承受的电磁干扰”。简单地理解电磁兼容性 EMC，其主要有双重含义：能抵抗外来的干扰和抑制设备本身对外的干扰。

2. EMC 规则的重要性

EMC 是一项非常重要的质量指标，它不仅关系到产品本身的工作可靠性和使用安全性，而且还可能影响到其他设备和系统的正常工作，关系到电磁环境的保护问题。欧共体政府规定，从 1996 年 1 月 1 日起，所有电气电子产品必须通过 EMC 认证，加贴 CE 标志后才能在欧共体市场上销售。我国随着经济的发展和科技的进步，工控设备的使用也越来越广泛，如果在控制系统设计和安装时，没有充分考虑电磁兼容的问题，小则造成设备不能稳定运行，大则造成设备的损坏。EMC 的一条准则是“预防是最有效的、最经济的方案”，所以 EMC 已成为电气系统设计安装时必须重视的问题，切莫为了经济成本而忽略 EMC 规则。

虽然变频器具有很多优点，但也可能引起一些问题，如产生高次谐波对电源发生干扰、功率因数降低、无线电干扰、噪声和振动等。变频器通常运行在一个可能存在着较高电磁干扰（EMI）的工业环境中，此时它即是噪声发射源，又可能是噪声接收器。

1）变频器作为噪声发射源

寄生电容 C_p 存在于电机电缆和电机内部，因此变频器的 SPWM 输出电压通过寄生电容产生一个高频脉冲噪声电流 I_s，使变频器成为一个噪声源。由于噪声电流 I_s 的源是变频器，因此它一定要流回变频器。噪声电流流过动力电缆与大地之间的阻抗所造成的电压降，将影响到同一电网上的其他设备，造成干扰。此外，变频器的整流部分也会产生低频谐波，当低频谐波电流足够大时，会导致电网电压产生畸变。

如果高频噪声电流 I_s 有一条正确的通道，则高频噪声是可以得到抑制的。如果使用非屏蔽电机电缆，则高频噪声电流 I_s 以一个不确定的路线流回变频器，并在此回路中产生高频分量压降，影响其他设备。为使高频噪声电流 I_s 能沿确定路线流回变频器，需要采用屏蔽电机电缆，电缆屏蔽层必须连接到变频器外壳和电机外壳上，当高频噪声电流 I_s 流回变频器时，屏蔽层形成了一条最有效的通道。

2）变频器作为噪声接收器

高频噪声电流 I_s 可以通过电缆和耦合电容进入变频器，在输入阻抗 Z_i 上产生一个压降，导致扰动噪声，这时变频器成了噪声接收器。为了尽量减小输入高频噪声的扰动，最有效的方法是严格隔离噪声源和屏蔽信号电缆。

3. EMC 规则的实施措施

PLC、数控系统、变频器、整流设备、工控仪表等自动化工业产品都有自己的电磁兼容标准，每种产品的电磁兼容要求也不相同。对于小功率系统如工控仪表等，它产生的干扰信号较小，在系统设计时应主要考虑抗干扰性；而电机传动系统的抗干扰性较强，但它是一个主要的干扰源。变频器大多运行在恶劣的电磁环境中，作为电力电子设备，既要防止外界的电磁干扰又要防止变频器干扰外界其他设备，即所谓的电磁兼容性。

为了确保变频器长期可靠的运行，并尽量抑制对外产生的电磁污染，在设计安装变频调速控制系统时可采取以下措施。

1）隔离

把干扰源和易受干扰的部分从电路上隔离开来，在变频调速控制系统中，通常是在电源和控制电路之间采用隔离变压器，以免发生传导干扰。

2）滤波

为了抑制变频器产生的干扰信号影响电动机，减少电磁噪声和损耗，在变频器输出侧可以设置输出滤波器。为了减少来自电源的干扰，可在变频器输入侧设置电源滤波器；若线路中有较敏感的电子设备，系统的抗干扰要求较高时，可在变频器输入电路中加装无线电噪声滤波器，同时信号电缆的屏蔽一定要在两端接地。

3）屏蔽

屏蔽干扰源是抑制干扰最有效的方法，通常变频器本身用铁壳屏蔽，不让其电磁干扰泄漏。变频器的输入、输出线最好采用钢管屏蔽，并与主电路及控制回路完全分离，不能放于同一配管或线槽内。周围电子敏感设备的线路也要求屏蔽，为使屏蔽有效，屏蔽罩必须可靠接地。为有效地抑制电磁波的辐射和传导，变频器与电机的连接必须采用屏蔽电缆，屏蔽层的电导必须至少为每相导线芯的电导的1/10。

4）接地

变频调速控制柜中的所有设备必须确保接地良好，要使用短和粗的接地线连接到公共接地点或接地母排上，最好采用扁平导体（如金属网），因其在高频时阻抗较低。变频器的安装板建议使用无漆镀锌钢板，以确保变频器的散热器和安装板之间有良好的电气连接。接地是抑制噪声和防止干扰的重要手段，良好的接地方式可在很大程度上抑制内部噪声的耦合。变频器的接地方式有多点接地、一点接地及经母线接地等几种形式，要根据具体情况采用，注意不要因为接地不良而对设备产生干扰。

6.1.2 变频器的安装要求

1. 对安装环境的要求

变频器属于电子器件装置，为了确保变频器安全、可靠地稳定运行，变频器的安装环境应满足以下要求：

1）环境温度

温度是影响变频器寿命及可靠性的重要因素，在保证通风情况下，变频器工作环境上限温度可提高到50 ℃。如果变频器长期不用，存放温度最好为 -10 ~ 30 ℃。如果无法满足这些要求，应安装空调。

2）环境湿度

变频器的安装环境相对湿度不超过90%（无结露现象），对于新建厂房和在阴雨季节，每次开机前，应检查变频器是否有结露现象，以免变频器发生短路故障。

3）安装场所

变频器在海拔高度1 000 m以下使用，如果海拔高度超过1 000 m，则变频器的散热能力下降，变频器最大允许输出电流和电压都要降低使用，降低的百分率与变频器的具体型号有关。例如某变频器在海拔高度1 000 m以下，最大允许输出电流和电压分别为500 A和400 V，如果将此变频器安装在海拔高度为3 000 m的场所，此变频器的生产厂家规定最大允许输出电流和电压分别为465 A和360 V。

变频器应在室内使用，安装位置要求无直射阳光、无腐蚀性气体及易燃气体、尘埃少的环境。潮湿、腐蚀性气体及尘埃是造成变频器内部电子器件生锈、接触不良、绝缘性能降低的重要因素。对于有导电性尘埃的场所（如碳纤维生产厂），要采用封闭式结构。对有可能产生腐蚀性气体的场所，应对控制板进行防腐处理。

4）其他条件

如果变频器长期不用，变频器内的电解电容会发生劣化现象，当实际运行时会出现由于电解电容的耐压降低和漏电增加而引发故障。因此，最好每隔半年通电一次，通电时间保持30～60 min，使电解电容自我修复以改善劣化特性。在振动场所应用变频器时，应采用防振措施，并进行定期的检查、维护和加固工作。

2. 变频器的发热与散热要求

1）变频器的发热

和其他设备一样，发热总是由内部的损耗功率产生的。在变频器中，各部分损耗的比例大致为：逆变电路约占50%；整流及直流电路约占40%；控制及保护电路占5%～15%。粗略地说，每1 kV·A的变频器容量，其损耗功率为40～50 W。

2）变频器的散热

变频器的散热很重要，温度过高对任何设备都具有破坏作用，但对于多数设备而言，其破坏作用常常是比较缓慢的，受破坏时的温度通常是不很准确的，而唯独在SPWM逆变电路中，温度一超过某一限值，会立即导致逆变管的损坏，并且该温度限值往往十分准确。

在SPWM逆变桥中，每一桥臂的上、下两管总是处于不断地交替导通的状态，或由上管导通、下管截止转换为上管截止、下管导通。在交替过程中，一旦出现一管尚未完全截止，而另一管已经开始导通的状况，将立即引起直流高压经上管和下管“直通”（相当于短路），于是上、下两管必将立即损坏。

为了避免上述现象的出现，在交替的控制电路中，必须留出一个“等待时间”。等待时间的长短，一方面必须足够长，以保证工作的可靠性；另一方面，必须尽量短，否则将引起调制过程的非线性，从而影响逆变后输出电压的波形和数值大小，所以其余量是很小的。

温度升高时，由于半导体对温度的敏感性，上、下两管的开通时间和关断时间，以及由延迟电路产生的等待时间都将发生变化，并且具有比较准确的变化规律。当温度一旦超出某一限值时，将导致“等待时间”的不足，使逆变电路的输出波形出现“毛刺”，最终逆变管因直通而损坏。因此，变频器在安装时的散热问题是至关重要的，为了阻止变频器内部的温度升高，变频器必须把所产生的热量充分地散发出去。通常采用的方法是通过冷却风扇把热量带走，所以首要的问题便是如何保证散热的途径畅通，不易被阻塞。

3. 安装变频器的具体方法和要求

1）墙挂式安装

由于变频器本身具有较好的外壳，一般情况下，允许直接靠墙安装，称为墙挂式，如图6.1所示。

为了保持良好的通风，变频器与周围阻挡物之间的距离应符合以下要求：

两侧大于或等于100 mm；下方大于或等于150 mm。

为了改善冷却效果，所有变频器都应垂直安装。此外，为了防止异物掉在变频器的出风口而阻塞风道，最

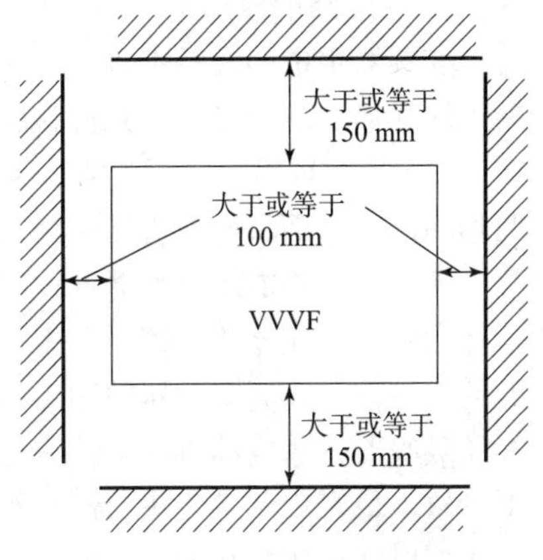

图6.1　墙挂式安装

好在变频器出风口的上方加装保护网罩。

2）柜式安装

当周围的尘埃较多或与变频器配用的其他控制电器较多而需要和变频器安装在一起时，可采用柜式安装。具体的安装方法如下：在比较洁净、尘埃很少时，尽量采用柜外冷却方式，如图 6.2（a）所示。

如果采用柜内冷却时，应在柜顶加装抽风式冷却风扇，冷却风扇的位置应尽量在变频器的正上方，如图 6.2（b）所示。

当一台电气控制柜内装有两台或两台以上变频器时，应尽量并排安装（横向排列），如图 6.3（a）所示，如必须采用纵向排列时，则应在两台变频器间加一块隔板，以避免下面变频器出来的热风直接进入上面的变频器内，如图 6.3（b）所示。

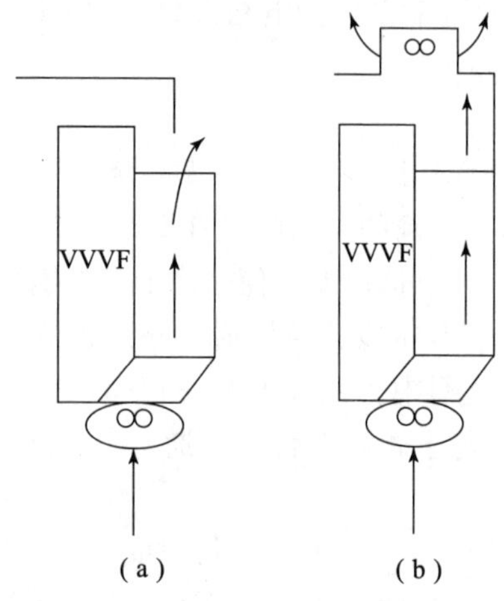

图 6.2　单台变频器的柜式安装

（a）柜外冷却方式；（b）柜内冷却方式

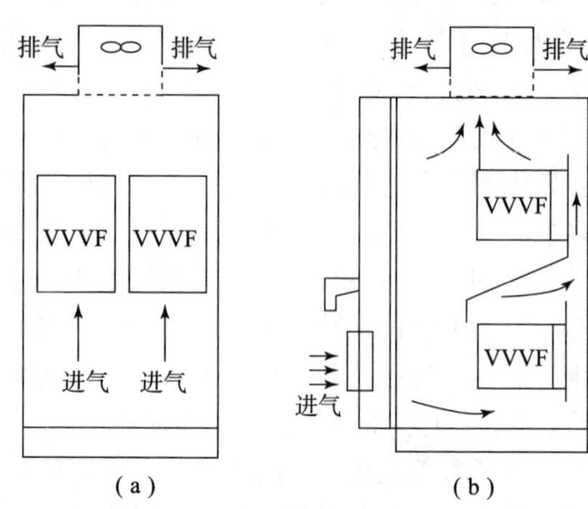

图 6.3　两台变频器在电气柜中的安装方法

（a）横向排列；（b）纵向排列

变频器在控制柜内请勿上下颠倒或平放安装，变频控制柜在室内的空间位置，要便于变频器的定期维护。

6.1.3　变频器的接线要求

1. 主电路的接线

变频器主电路的基本接线如图 6.4 所示，变频器的输入端和输出端是绝对不允许接错的。如果将电源进线接到 U、V、W 端，则不管哪个逆变管导通，都将引起两相间的短路而将逆变管迅速烧坏，如图 6.5 所示。

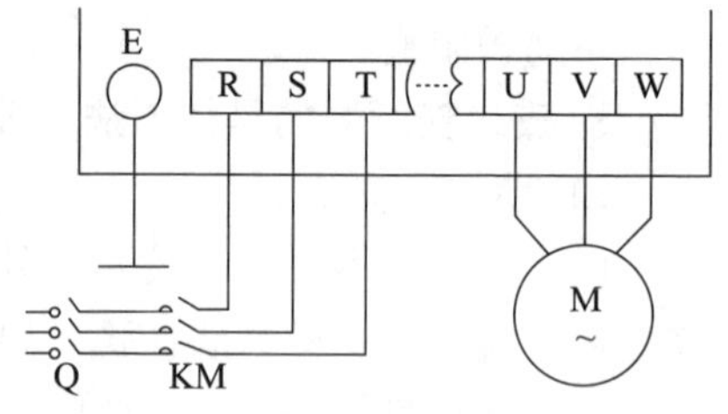

图 6.4　变频器主电路的基本接线

Q—空气断路器；KM—接触器

注意：①不能用接触器 KM 的触头来控制变频器的运行和停止，应该使用控制面板上的操作键或接线端子上的控制信号；②变频器的输出端不能接电力电容器或浪涌吸收器；③电动机的旋转方向如果和生产工艺要求不一致，最好用调换变频器输出相序的方法，不要用调换控制端子 FWD 或 REV 的控制信号来改变电动机的旋转方向。

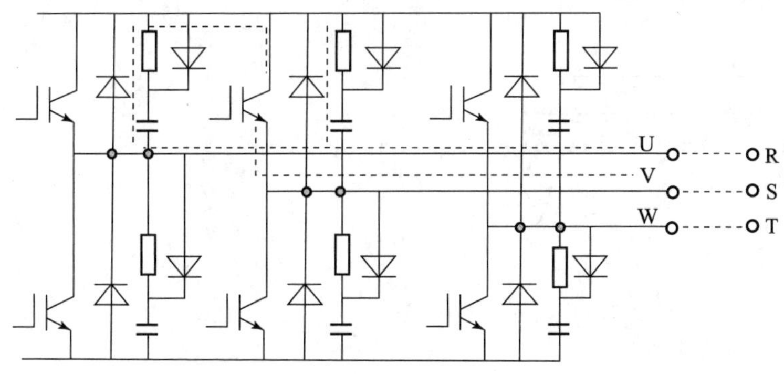

图 6.5 电源进线接到 U、V、W 端

某些负载是不允许停机的，当变频器发生故障时，必须迅速将电动机切换到工频电源上，不能使电动机停止工作，变频与工频电源的切换电路如图 6.6 所示，其中 KM2 与 KM3 之间必须互锁。

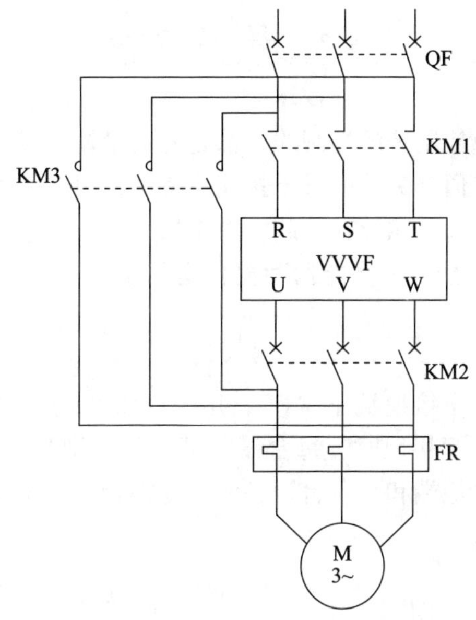

图 6.6 变频与工频电源的切换电路

2. 控制电路的接线

1）模拟量控制线

模拟量控制线主要包括：输入侧的给定信号线和反馈信号线；输出侧的频率信号线和电流信号线。

模拟量信号的抗干扰能力较低，因此必须使用屏蔽线。屏蔽层靠近变频器的一端，应接控制电路的公共端（COM），而不要接到变频器的地端（E）或大地，屏蔽层的另一端应该悬空，如图 6.7（a）所示。

布线时还应该遵守以下原则：

尽量远离主电路 100 mm 以上；尽量不和主电路交叉，如必须交叉时，应采取垂直交叉的方式，如图 6.7（b）所示。

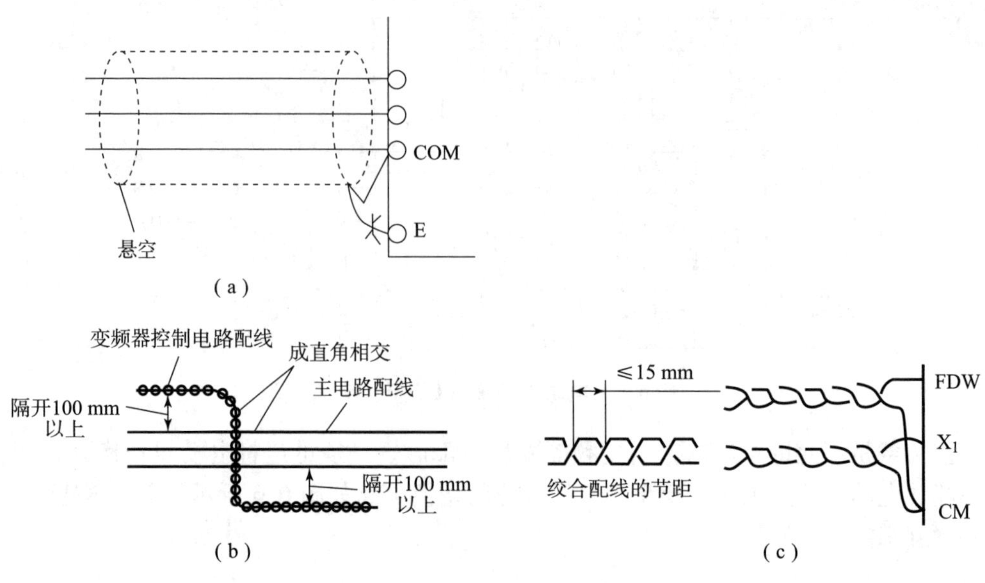

图 6.7　屏蔽线的接法

2）开关量控制线

启动、点动、多挡转速控制等的控制线，都是开关量控制线。模拟量控制线的接线原则也都适用于开关量控制线。但开关量的抗干扰能力较强，故在距离不远时，允许不使用屏蔽线，但同一信号的两根线必须互相绞在一起。如果操作台离变频器较远，则应该先将控制信号转变成能远距离传送的信号，再将能远距离传送的信号转变成变频器所要求的信号，如图6.7（c）所示。

3）变频器的接地线

所有变频器都专门有一个接地端子“E”，用户应将此端子与大地相接。当变频器和其他设备，或有多台变频器一起接地时，每台设备都必须分别和地线相接，如图6.8（a）所示；不允许将一台设备的接地端和另一台设备的接地端相接后再接地，如图6.8（b）所示。

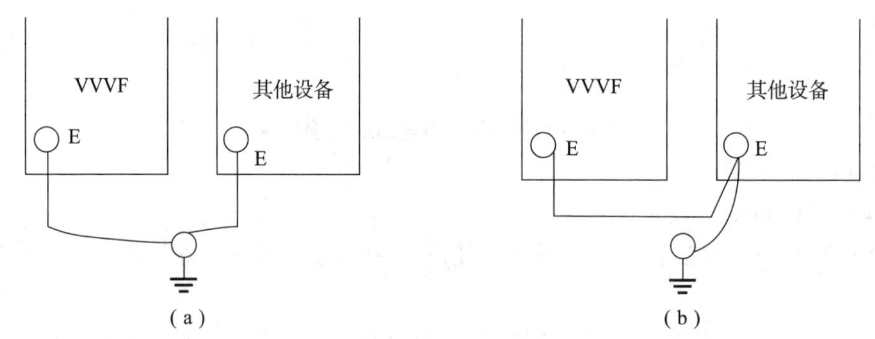

图 6.8　变频器和其他设备的接地

（a）正确接法；（b）错误接法

4）大电感线圈的浪涌电压吸收电路接线

接触器、电磁继电器的线圈及其他各类电磁铁的线圈都具有很大的电感，在接通和断开的瞬间，由于电流的突变，它们会产生很高的感应电动势，因而在电路内会形成峰值很高的浪涌电压，导致内部控制电路的误动作。所以，在所有电感线圈的两端，必须接入浪涌电压吸收电路。在大多数情况下，可采用阻容吸收电路，如图6.9（a）所示；在直流电路的电感线圈中，也可以只用一个二极管，如图6.9（b）所示。

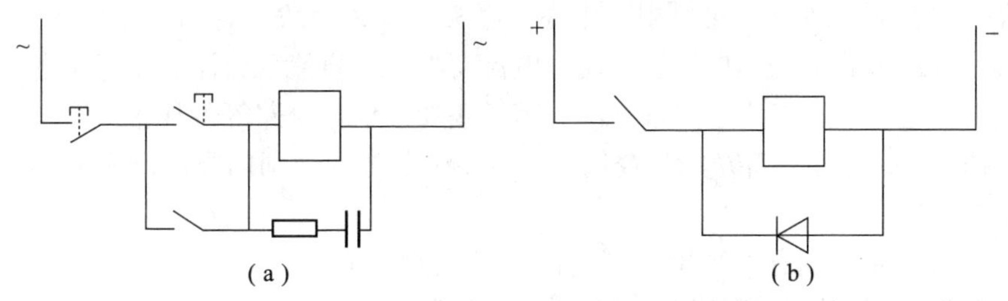

图6.9　浪涌电压吸收电路

（a）阻容吸收电路；（b）直流吸收电路

任务6.2　变频调速系统的调试方法

6.2.1　变频器应用时的技巧

（1）信号线及控制线应选用屏蔽线，这样对防止干扰有利。当线路较长时，例如距离100 m以上，导线截面和应放大些。信号线及控制线不要与动力线放置在同一电缆沟或桥架中，以免相互干扰，最好穿管放置。

（2）传输信号以选用电流信号为主，因电流信号不容易衰减，亦不容易受干扰。实际应用中传感器输出的信号是电压信号，可以通过变换器将电压信号变换成电流信号。

（3）变频器闭环控制一般可采用正逻辑控制，即负反馈。净输入信号（U_T-U_F）大，输出量亦大，而当给定信号U_T不变，U_F增大时，净输入信号减小，输出量也减小（例如中央空调制热工作时及一般压力、流量、温度等控制时）。但亦有反作用的，即当U_T不变，U_F增大时，净输入信号减小，输出量也要增大（例如中央空调在制冷工作时），如图6.10所示。

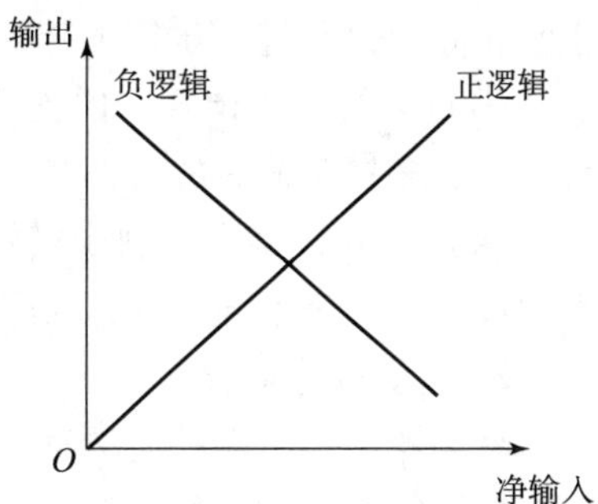

图6.10　正负逻辑的闭环控制

（4）在闭环控制时能选用压力信号的，就不要选用流量信号。这是因为压力信号传感器价格低、安装容易、工作量小、调试方便。但工艺过程有流量配比要求的且要求精确时，必须选用流量控制器，并根据实际的压力、流量、温度、介质、速度等来选用合适的流量计，例如电磁式、靶式、涡街式、孔板式等。

（5）变频器内置的PLC、PID功能适用于信号变动量较小、较稳定的系统。但由于内置的PLC、PID功能在工作时只调节时间常数，所以难以达到较为满意的过渡过程要求，而且调试比较费时。另外，这种调节不是智能的，故一般不经常采用，而是选用外置的智能化的PID调节器。例如日本富士PXD系列、厦门安东等，十分方便，使用时只要设置SV（上限值），工作时有PV（运行值）指示，又是智能化，保证具有最佳的过渡过程条件，使用较为理想。关于PLC，可按控制量的性质、点数、数字量、模拟量、信号处理等要求，选用外置PLC的各种品牌，例如西门子的S7－400、S7－300、S7－200等。

（6）信号变换器在变频器外围电路中亦被经常用到，一般由霍尔元件加电子线路组成。按信号变换和处理方式可分为电压变电流、电流变电压、直流变交流、交流变直流、电压变频率、电流变频率、一进多出、多进一出、信号叠加、信号分路等各种变换器。例如深圳的圣斯尔CE－T系列电量隔离传感器/变送器，应用十分方便。国内类似产品不少，用户可按需要自行选择应用。

（7）变频器在应用时往往要配外围电路，其方式常有：

①由自制继电器等控制元件组成的逻辑功能电路；

②买现成的单元外置电路（例如日本三菱公司的）；

③选用简易可编程控制器（国外、国内都有此产品）；

④使用变频器不同功能时，可选用功能卡（例如日本三星变频器）；

⑤选用中小型可编程序控制器。

6.2.2　变频调速系统的调试步骤

对变频调速系统的调试工作，并没有严格规定的步骤，只是大体上应遵循“先空载、继轻载、后重载”的一般规律，下面介绍通常采用的方法，以供参考。

1. 变频器的通电和预置

一台新的变频器在通电时，输出端可先不接电动机，而首先要熟悉它，在熟悉的基础上进行各种功能的预置。

（1）熟悉键盘，即了解键盘上各键的功能，进行试操作，并观察显示的变化情况等。

（2）按说明书要求进行“启动”和“停止”等基本操作，观察变频器的工作情况是否正常，同时也要进一步熟悉键盘的操作。

（3）进行功能预置，预置完毕后，先就几个较易观察的项目，如升速和降速时间、点动频率、多挡变速时的各挡频率等，检查变频器的执行情况是否与预置的内容吻合。

（4）将外接输入控制线接好，逐项检查各外接控制功能的执行情况。

（5）检查三相输出电压是否平衡。

2. 电动机的空载试验

变频器的输出端接上电动机，但电动机尽可能与负载脱开，进行通电试验。其目的是观察变频器配上电动机后的工作情况，顺便校准电动机的旋转方向，试验步骤如下：

（1）先将频率设置于0位，合上电源后，微微提升工作频率，观察电动机的起转情况及旋转方向是否正确，如方向相反，则予以纠正。

（2）将频率上升至额定频率，让电动机运行一段时间，如一切正常，再选若干个常用的工作频率，同样使电动机运行一段时间。

（3）将给定频率信号突降至0（或按停止按钮），观察电动机的制动情况。

3. 拖动系统的启动和停机

将电动机的输出轴与机械传动装置连接起来，进行试验。

1）起转试验

使工作频率从0开始微微增加，观察拖动系统能否起转，在多大频率下起转，启动过程中运行是否平稳。如起转比较困难，则应设法加大启动转矩，具体方法有：加大启动频率、加大 U/f 比、采用矢量控制等。

2）启动试验

将给定信号调至最大，按启动键，观察以下两点：

（1）启动电流的变化。

（2）整个拖动系统是否在升速。

如因启动电流过大而跳闸，则应适当延长升速时间；如在某一速度段启动电流偏大，则设法通过改变启动方式（S型、半S型）来解决。

3）停机试验

将运行频率调至最高工作频率，按停止键，观察：

（1）拖动系统停机过程是否出现因过电压或过电流而跳闸，如有则应适当延长降速时间。

（2）当输出频率为0时，观察拖动系统是否有爬行现象，如有则应适当加强直流制动。

4. 拖动系统的负载试验

负载试验的主要内容有：

（1）如 $F_{max} > F_N$，则应进行最高频率时的带负载能力试验，也就是考察在正常负载下是否带得动。

（2）在负载的最低工作频率下运行，应考察电动机的发热情况，使拖动系统工作在负载所要求的最低转速下，施加该转速下的最大负载，按负载所要求的连续运行时间进行低速连续运行，观察电动机的发热情况。

（3）过载试验，按负载可能出现的过载情况及持续时间进行试验，观察拖动系统能否继续工作。当电动机在工频以上运行时，不能超过电动机容许的最高频率范围。

任务6.3　变频器的维护保养方法

6.3.1　运行环境维护要求

为了使变频器能稳定地工作，必须确保变频器的运行环境满足其所规定的允许环境。

1. 运行场所要求

（1）电气室应保证湿气少、无水浸；

（2）保证无爆炸性、燃烧性、腐蚀性气体和液体，粉尘少；

（3）通道畅通，保证维修检查容易进行；

（4）通风口或换气装置无堵物，变频器产生的热量能及时排除。

2. 使用条件

（1）变频器的运行温度多为0～40 ℃或－10～50 ℃，要注意变频器柜体的通风性。

（2）变频器周围湿度为90%以下，周围湿度过高，存在电气绝缘降低和金属部分的腐蚀问题。如果受安装场所的限制，变频器不得已安装在湿度高的场所，变频器的柜体应尽量采用密封结构。为了防止变频器停止时结露，有时装置需加对流加热器。

（3）变频器周围不应有腐蚀性、爆炸性或燃烧性气体以及粉尘和油雾。变频器的安装周围如有爆炸性和燃烧性气体，由于变频器内有易产生火花的继电器和接触器，所以有时会引起火灾或爆炸事故。有腐蚀性气体时，金属部分产生腐蚀，影响变频器的长期运行。如果变频器周围存在粉尘和油雾时，这些气体在变频器内附着、堆积将导致绝缘降低。对于有强迫风冷装置的变频器，由于过滤器堵塞将引起变频器内温度异常上升，导致变频器不能稳定运行。

（4）变频器的耐振性随机种的不同而不同，振动超过变频器的容许值时，将产生部件紧固部分松动以及继电器和接触器等可动部分的器件误动作，导致变频器不能稳定运行。对于机床、船舶等事先能预见的振动场合，应考虑变频器的振动问题。

（5）变频器的标高多规定在 1 000 m 以下，标高高则气压下降，容易产生绝缘破坏，另外标高高冷却效果也下降，必须注意温升。

3. 电源及 EMC 标准

（1）SD 变频器符合下列电网标准：

IEC/EN61000 -4 -4：瞬变电压/噪声脉冲：4 kV；

（VDE0847Part4 -4）；

IEC/EN61000 -4 -5：浪涌电压：4 kV 共模；

（VDE0847Part4 -5）2 kV 差分；

IEC/EN61000 -4 -11：电压塌陷：30%，60 ms；

（VDE0847Part4 -11） 10%，100 ms；

电压中断：>95%，5 s；

电压波动：Vrated；10%；

IEC/EN61000 -2 -4：工业环境低频干扰的兼容性；

（VDE0839Part2 -4）级 3，10% 畸变系数（THD）；

EN61000 -3 -2 谐波电流的限定值。

（2）EMC 规则：

1 级：普通工业环境；

EMC 电机传动标准 EN61800 -3。

2 级：具有滤波器的工业环境；

EMC 电机传动标准 EN50081 -2 和 EN50082 -2。

（VDE083981 -2 部分和 VDE083982 -2 部分）

3 级：具有滤波器的民用、商业环境；

EMC 电机传动标准 EN50081 -2 和 EN50082 -2。

（VDE083981 -1 部分和 VDE083982 -1 部分）

4. IP 防护等级

IP 码定义了变频器的防护等级，IP20/IP21（对应 NEMA1）意味着变频器必须安装在防护等级很高的柜子中以适应周围的环境，IP56（对应 NEMA4/12）的变频器有单独的机壳，可以安装在柜外。

IPXXX 等级的详细描述如下：

第一个数字 X 表示防护外来物等级，其含义如下：

0——无防护；

1——防护大于 50 mm 的固体物质；

2——防护大于 12 mm 的固体物质；

3——防护大于 2.5 mm 的固体物质；

4——防护大于 1 mm 的固体物质；

5——防护粉尘（有限侵入）；

6——防护粉尘（完全）。

第二个数字 X 表示防水等级，其含义如下：

0——无防护；

1——防护水垂直浇入；

2——防护水以 15°直接喷洒；

3——防护水以 60°直接喷洒；

4——防护水以任何角度直接喷洒；

5——防护来自各个方向的低压喷射；

6——防护来自各个方向的高压喷射；

7——防护浸泡在 15 cm 和 1 m 以下；

8——防护浸泡在一定压力的水中。

注意：一定不要把 IP21 防护等级的变频器应用到不符合其防护规范的场合。

第三个数字 X 表示安全要求（一般不标注）。

6.3.2　通用变频器的维护

1. 变频器的检查

尽管新一代变频器的可靠性已经很高，但是如果使用和维护不当，仍可能发生故障或导致运行状况不佳，缩短设备的使用寿命。即使是最新一代的变频器，由于长期使用，以及温度、湿度、振动、尘土等环境的影响，其性能也会有一些变化。如果使用合理、维护得当，则能延长机器的使用寿命，并能减少因突然故障造成的生产损失。因此，变频器的日常维护与检查是不可缺少的。

1）变频器检查注意事项

操作者必须熟悉变频器的基本原理、功能特点和指标等，具有操作变频器运行的经验；维护前必须切断电源，还要特别注意主回路中的电容器部分，确认电容放电结束后再行作业。

测量仪表的选择应符合厂家的规定，选择仪表及进行测量时，应按厂方规定进行，必要时可以询问厂家。

2）日常检查项目

检查变频器在运行时是否有异常现象；安装地点的环境是否异常；冷却系统是否正常；变频器、电动机、变压器、电抗器等是否过热、变色或有异味；变频器和电动机是否有异常振动、异常声音；主回路电压和控制回路电压是否正常；滤波电容器是否有异味，小凸肩（安全阀）是否胀出；各种显示是否正常。

3）定期检查的主要项目及维护方法

需做定期检查时，待停止运行后，切断电源，打开后即可进行。但必须注意，即使切断电源，主电路直流部分的滤波电容器放电也需要时间，需待充电指示灯熄灭后，用万用表等确认直流电压已降到安全电压（直流 25 V 以下），然后再进行检查。

一般的定期检查应一年进行一次，绝缘电阻检查可以三年进行一次。定期检查的重点是变频器运行时无法检查的部位，定期检查的主要项目及维护方法如表 6.1 所示。

表 6.1　定期检查的主要项目及维护方法

<table>
<tr><th colspan="2">主要项目</th><th>维　护　方　法</th></tr>
<tr><td rowspan="2">冷却系统</td><td>冷却风机</td><td>冷却风机是全密封的，维护工作不需对其进行清洁和润滑。但应注意，先将扇叶固定，然后使用压缩空气清洁散热器，以保护轴承。冷却风机损坏的前兆是轴承的噪声升高，或清洁的散热器温升高于正常水平。当变频器用于重要的场合时，请在上述前兆出现时及时更换冷却风机。
变频器频繁出现过温警告或故障，则说明冷却风机工作状态异常</td></tr>
<tr><td>散热器</td><td>在正常的使用条件下，散热器应每年清洁一次。运行在污染较严重的场合，散热器的清洁工作应频繁一些。当变频器不可拆卸时，请使用柔软的毛刷清洁散热器。如果变频器可以移动或在户外进行清洁，应使用压缩空气清洁散热器</td></tr>
<tr><td colspan="2">电解电容器</td><td>观察电解电容器是否有漏液和变形。　般情况下，电解电容的使用寿命为 100 000 h，静电容值应大于标称值的 85%。实际使用寿命由变频器的使用方法和环境温度决定。降低环境温度可以延长其使用寿命，但电容的损坏不可预测</td></tr>
<tr><td colspan="2">接触器、充电电阻</td><td>检查接触器触点是否粗糙，检查充电电阻是否有过热的痕迹。检查绝缘电阻是否在正常范围内</td></tr>
<tr><td colspan="2">接线端子、控制电源</td><td>检查螺钉、螺栓等紧固件是否松动，进行必要的紧固；导体、绝缘体和变压器是否有腐蚀、过热的痕迹，是否变色或破损；确认控制电源电压是否正确，确认保护、显示回路有无异常</td></tr>
</table>

2. 零部件的更换

变频器由多种部件组装而成，某些部件经长期使用后性能降低、劣化，这是故障发生的主要原因。为了长期安全生产，某些部件必须及时更换。

1）更换冷却风扇

变频器主回路中的半导体器件靠冷却风扇强制散热，以保证其工作在温度允许的范围内。冷却风扇的寿命受限于轴承，为 10 000 ~ 35 000 h。当变频器连续运行时，需要 2 ~ 3 年更换一次风扇或轴承。

2）更换滤波电容器

在中间直流回路中使用的是大容量电解电容器，由于脉冲电流等因素的影响，其性能劣化受周围温度及使用条件的影响很大。在一般情况下，使用周期大约为 5 年。由于电容器经过一定时间后劣化会迅速发展，所以检查周期最长为 1 年，接近寿命时，检查周期最好在半年以内。定期检查的主要项目及维护方法如表 6.1 所示。

定时器在使用数年以后，动作时间会有很大变化，所以如果在检查动作时间之后不能肯定，则需要进行更换。继电器和接触器经过长久使用会发生接触不良现象，需根据开关寿命进行更换。

熔断器的额定电流大于负载电流，在正常使用条件下寿命约为10年，可按此时间更换。

任务6.4 通用变频器的故障排除方法

6.4.1 变频器常见故障的原因分析

1. 过电流跳闸的原因分析

重新启动时，一升速就跳闸，这是过电流十分严重的表现，主要原因有：

（1）负载侧短路；

（2）工作机械卡阻；

（3）逆变管损坏；

（4）电动机的启动转矩过小，拖动系统转不起来。

重新启动时，并不立即跳闸，而是在运行（包括升速和降速运行）过程中跳闸，可能的原因有：

（1）升速时间设定太短；

（2）降速时间设定太短；

（3）转矩补偿设定较大，引起低频时空载电流过大；

（4）电子热继电器整定不当，动作电流设定得太小，引起误动作。

2. 过电压、欠电压跳闸的原因分析

过电压跳闸，主要原因有：

（1）电源电压过高；

（2）降速时间设定太短；

（3）降速过程中，再生制动的放电单元工作不理想。

如果因来不及放电造成过电压跳闸，应增加外接制动电阻和制动单元，如果有制动电阻和制动单元，那么放电支路实际上没有放电。

欠电压跳闸，可能的原因有：

（1）电源电压过低；

（2）电源缺相；

（3）整流桥故障。

3. 电动机不转的原因分析

（1）功能预置不当，一般原因有：

①上限频率与最高频率或基本频率与最高频率设定矛盾，最高频率的预置值必须大于上限频率和基本频率的预置值。

②使用外接给定时，未对“键盘给定/外接给定”的选择进行预置。

③其他的不合理预置。

（2）在使用外接给定方式时，无“启动”信号。当使用外接给定信号时，必须由启动按钮或其他触点来控制其启动，如不需要由启动按钮或其他触点控制时，应将RUN端（或FWD端）与COM端之间短接起来。

（3）其他可能的原因有：

①机械有卡阻现象；

②电动机的启动转矩不够；

③变频器发生电路故障。

6.4.2 变频器在工程应用中的故障实例分析

交流变频调速以其节能显著、保护完善、控制性能好、过载能力强、使用维护方便等特点，迅速发展起来，已成为电动机调速的主潮流。如何结合生产工艺要求正确使用变频器并使其充分发挥效益，已成人们关注的焦点。现结合工程应用中的故障实例，对变频器在应用中普遍存在的问题进行分析。

1. 电动机引起的故障

某台变频水泵，当变频器输出频率达到16 Hz时，变频器就出现过流跳闸现象。因为变频器驱动的是水泵电动机，水泵类负载的转矩与转速的平方成正比，不会在启动过程的某频率出现过载情况，变频器过流肯定另有原因。断开电动机，空载运行正常（该变频器可以空载运行），再接入电动机，仍然在16 Hz左右出现过流跳闸。换一台电动机，运行正常，说明过流是电动机故障。

案例处理：拆解电动机，发现电动机绕组有短路现象。原来变频器的输出频率上升时，电压也在上升，当电压上升到匝间击穿电压时，变频器就出现过流跳闸现象。

2. 使用条件造成的故障

一家油田某采区所用的九台变频器在短期内烧毁三台，故障都是变频器控制板上的变压器烧毁，导致主板等部件损坏。据了解，该地区电网电压有时高达480 V，远超过手册中规定的+10%的电压上限，使绝缘裕度较小的控制变压器烧毁，这是一个变频器用于严重过压条件下而损坏的典型事例。

因此，使用变频器时，应对使用现场的电网质量、环境温度、粉尘、干扰等条件认真调查，外部条件不能满足要求时应采取有效措施加以解决。

3. 操作不当引起的故障

一般情况下，不能用电源侧接触器KM1的触头来控制变频器的运行和停止，应该使用控制面板上的操作键或接线端子上的控制信号对电动机的启动和制动进行控制，只有在故障的情况下，不得已才通过接触器直接切断电源。实际应用中，有许多控制方案设有电源侧接触器，图6.11所示为实现工频和变频运行的控制方案。

由图6.11可知，该方案电动机正常启动过程是：按SB1、KM2通电，其常开触点闭合，使KM1通电并实现自锁，变频器通电，然后再通过操作变频器启动电动机。

停车时应先通过变频器操作使电动机停止，再按SP、KM1、KM2断电，切断变频器电源。但在实际操作过程中，若在外控模式下控制线没有断开，按下SB1电动机很有可能直接启动。停车时若直接按SP，电动机将自由停车。这种由接触器KM的触头来直接控制变频器运行和停止的控制方式，当电压型交－直－交变频器通电时，主电路将产生较大充电电流，频繁重复通断电，将产生热积累效应，引起元件的热疲劳，缩短设备寿命。因此，上述

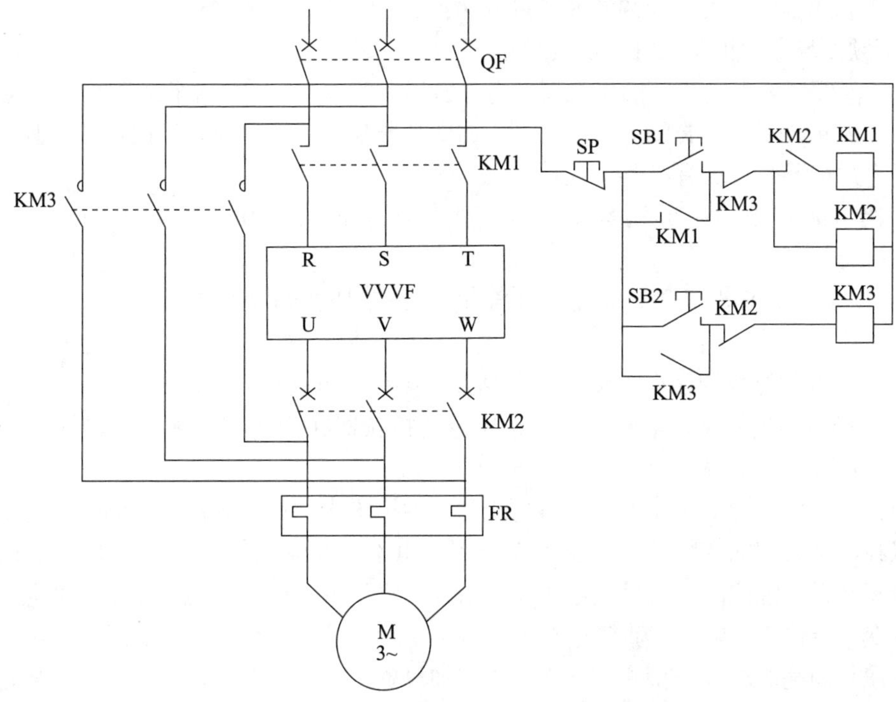

图 6.11　实现工频和变频运行的控制方案

方案若用于频繁启动的设备，很容易引起故障跳闸，是不允许的。

4. 避免故障应注意的问题

1）电动机的过载保护

部分“专业”人员认为，变频器内部的过载保护只是为保护其自身而设，对电动机过载保护不适用，为了保护电动机，必须另设热继电器。所以在实际应用中，各种变频调速控制方案在电路的不同位置设置了热继电器，在变频器的输出端与电动机的输入端之间更为常见，以完成所控单台电动机的过负荷保护，这显然又是一种误解。

若在变频器的输出端与电动机的输入端之间设置热继电器，在变频运行过程中，一旦热继电器动作，通过控制电路可及时断开变频器的电源，但此时变频器内部的泵升电压限制电路已关闭，而其输出端仍与电动机的输入端相连，电动机不能实现发电制动还在高速运转，在电动机剩磁的作用下所产生的感应电动势很有可能损害逆变模块。对于一台变频器控制一台标准四极电动机的控制方案而言，使用变频器电子热过载继电器保护电动机过载，无疑要优于外加热继电器。通常，考虑到变频器与电动机的匹配，电子热过载继电器可在 50% ~ 105% 额定电流范围内选择设定。

只有在下列情况时，才用常规热继电器代替电子热继电器：

（1）所用电动机不是四极电动机；

（2）使用特殊电动机（非标准通用电动机）；

（3）一台变频器控制多台电动机；

（4）电动机频繁启动。

但是，如果用户有丰富的运行经验时，仍建议通过电子热继电器的合理设定（引入校正系数）来完成单台电动机变频调速的过载保护。

2）变频器与电动机间不宜装设接触器

装设于变频器和电动机间的接触器在电动机运行时通断，将产生操作过电压，对变频器造成损害，因此，用户手册要求原则上不要在变频器与电动机之间装设接触器。但是，当变频器用于下列情况时，仍有必要设置：

（1）当节能控制的变频调速系统常工作于额定转速，为实现经济运行需切除变频器时；

（2）参与重要工艺流程，不能长时间停运，需切换备用控制系统以提高系统可靠性时；

（3）一台变频器控制多台电动机（包括互为备用的电动机）时；

（4）变频器输出侧设置电磁机构时，应避免接触器在变频器有输出时动作，任何时候严禁将电源接入变频器输出端。

目前，有些用户为了方便测试负荷电缆和电动机绝缘，在变频器输出侧设置自动空气开关，用以在测试时切除变频器，该法弊大于利。由于变频器输出电缆（线）要求选用屏蔽电缆或穿管敷设，缆线故障概率很小。通常情况下测量电动机及电缆绝缘时，可选用铅丝或软铜线将变频器输入、输出、直流电抗器和制动单元连接端子可靠短接后进行测试，仅在需要测量电缆相间绝缘时拆线检测，确无必要增加投资，否则还要采取可靠措施，防止在运行中误操作。

任务 6.5 项目实训

6.5.1 变频器与外围设备的选择安装

1. 实训目的

（1）熟悉变频器与外围设备的型号与规格。

（2）掌握变频器与外围设备的接线方式。

（3）进一步熟悉变频器电路的设计原则。

2. 实训设备及仪器

（1）实施地点：变频器实训室。

（2）准备器材：三菱 FR－E500 系列变频器、断路器、接触器、交流电抗器、连接导线、滤波电抗器、工具箱。

3. 实施内容与步骤

变频器外围设备的选择和安装如图 6.12 所示。

（1）观察实训室所用的变频器、断路器、交流接触器、交流电抗器、连接导线、滤波电抗器等器件的型号和规格，计算以上器件能适应的电动机最大功率是多少。

（2）按图 6.12 接线并通电运行，记录并填入表 6.2 中。

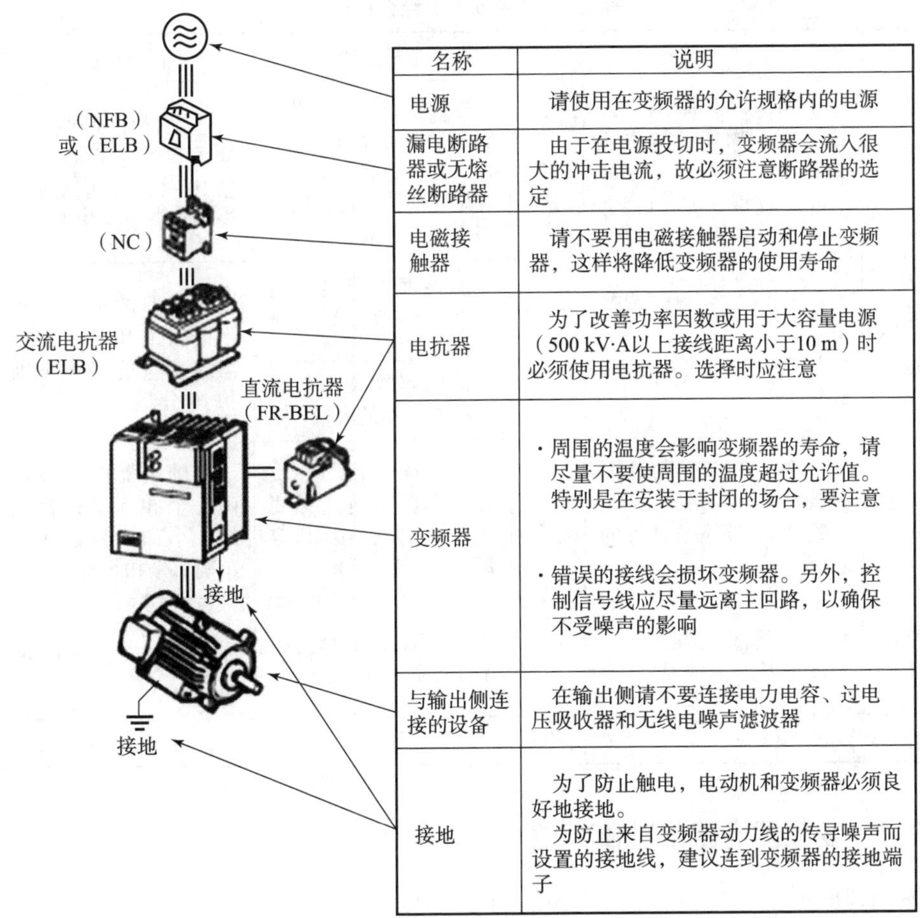

名称	说明
电源	请使用在变频器的允许规格内的电源
漏电断路器或无熔丝断路器	由于在电源投切时，变频器会流入很大的冲击电流，故必须注意断路器的选定
电磁接触器	请不要用电磁接触器启动和停止变频器，这样将降低变频器的使用寿命
电抗器	为了改善功率因数或用于大容量电源（500 kV·A以上接线距离小于10 m）时必须使用电抗器。选择时应注意
变频器	· 周围的温度会影响变频器的寿命，请尽量不要使周围的温度超过允许值。特别是在安装于封闭的场合，要注意 · 错误的接线会损坏变频器。另外，控制信号线应尽量远离主回路，以确保不受噪声的影响
与输出侧连接的设备	在输出侧请不要连接电力电容、过电压吸收器和无线电噪声滤波器
接地	为了防止触电，电动机和变频器必须良好地接地。 为防止来自变频器动力线的传导噪声而设置的接地线，建议连到变频器的接地端子

图 6.12 变频器外围设备的选择和安装

表 6.2 变频器及外围设备的选用

器件名称	型号、规格	额定电流	适用电动机最大功率/kW
变频器			
断路器			
交流接触器			
交流电抗器			
滤波电抗器			
连接导线			

[评价标准]

教师根据对学生的观察记录结果及提问，按表 6.3 给予评价。

表6.3 任务6.5.1综合评价表

项目	内　　容	配分	考核要求	扣分标准	得分
实训态度	1. 实训的积极性； 2. 安全操作规程遵守情况； 3. 纪律遵守情况； 4. 完成技能训练报告	30	积极参加实训，遵守安全操作规程和劳动纪律，有良好的职业道德和敬业精神，技能训练报告符合要求	违反操作规程扣20分；不遵守劳动纪律扣10分；技能训练报告不符合要求扣10分	
变频器类型和容量的选择	1. 变频器类型的选择方法； 2. 变频器容量选择的计算	30	能根据生产机械的类型合理地选择变频器的种类；能根据电动机的容量大小合理选择变频器的容量	变频器的类型选择不正确扣10分；变频器的容量选择不正确扣10分	
变频器外围设备的选择	1. 熟悉变频器的外围设备； 2. 变频器外围设备的选择	30	能根据负载的性质和大小正确地选择变频器外围电器及其容量的大小和型号	外围电器选择不正确每个扣5分；容量的大小和型号选择不正确每个扣5分	
工具的整理与环境清洁	1. 工具整理情况； 2. 环境清洁情况	10	要求工具码放整齐，工作台周围无杂物	工具码放不整齐1件扣1分；有杂物1件扣1分	
合计		100		各项配分扣完为止	

6.5.2　变频器电路的故障排除

1. 实训目的

（1）熟悉变频器的故障诊断显示数据。

（2）掌握变频器的故障诊断方法。

（3）掌握变频器的故障排除方法。

2. 实训设备及仪器

（1）实施地点：变频器实训室。

（2）准备器材：三菱FR－E500系列变频器、断路器、接触器、交流电抗器、连接导线、滤波电抗器、工具箱。

3. 实施内容与步骤

1）变频器有故障诊断显示数据

当变频器发生故障后，如果变频器有故障诊断显示数据，其处理方法是：查找变频器使用说明书当中有关指示故障原因的内容，找出故障部位。用户可根据变频器使用说明书指示部位重点进行检查，排除故障元件。

2）变频器无故障诊断显示数据

当变频器发生故障，而又无故障显示时，不能再贸然通电以免引起更大的损坏。这时应在断电后，做电阻特性参数测试，初步查找问题所在。

（1）主电路的检查。

以三菱FR－E500系列变频器为例，打开变频器端盖，去掉所有端子的外部引线。检查

N、P、T_1、R、S、T、U、V、W 等端子之间的导通情况及电阻特性参数，这些端子与主电路之间的联系如图 6.13 所示。把指针式万用表置于 1 Ω 或 10 Ω 挡，如果测试状态正常，其测试结果如表 6.4 所示，所谓导通，即电阻为几欧至几十欧；不导通，则电阻很大，在十几千欧以上。

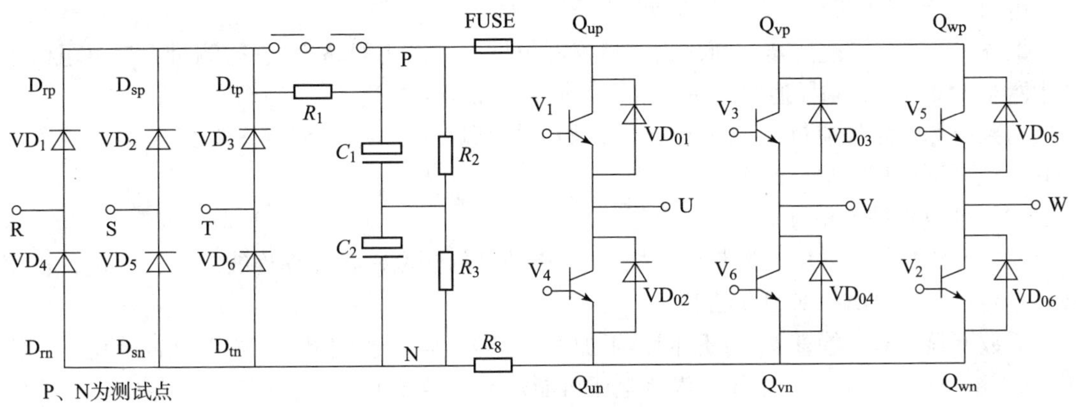

图 6.13 主电路原理图

表 6.4 测试状态正常表

被测元件	表笔连接端		测试结果	被测元件	表笔连接端		测试结果
	红（-）	黑（+）			红（-）	黑（+）	
电容	P	N	几百欧	线圈 R_1，T_1	R_1	T_1	十几欧至几十欧
	N	P	呈容性，最终为几十千欧		T_1	R_1	十几欧至几十欧
D_{rp}	P	R	导通	Q_{up}	P	U	导通
	R	P	不导通		U	P	不导通
D_{sp}	P	S	导通	Q_{vp}	P	V	导通
	S	P	不导通		V	P	不导通
D_{tp}	P	T	导通	Q_{wp}	P	W	导通
	T	P	不导通		W	P	不导通
D_{rn}	N	R	不导通	Q_{un}	N	U	不导通
	R	N	导通		U	N	导通
D_{sn}	N	S	不导通	Q_{vn}	N	V	不导通
	S	N	导通		V	N	导通
D_{tn}	N	T	不导通	Q_{wn}	N	W	不导通
	T	N	导通		W	N	导通

对相同的元件做测量时，如果发现测试结果不一致或差别很大，则说明某元件出现了问题。例如：测量 Q_{vp}时，在 P、V 之间用黑红表笔不管怎么测量都导通，则说明这只 GTR 已坏，应再细查。

以下情况需注意：检测中发现 D_{rp}、D_{sp}、D_{tp} 的 R、P 之间，S、P 之间，T、P 之间，用黑红表笔调换测量都不通，可以判断是整流桥损坏或充电电阻 R_1 烧坏；在 Q_{up}、Q_{vp}、Q_{wp} 的检测中，若 P、U 之间，P、V 之间，P、W 之间用黑红表笔调换测量均不导通，则判断可能是 GTR 损坏或 FUSE 烧断；在对 Q_{un}、Q_{vn}、Q_{wn} 检测时，发生上述情况，除 GTR 可能损坏外，电阻 R_8 也可能烧坏。其测试结果如表 6.4 所示。

上述检查后，若进一步判断，则应将控制板拆下，对主回路 R_1 进行测量，其电阻值为几十欧至 150 Ω，如果导通则说明短路开关损坏或继电器粘连。

初判损坏的元件应拆下来单独检查，如果损坏则需更换。75 kV · A 以上的变频器的 GTR 一般并联使用，更应逐个检查。

（2）驱动电路的检查。

在主回路检修后，接上控制板，拔下 GTR 基极的插座，将外部连线接上。通电，观察数显是否正常，CHARGE 灯是否亮。

无数字显示时，检查 R_1 与 T_1 间是否加上了 380 V 电压。如果 R_1 与 T_1 之间有电压，检查 3052 稳压块是否有 5 V 电压，没有电压可能是变压器损坏，也可能是稳压块损坏。

CHARGE 灯不亮时，可能是主电路无电，检查 N、P 之间电压是否为 540 V，如果是 540 V，那么可能是 CHARGE 灯损坏或 CHARGE 灯电路有问题。

数字显示正常后，把 U/f 设定在 0 挡，将频率升至 50 Hz，校测 B_{u1}、B_{v1}、B_{w1} 和 B_{u2}、B_{v2}、B_{w2} 波形。示波器探头的测试点如表 6.5 所示，标准波形如图 6.14 所示，其电压幅值为参考数值，变频器不同电压幅值也不同。

表 6.5　示波器探头的测试点

正端	B_{u1}	B_{v1}	B_{w1}	B_{u2}	B_{v2}	B_{w2}
地端	E_u	E_v	E_w	E		

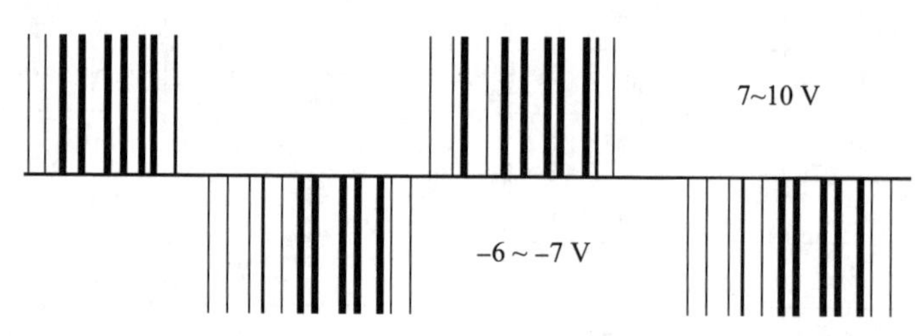

图 6.14　GTR 驱动波形

如果波形异常，说明被检测驱动电路有问题，应细查驱动管、驱动电路中的元件及电源部分的电压。

3）大功率晶体管（GTR）的简易测量

如果怀疑大功率晶体管 GTR 有问题，在没有 GTR 的测试设备条件下，可用万用表简易判断，检查步骤如下：

（1）关断输入电源，确保 CHARGE 灯不亮后，拆除端子上的 R、S、T、U、V、W 接线。

（2）拆除控制电路板上的连接件，将电路板连同附件板一起从设备上拆下。

（3）如果模块是并联使用的情况，拔出模块 B_2、B_{2x}、E_2中的并联端子（捏拔电线的端子插头，不要拔电线本身），然后测试每个模块。GTR 模块的原理图和端子平面图如图 6.15 所示。

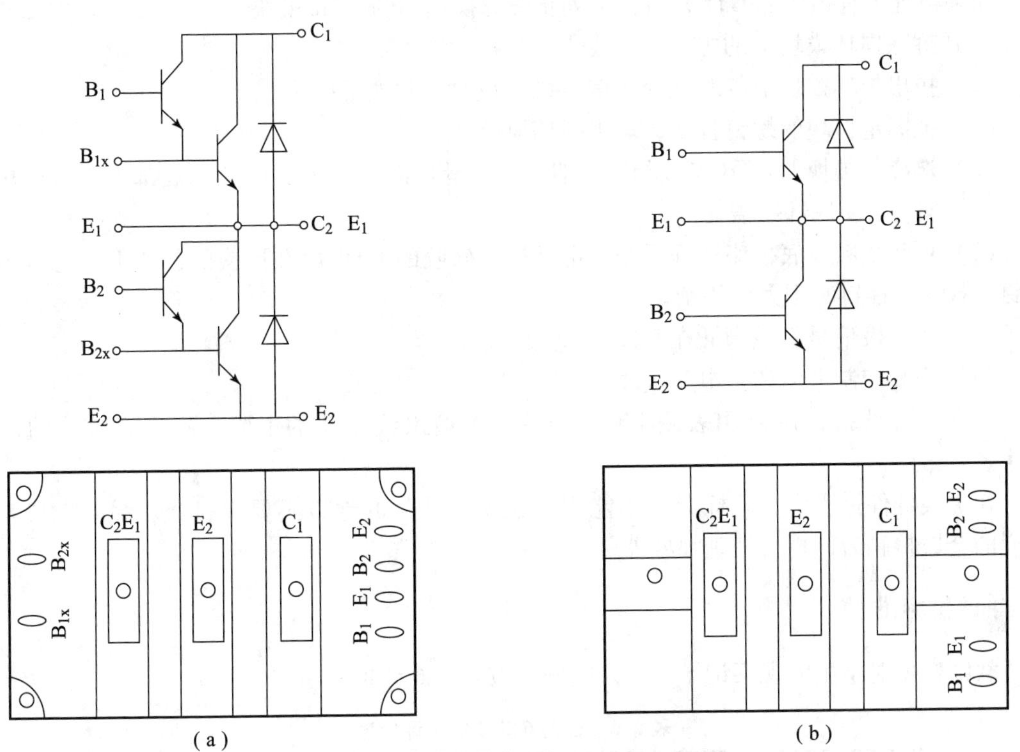

图 6.15　GTR 模块的原理图和端子平面图

（a）100 A/150 A 模块；（b）30 A/50 A 模块

（4）把万用表调至 1 Ω 或 10 Ω 挡，如图 6.16 所示，其为正常。

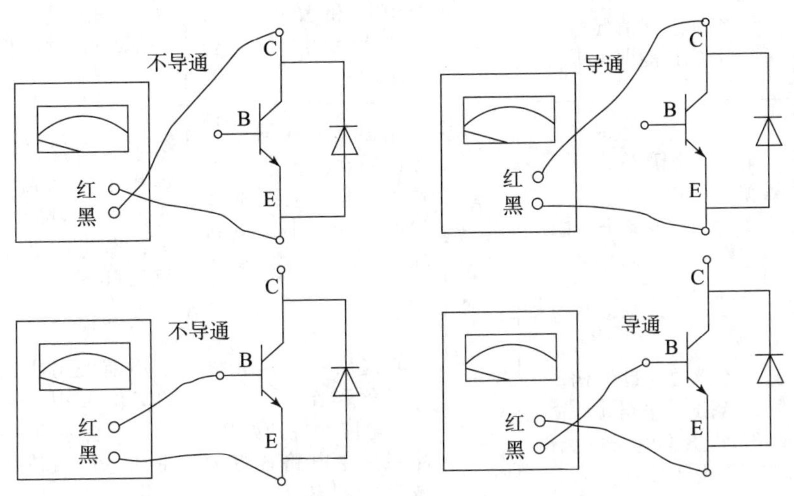

图 6.16　使用万用表检查 GTR 模块

注意：不导通时电阻值为无穷大，导通时电阻值为几欧至几十欧，用这种方法可初步判断选用的 GTR 是否可用。

4）大功率晶体管（GTR）的更换

如果检查出有损坏的 GTR，可按下列步骤更换损坏的 GTR 模块：

（1）拆除损坏模块上的主电路接线。

（2）拔出损坏模块上的基极控制信号线（拔时手拿端子插头）。

（3）把固定模块的螺钉拧下，取出损坏模块。

（4）选择与被换的 GTR 参数相同的器件，测量合格后，在该 GTR 的底部涂少量导热硅胶，涂抹均匀，将底部覆盖住。

（5）再将变频器底板座清理干净，把已涂过硅胶的 GTR 放在更换的位置上，拧紧固定螺钉，拧 4 个螺钉时用力要均衡。

（6）将基极信号隐线脚插在 GTR 的基极上。

（7）恢复控制电路和主电路接线。

（8）连完线后，用万用表测 PN 端子及每个输出线之间的电阻，确定无短路的现象发生。

在更换器件过程中，对标有“不能用手触摸部件”的地方不要去触摸，手应先与大地接通的金属接触后，再去处理那些器件。

［评价标准］

教师根据对学生的观察记录结果及提问，按表 6.6 评价。

表 6.6　任务 6.5.2 综合评价表

项目	内　容	配分	考核要求	扣分标准	得分
实训态度	1. 实训的积极性； 2. 安全操作规程遵守情况； 3. 纪律遵守情况； 4. 完成技能训练报告	30	积极参加实训，遵守安全操作规程和劳动纪律，有良好的职业道德和敬业精神，技能训练报告符合要求	违反操作规程扣 20 分；不遵守劳动纪律扣 10 分；技能训练报告不符合要求扣 10 分	
变频器的故障诊断方法	1. 有故障诊断显示数据； 2. 无故障诊断显示数据	20	能根据变频器的故障诊断显示数据及时排除故障；若无故障诊断显示数据，则排除故障，恢复显示数据	不能根据显示的数据找出故障扣 10 分；不能排除故障每个扣 5 分；不能恢复显示数据扣 10 分	
变频器主回路的检查	1. 熟悉主电路结构； 2. 测试主电路元件； 3. 熟悉主电路各点的波形和电压数值	20	能说出主电路元件的名称和作用；能判断主电路元件的好坏；能测量主电路各点的波形和电压数值	不能说出主电路元件名称和作用每个扣 5 分；不能测量各点波形和电压数值每个扣 5 分	

续表

项目	内　　容	配分	考核要求	扣分标准	得分
变频器驱动电路的检查	1. 熟悉驱动电路的组成； 2. 测试驱动电路的波形； 3. 熟悉控制回路的各模块	20	能说出驱动电路在电路板上的位置；能判断驱动电路模块的好坏；能测量驱动电路的波形	不能说出驱动电路在电路板上位置扣10分；不能判断驱动电路模块好坏扣5分；不能测量驱动电路波形扣5分	
工具的整理与环境清洁	1. 工具整理情况； 2. 环境清洁情况	10	要求工具码放整齐，工作台周围无杂物	工具码放不整齐1件扣1分；有杂物1件扣1分	
合计		100		各项配分扣完为止	

【练习与思考】

1. 若将 R、S、T 端子与 U、V、W 端子反接会怎样？

2. 变频器对安装环境有何要求？试述柜式变频器安装时要注意的问题。

3. 通用变频器的维护包括哪些方面？

4. 简述通用变频器定期检查的主要项目及维护方法。

5. 试分析通用变频器过电流跳闸的原因。

6. 变频器种类选择的依据是什么？变频器容量选择的依据是什么？

7. 为什么不能用电源侧的交流接触器来停止变频器的输出？

8. 在决定变频器与电动机之间连接导线的线径时，最关键的决定因素是什么？应满足什么条件？

9. 变频器输出端与电动机之间一般不需要外配热继电器，在哪些情况下要考虑外配热继电器？

项目7 变频器工程应用实例

知识目标：

1. 掌握搅拌机的变频调速控制电路。
2. 熟悉多单元同步运行变频调速控制系统。
3. 掌握普通车床的变频调速控制电路。
4. 掌握恒压供水系统的变频调速控制电路。
5. 掌握常规起重运输设备的变频调速控制电路。

技能目标：

1. 能根据搅拌机的实际工作情况，安装、调试及维护电气控制电路。
2. 能对普通车床的电气控制电路进行变频改造。
3. 能根据恒压供水的要求，安装调试变频控制电路。
4. 能对起重运输设备的变频调速控制电路进行安装、调试及维护。

任务7.1 搅拌机的变频调速控制系统

搅拌机广泛应用于料浆的均化、分散工艺过程，搅拌机多数属于周期性间歇操作，驱动电动机需要频繁启动。在电动机传统启动过程中，由于料浆具有黏滞性和惯性，料浆由静止到稳定运动需要数秒的时间。在此非稳定状态中，料浆作用于浆叶的阻力很大，电动机会产生短时过载，从而影响电动机的寿命。同时，短时过载电流很大，电能损耗大而电动机效率较低，所以造成了一定的电能损失。此外，现存搅拌机一般没有变速装置，当原料物理参数变化需要不同的搅拌速度时，难以达到最佳的搅拌效率。

近年来，随着三相交流异步电动机变频调速技术的不断发展，独立的可组态变频控制单元－变频器的制造技术日趋成熟，其质量和运行可靠性达到了相当高的水平，变频器在各领域的变速驱动装置中得到了广泛应用。使用变频器的控制功能，不仅可以在较大范围内调节电动机转速，还可以改善电动机的机械性能，对降低搅拌机能耗、提高搅拌效率具有重要作用。

1. 搅拌机变频调速装置的功能及优点

（1）搅拌机变频调速装置为开环调节；

（2）变频器的软启动功能可大大减小启动冲击电流；

（3）变频器已带有智能保护，故障时自动停机并记录；

（4）可根据不同的工艺、不同的物料及时给定不同的转速，提高产品质量；

（5）通过变频调速可降低损耗，实现节能。

2. 搅拌机变频调速实施方案

保留搅拌机原工频系统，并与搅拌机的变频系统互为备用，可相互切换使用，工频与变频之间相互联锁。由于搅拌机对转速的精度要求并不高，变频器可选用专用型或普通型。

当需要电动机工频运行时，为减少电动机启动电流对电网的冲击和摆脱电网容量对电动机启动的制约，搅拌机一般采用变频器启动（KM1 和 KM2 通、KM3 断），待频率升到50 Hz后再切换至工频运行（KM1 和 KM2 断、KM3 通），其中 KM2 与 KM3 之间必须有互锁，如图 7.1 所示。

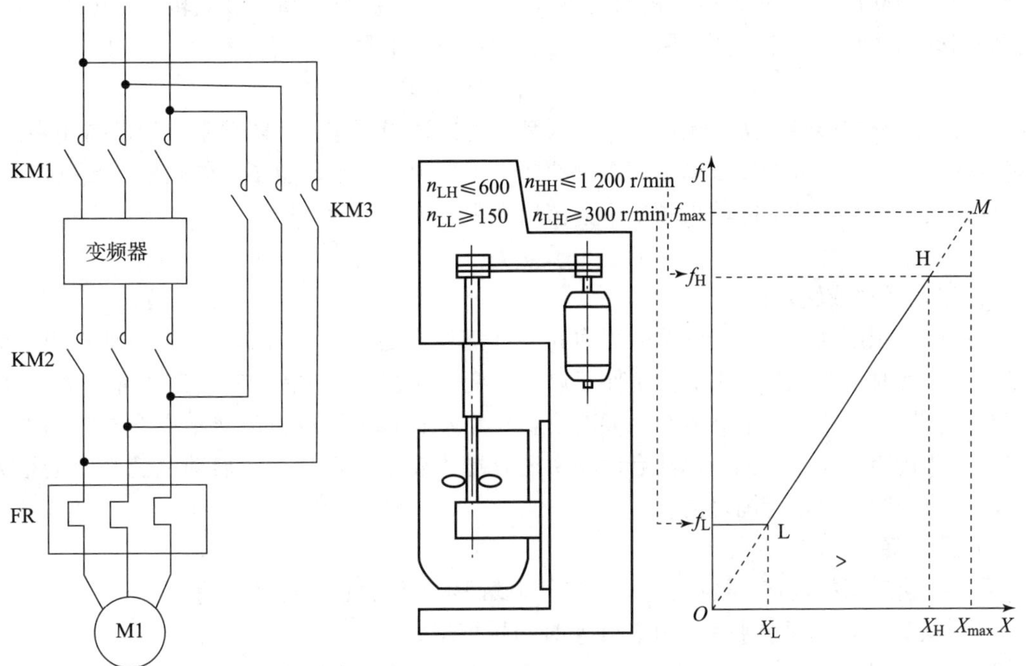

图 7.1　搅拌机电气控制电路

当变频器的长期运行频率要求达到48 Hz左右时，建议直接采用工频运行，变频与工频运行切换时必须注意，先断开KM2，再接通KM3。工频运行无法实现调速，但由于省略了变频器可以减小部分损耗。

变频运行可对搅拌机实现工频以下的调速，使转速适应最佳工况，迅速适应负载变动，始终保持电机的输出高效率运行。搅拌机的特性与泵类负载相似，运行时的实际功率与其转速（频率）的三次方成正比，黏度高的该比例会有所下降（一般会介于二次方与三次方之间），故采用变频器调速控制在满足生产工艺的前提下适当降低运行速度，可达到节能效果。但当运行频率超过额定频率时，电机的实际输出功率也大大超出了额定功率，所以风机、泵类、搅拌机之类的负载，电机的运行频率不能超过额定频率。大惯量的搅拌机在传统工频启动时电流冲击和停机时的瞬间冲击是不言而喻的，变频调速装置通过软启动（制动），在启动和停机时对电流有着良好的平滑控制，可以有效地减少对电网的冲击。

3. 变频器的参数设置方法

搅拌机根据生产工艺过程的实际需要，要求有不同的运行方式，根据搅拌物料的特性以及加入其他化学物质的时间不同，可以设定多段速控制，也可以通过变频器面板输入设定运行频率，高档的可采用计算机控制的运行模式实现无级调速。不管采用哪种方式，启动与制动时最容易出问题，必须予以重视。搅拌机对转速运行范围是有限制的，绝对不能超过额定频率运行。以某搅拌机为例，采用变频调速，根据工艺要求的最高转速是600 r/min，最低转速是150 r/min（图7.1），变频器以下几个参数是必须设置的：

1）上、下限频率设置

根据生产机械所要求的最高与最低转速，通过电动机与生产机械之间的传动比，可以计算出相对应的电动机转速，本例中传动比为2∶1，即电动机相对应的最高转速是1 200 r/min，最低转速是300 r/min。根据电动机的极数（本例为4极）与最高、最低转速，可大致推算出变频器的输出频率范围，用上限频率（f_H表示）与下限频率（用f_L表示）来限定：

$$f_H = 40\ \text{Hz};\ f_L = 10\ \text{Hz}$$

考虑转差率的影响，实际调试时上下限频率可以适当调整，上限频率小于最高频率，比最高频率优先。上限频率要根据生产机械的要求来决定，一旦设定了上限频率，无论控制信号怎么变化，变频器的实际输出频率不会超出上限频率。

$$f_H \leqslant f_{max}$$

2）启动频率或转矩提升

搅拌机在刚启动时，由于料浆的阻力和惯性需要有足够大的力矩，如果启动转矩不够，变频器在启动时就会跳闸罢工。为了便于启动，变频器在启动时需要有一定的冲击力，可根据需要预置启动频率，使电动机在该频率下直接启动；也可采取修改转矩提升参数的方法，以提高启动转矩。注意，无论提高启动频率还是增大转矩提升比例，启动电流必然会增大，调试时必须控制在要求范围之内。

3）升、降速时间

升、降速时间的设定，要根据具体情况调试而定，调试的依据主要有：

（1）从工作效率要求来说，升、降速时间越短越好。

（2）从启动性能来说，希望整个启动过程电流要平稳，为此升速时间要适当延长。

（3）制动过程为了不使泵升电压过高，降速时间也不能太短。

也就是说，在保证启动与制动过程中电流、电压相对平稳的前提下，升、降速时间越短越好，具体要根据电动机的功率与负载性质而定。

任务7.2 多单元同步联动的变频控制系统

在造纸、纺织、印染、轧钢等机械中，整台机器具有若干个单元，每个单元都有各自独立的拖动系统，在整个运行过程中，要求各单元的运行速度保持一定的协调关系。

1. 系统主控方案

根据生产工艺的要求不同，同步联动控制必须要有较大的相应调速范围，主机与各从动单元的副机能根据主控指令在较大的范围内进行同步调速，同步联动主控电路框图如图7.2所示。

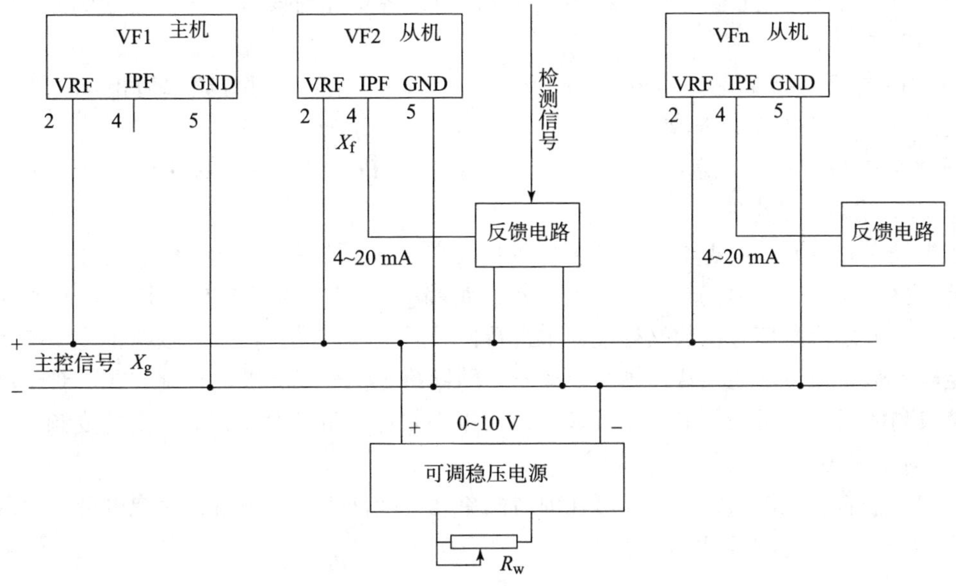

图7.2 同步联动主控电路框图

各单元变频器均采用外接给定方式，将所有控制单元变频器的外接电压给定电路并联，由同一个可调直流电源提供公共给定信号 X_g，使各控制单元电动机的转速同步升降。

变频器的主要参数设置：

外部控制操作模式，Pr. 79 =2；

由于生产机械是单向传动，故主控电源是单极性的，Pr. 78 =1（不可反转）；

电源电压0 ~10 V，Pr. 73 =1。

2. 同步转速统调控制

为了满足生产工艺的需要，常要求电动机能在较大的范围内调速，所以变频器的控制目标信号（给定信号）X_g是可调的。采用PID闭环控制，使控制系统的被控量在各种情况下迅速而准确地无限接近控制目标，PID调节的根本依据是反馈量与目标值之间进行比较的结果。所以实际信号（反馈信号）X_f必须随着目标信号的变化而变化（动态跟踪），只有当实际信号无限接近目标信号时，系统才会处于稳定状态。目标信号（给定信号）$X_g=0\sim10$ V，对应的目标转速 0（0%）~n_{max}（100%）由变频器 2 端输入；实际信号（反馈信号）$X_f=4\sim20$ mA，由变频器 4 端输入，对应目标转速 0(0%)~n_{max}(100%)。

目标信号频率给定线设置方法如下：

（1）在端子 2－5 间输入电压 0 V 时（0%），各单元对应频率统一设定为 0，可通过参数 Pr. 902 输入，此时输入的频率（0）将作为给定 0% 时变频器的输出频率。

（2）在端子 2－5 间输入电压 10 V 时（100%），设定对应频率为 f_{max}，可通过参数 Pr. 903 输入，此时输入的 f_{max} 将作为给定 100% 时变频器的输出频率。

由于各传动单元的机械结构不同，所以在设置各变频器的频率给定线时，f_{max} 可能是不一样的，在同样给定信号时必须保持同步关系，被加工物在各单元的线速度应保持一致。

用同样方法设置反馈信号的频率给定线：

（1）在端子 4－5 间输入电流 4 mA（0%）时，各单元对应频率统一设定为 0，可通过参数 Pr. 904 输入。

（2）在端子 4－5 间输入电流 20 mA（100%）时，各单元对应频率为相互协调的最高频率（f_{max}），可通过参数 Pr. 905 设定。

Pr. 904 和 Pr. 905 所设定的偏置频率和频率增益与 Pr. 902 和 Pr. 903 所设定的一致。

3. PID 闭环调节电路

主机是主令单元，不需要进行微调。各从动单元变频器的工作频率（从动电动机的转速）除了接受主给定信号的统一控制外（动态跟踪），还将接受反馈信号控制。有些简单的控制场合可采用检测信号在数据处理器中进行比较后变换成模拟信号，接至各从动单元的辅助给定输入端，通过功能预置使主给定信号与辅助给定信号相叠加的控制方式。对于动态控制性能较高的场合，可采用 PID 闭环调节，所以必须选用带有 PID 控制功能的变频器。

1）对于张力型生产机械的控制方案

被加工物若有足够大的张力，可在前后两单元之间加入一根滑棍，滑棍可带动无触点电位器 R_P 上下滑动，如图 7.3 所示。

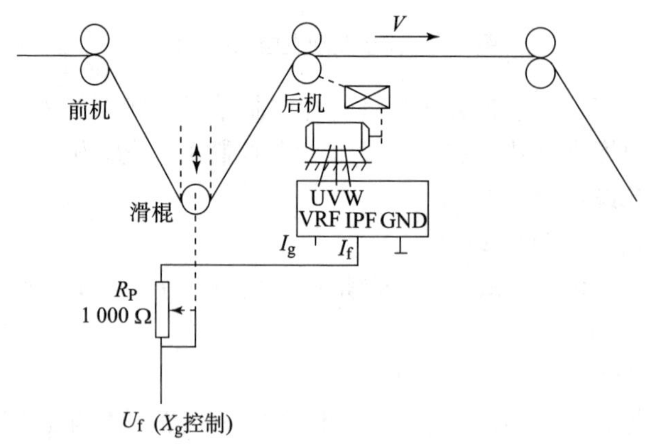

图 7.3　张力型检测反馈电路

设无触点电位器 R_P 的阻值为 1 000 Ω，通过调节弹簧拉力，使正常张力与 R_P 的中间位置相对应，此时阻值约为 500 Ω，变频器端 4 的输入阻抗为 250 Ω，则反馈信号 X_f = 4 ~ 20 mA，对应电压 U_f = 3 ~ 15 V。也就是说，给定信号 X_g = 0 时，对应反馈电压 U_f = 3 V；给定信号 X_g = 10 V 时，对应反馈电压 U_f = 15 V。

实际应用中由于有误差，首先应确保在正常张力情况下，X_f = 4 ~ 20 mA 与 X_g = 0 ~ 10 V 相对应，U_f 大小以调试为准。

当前后机转速完全同步时，张力正常，无触点电位器 R_P 的阻值为中间值 500 Ω，IPF 端输入阻抗为 250 Ω，所以当 X_g = 0 时，U_f = 3 V、X_f = 4 mA；当 X_g = 10 V 时，U_f = 15 V、X_f = 20 mA，反馈值等于设定目标值，系统处于稳定运行状态。若由于某种原因造成后机的转速大于前机同步转速，则张力增大，滑棍带动无触点电位器 R_P 上移，无触点电位器 R_P 的阻值将小于 500 Ω，而设定目标值 X_g 和 U_f 不变，所以实际反馈值 X_f 将大于设定目标值 X_g，通过变频器内置的 PID 调节作用，使后机变频器的输出频率减小，直至后机的转速无限接近同步转速。

反之，若后机转速小于同步转速时，张力减小，滑棍在弹簧拉力作用下，带动无触点电位器 R_P 下移，电阻增大，反馈电流减小，通过 PID 闭环调节作用，变频器的输出频率增大，使后机转速上升，直到张力达到正常设定值，也就是前后单元转速达到完全同步。

2）对于非张力型或张力较小生产机械的控制方案

利用增量式光电编码器来检测主（前）机与从（后）机的转速，经过脉冲信号处理、加减计数器、译码器、数模转换及比例放大，产生一个负反馈信号 X_f，再与目标信号 X_g 相比较，构成 PID 闭环调节控制，如图 7.4 所示。

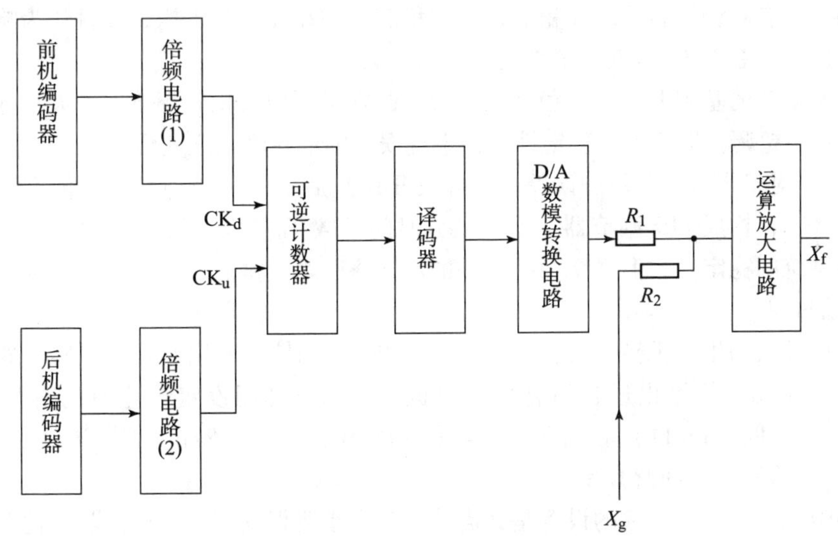

图 7.4 非张力型检测反馈电路

光电编码器是由光栅盘和光电检测装置组成的，它可以直接将角位移信号转换为电脉冲信号。光栅盘套在电动机转轴上，在光栅盘上等分地开有若干个长方形孔。电动机旋转时，光栅盘随电动机同步旋转，经发光二极管、光敏元件等组成的检测装置检测，输出若干脉冲信号，光电编码器每秒输出脉冲的个数反映了当前电动机的转速。经过各自的倍频电路（或分频）使两脉冲信号协调。也就是说，当前后两单元的转速完全同步时，在单位时间内，CK_u的脉冲数与CK_d的脉冲数是相等的。

将CK_u与CK_d两路脉冲分别输入双路脉冲可逆计数器进行比较，每输入一个CK_u脉冲，可逆计数器进行加法计数；每输入一个CK_d脉冲，可逆计数器则进行减法计数，若前后机的转速完全同步，则可逆计数器的输出为某一设定常数，数模转换电路输出为基本偏置电压，反馈信号X_f完全跟踪于主控信号X_g，即$X_g=0\sim10$ V，对应于$X_f=4\sim20$ mA。

若从机（后机）转速偏快，则CK_u脉冲数增多，可逆计数器的输出增大，数模转换电路输出增大，反馈值X_f将大于设定目标值X_g，通过变频器内置的PID调节作用，使后机变频器的输出频率减小，电动机的转速随之减慢。

反之，若从机（后机）转速小于主机（前机）的转速，则CK_d脉冲数多于CK_u的脉冲数，可逆计数器的输出减小，反馈信号X_f减小，使得从机变频器的输出频率上升，经过调节可消除转速的同步误差。

4. 其他参数设置

1）启动过程

启动时，将变频器端14触点S断开，此时PID调节不起作用，系统根据设定的启动时间常数进行启动，启动时间常数可根据生产机械的具体要求设定。待启动后再将变频器端14触点S闭合，PID调节器开始发挥作用。

2）PID调节

三菱FR－E700变频器的PID控制功能是通过参数Pr. 128～Pr. 134设置的。

如果系统响应慢，就应放大比例带，反之，减小比例带，直到系统对输入的阶跃响应出现临界振荡，略有超调，若系统无稳态误差或稳态误差在允许范围内，并且认为响应曲线已满意，此时的比例系数K_p也就是最佳的。

若在比例调节的基础上，系统稳态误差太大，则必须加入积分环节，增大积分时间常数T_I，有利于减小超调，提高系统稳定性，但系统误差的消除将随之变慢。

若使用PI调节器消除了稳态误差，但经反复调整后，对系统动态响应仍不满意，则可以加大微分环节，构成PID调节器。增大微分时间常数T_D可以加快系统的响应、使超调量减小，提高系统的稳定性，但系统稳态误差的消除将随之变慢。

3）制动过程

对于惯性较大的生产机械，可在端子“+”与PR间接入专用制动电阻器。通过在电动机上施加直流制动，使停止过程适合生产机械的要求。利用设定停止时的直流制动电压（Pr. 12）、动作时间（Pr. 11）和制动开始频率（Pr. 10）来调整停止时间。

4）上、下限频率与回避频率

上、下限频率与回避频率的设置是必需的，其大小要根据生产机械的具体情况确定。

任务7.3　普通车床变频调速的控制系统

金属切削机床的基本运动是切削运动，即工件与刀具之间的相对运动。切削运动由主运动和进给运动组成，主运动根据切削工艺不同要求能调速，并且调速的范围往往较大。例如，CA6140型普通机床的调速范围为120∶1，X62型铣床的调速范围为50∶1等。但金属切削机床主运动的调速，一般都在停机的情况下进行，在切削过程中是不能进行调速的。金属切削机床的种类很多，这里主要介绍普通车床的变频调速控制系统。

1. 变频器的选择

1）变频器容量的选择

考虑到车床在低速车削毛坯时，常常会出现较大的过载现象，而且过载时间有可能超过 1 min。因此，变频器的容量应比正常的配用电动机功率加大一挡。如电动机额定功率是 2.2 kW，电动机加大一挡是 3.7 kW，则其相对应所配用的变频器容量为 $S_N=6.9$ kV · A，其额定电流 I_N 为 9 A。

2）变频器控制方式的选择

（1）*V/f* 控制方式。

车床除了在车削毛坯时负荷大小有较大变化外，以后的车削过程中，负荷的变化通常是很小的。因此，就切削精度而言，选择 *V/f* 控制方式是能够满足要求的。但在低速切削时，需要预置较大的 *V/f*，在负载较轻的情况下，电动机的磁路常处于饱和状态，励磁电流较大。因此，从节能的角度来看，*V/f* 控制方式并不理想。

（2）无速度反馈矢量控制方式。

新系列变频器在无速度反馈矢量控制方式下，已经能够做到在 0.5 Hz 时稳定运行，所以完全可以满足普通车床主运动的要求。由于无速度反馈矢量控制方式能够克服 *V/f* 控制方式的缺点，故是一种最佳的选择。采用无速度反馈矢量控制方式，在选择变频器时需要注意能够稳定运行的最低频率，有的变频器实际稳定运行的最低频率为 5 ~6 Hz。

（3）有速度反馈矢量控制方式。

有速度反馈矢量控制方式虽然比无速度反馈矢量控制方式的运行性能更为完善，但由于需要增加编码器等转速反馈环节，不但增加了成本，编码器的安装也是比较麻烦的。所以，除非该车床对加工精度有特殊要求，一般没有必要采用。

2. 变频器的频率给定

变频器的频率给定方式可以有多种，应根据具体情况进行选择。

1）无级调速频率给定

从调速的角度来看，采用无级调速方案不仅增加了转速的选择性，而且电路也比较简单。无级调速频率给定可以直接通过变频器的面板进行调速，也可以通过外接电位器进行调速。

以外接电位器调速为例，如图 7.5 所示，接触器 KM 用于接通变频器的电源，由 SB_1 和 SB_2 控制。继电器 KA_1 用于电动机正转控制，由 ST 和 SF 控制；KA_2 用于电动机反转控制，由 SR 和 ST 控制；正、反转之间设有互锁。由于车床在对刀时需要有点动环节，KA_3 用于电动机的点动控制，由 SJ 控制。

电动机正转和反转只有在变频器接通电源后才能运行；变频器只有在正、反转都不工作时才能切断电源；当变频器出现故障时，故障输出端 KF 中的 TC 断开，切断电源。

在进行无级调速时，如果采用两挡传动比，存在一个电动机的有效转矩线小于负载机械特性的区域（为 600 ~800 r/min），当负载较大时，可能出现带不动的情况，使用时应根据具体情况，决定是否需要避开该转速段。

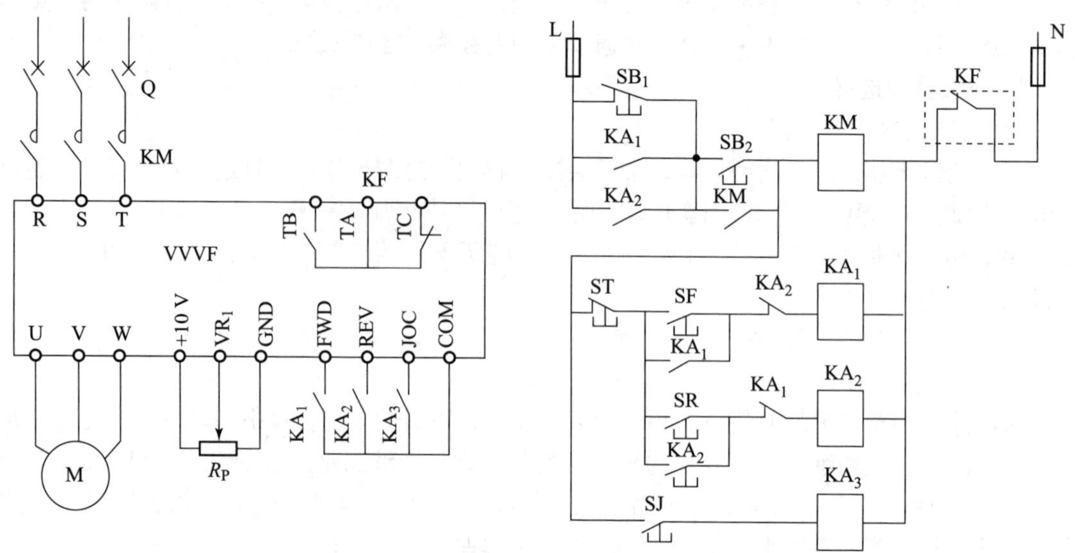

图 7.5　车床无级调速变频控制电路

2）分段调速频率给定

分段变频调速控制可采用电阻分压式给定方法，通过合理设置频率给定线，调节电压控制端的输入电压大小即可实现，是一种最简便的方法，如图 7.6 所示。

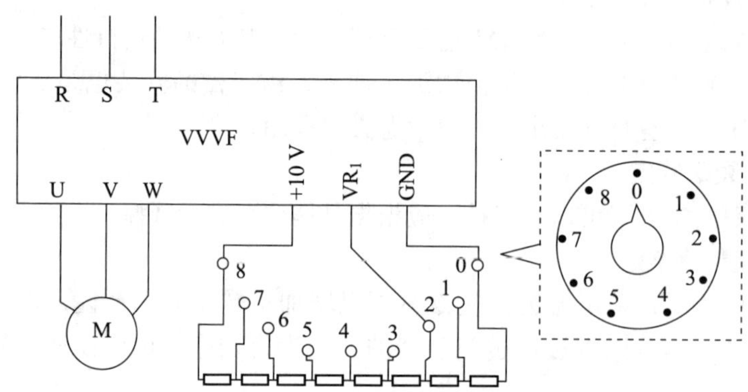

图 7.6　车床分段调速变频控制电路

3）与 PLC 配合实现多段速频率给定

如果车床需要进行较为复杂的程序控制，可采用 PLC 结合变频器的多段速控制功能来实现，如图 7.7 所示，SF 为正转按钮；SR 为反转按钮；ST 为停止按钮；SB_1 ~ SB_8 为八挡速度选择（按钮或触摸屏）。

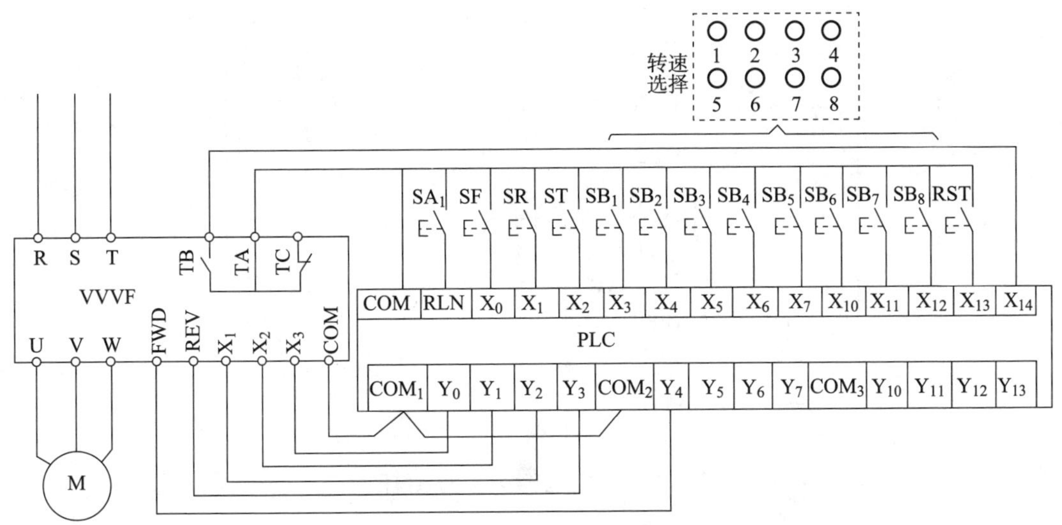

图 7.7 PLC 控制的车床多段调速变频控制电路

任务 7.4 恒压供水变频控制系统

7.4.1 单泵恒压供水控制系统

1. 供水系统控制方案

通过水泵抽水送至高位水箱，再由高位水箱向下供水至各用户，这种水池－水泵－高位水箱－用水点的供水方式不可避免会造成二次污染，影响居民的身体健康；同时楼层不同造成供水压力大小也不同，所以这种方案并不可取，终将被淘汰。考虑到用户用水的要求和经济效益，采用恒压供水可以恰到好处地满足用户所需的用水流量，也就是说，保持供水系统的压力恒定，也就保证了该处供水能力和用水流量处于平衡状态。

2. 单泵恒压供水控制方案

生活供水恒压范围一般为 0.1～1.0 MPa，设所需水压为 0.2 MPa，如果单泵功率足够大，额定频率下运行完全能够达到0.2 MPa，则可采用单泵变频调速实现恒压供水控制。单泵恒压供水控制系统图如图 7.8 所示。

图 7.8 中 X_T 为目标值，压力变送器 SP 产生的电流信号 X_F 为当前值反馈信号。变频调速系统中一般以电压输入端（2 号端）作为目标信号的输入端，以电流输入端（4 号端）作为反馈信号的输入端。根据 PID 调节的理论，只有当 $X_F = X_T$ 时，系统处于平衡状态，即不加速也不减速。所以，目标值 X_T的选择依据是：

（1）确定所需的水压大小，假设为0.2 MPa；

（2）根据压力传感器参数及配套电路模块，计算出（最好是实测）当压力为0.2 MPa 时，压力变送器 SP 产生的电流信号大小（百分比）；

（3）根据电压与电流百分比相同的原则计算出目标信号电压的大小。

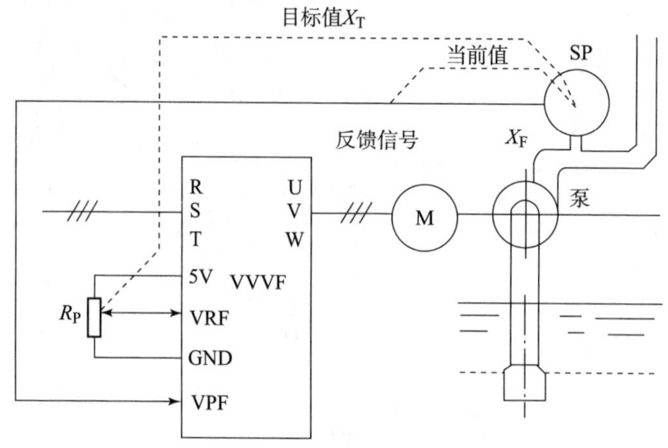

图7.8　单泵恒压供水控制系统图

普通变频器一般都具有 PID 调节功能，当用户用水量增大时，水管压力减小，X_T大于X_F，通过 PID 调节使变频器的输出频率增大，水泵提速；反之，当水管压力增大时，X_T小于X_F，通过 PID 调节使变频器的输出频率减小，水泵减速。由于泵类负载的功率与转速的三次方成正比（转矩与转速的二次方成正比），转速的降低对电动机的运行具有显著的节能效果。

大部分制造商都专门生产了“风机、水泵专用型”的变频器系列，一般情况下可直接选用，对于用在杂质或泥沙较多场合的水泵，应根据过载能力的要求选用通用型变频器。

3. 变频器基本参数设置

1）最高频率

由于泵类负载的功率与转速的三次方成正比，当电动机的实际转速超过额定转速时，将导致电动机严重过载，因此，变频器的工作频率是不允许超过额定频率的，其最高频率最多只能与额定频率相等，即$f_{max}=f_N=50$ Hz。

2）上限频率

一般来说，上限频率也应该以等于额定频率为宜，但考虑到某些场合在 50 Hz 时，电动机的实际转速有可能高于额定转速，并且变频调速系统在 50 Hz 下运行，所以，将上限频率设置（pr. 1）在 49 Hz 左右较为合适。

3）下限频率

在供水系统中，转速过低，压力过小，会造成水泵空转现象。一般情况下，下限频率设定（Pr. 2）为 30 Hz 左右。

4）启动频率

水泵在启动前，叶轮是静止的，启动时存在着一定的阻力，如果从 0 Hz 启动，则叶轮无法转动，因此应当预置启动频率，使其在启动瞬间有一定的冲力。启动频率的大小要根据电动机的功率与水压扬程决定（现场调试），依据是启动电流不能太大。

5）升、降速时间

一般来说，水泵不属于频繁启动与制动的负载，其升、降速时间的长短并不涉及生产效率的问题，因此，升、降速时间（Pr. 7、Pr. 8）可以适当预制得长些，但也不能太长，一般以启动（制动）过程电流平稳为原则。

特别注意：在实际调试过程中可能出现转速时高时低的现象（反复振荡），所以在压力变送器SP产生的反馈电流信号稳定点要留有一个“死区”。

7.4.2 多泵并联恒压供水控制系统

1. 多泵并联恒压供水控制方案

在用水高峰区，如果单泵功率不够大，额定频率下运行完全不能够达到恒压的标准要求，则可采用多泵并联运行，实现恒压供水。多泵并联运行的恒压供水系统有多种方案，在城市自来水厂的清水泵、中大型水泵站、供热水中心站等的变频技术改造方案中常见的有以下几种方案（以三台为例）。

（1）如图7.9（a）所示，2、3号水泵按工频运行，保证基本的供水压力要求，1号水泵作为辅助，调节供水系统的水压。这种方案初期投资较省，但节能效果较差，当2、3号水泵输出水压高于1号泵时，会产生湍流损耗。

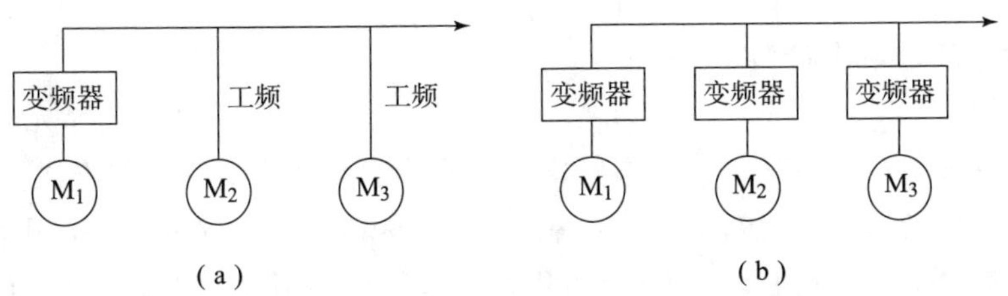

图7.9 恒压供水系统控制方案示意图

（2）如图7.9（b）所示，多台水泵并联恒压供水，采用信号串联方式，只用一个传感器。其优点如下：

①节省成本，采用电流控制，只要一套传感器及PID，如图7.10所示。

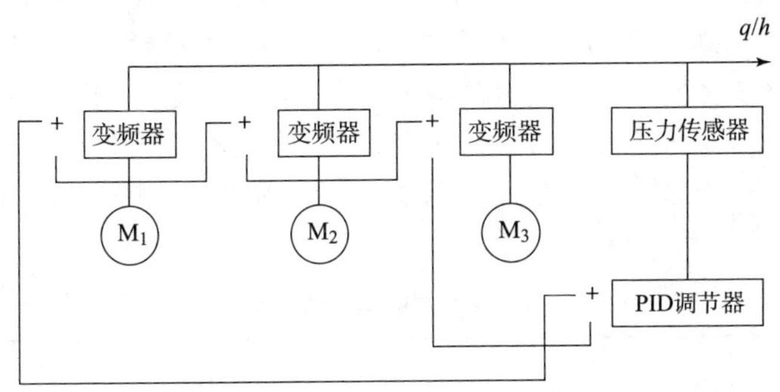

图7.10 信号串联方式

②实现恒压供水时，当流量变化，泵的开动台数通过PLC控制而变化，最少时1台，中等量时2台，较大量时3台。当变频器不工作停机时，电路（电流）信号是通路的（有信号流入，无输出电压和频率）。

③更有利的是，因为系统只有一个控制信号，即使3台泵投入不同，但工作频率相同（即同步），压力亦一致，这样湍流损耗为零，即损耗最小，所以节电效果最佳。

2. 多泵自动平稳切换策略

主水管网压力传感器的压力信号 4～20 mA 送给数字 PID 控制器，控制器根据压力设定值与实际检测值进行 PID 运算，并给出信号直接控制变频器的转速以使管网的压力稳定。当用水量不是很大时，一台泵在变频器的控制下稳定运行；当用水量大到变频器全速运行也不能保证管网的压力稳定时，控制器的压力下限信号与变频器的高速信号同时被 PLC 检测到，PLC 自动将原工作在变频状态下的水泵投入到工频运行，以保持压力的连续性，同时将第二台水泵用变频器启动后投入运行，以加大管网的供水量，保证压力稳定。若两台泵运转仍不能保证管网的压力稳定时，则依次将变频工作状态下的水泵投入到工频运行，而将第三台水泵投入变频运行。当用水量减少时，首先表现为变频器已工作在最低转速，最低速信号有效，这时压力上限信号如仍出现，PLC 首先将工频运行的泵停掉，以减少供水量。当上述两个信号仍存在时，PLC 再停掉一台工频运行的电动机，直到最后一台水泵用主频器恒压供水。另外，控制系统可设计六台泵分为两组，每组泵的电动机累计运行时间可显示，24 h 轮换一次，既保证供水系统有备用泵，又保证系统的水泵有相同的运行时间，确保泵的可靠寿命。

3. 恒压供水系统基本参数

1）基底频率

变频调速系统中，减小基底（基本频率）是提高启动转矩最有效的方式。

基底频率即启动达到额定电压时的频率，一般变频器出厂时都设定为 50 Hz，在额定电压为 380 V 的情况下达到此值，即 $U/f=380/50=7.6=C$。其物理意义：$U/f=7.6$ 是频率增大时的电压上升率，一般不需要改变这个值，大部分用户对此也不做改变。但在实际使用中，这样做并不合理，因为当某些设备对启动力矩要求较大时，按原设定的基底频率往往无法启动，会发生跳闸故障，造成启动失败。

表 7.1 所示为基底频率与转矩关系，由表 7.1 知，由于启动转矩大幅提高，所以一些难以启动的设备，例如挤出机、清洗机、甩干机、混料机、涂料机、混合机、大型风机、水泵、罗茨鼓风机等均能顺利启动，这比通常提高启动频率进行启动效果明显。使用此方法，再采用由重载启动变轻载启动、提高电流保护值等措施后，几乎一切设备都能启动。所以采用减小基底频率来提高启动转矩的方法是最有效的，也是最方便的办法。

基底频率减小不一定要一次性下降至 30 Hz，可采用每级 5 Hz 逐步下降，下降到能启动系统即可。

表 7.1　基底频率与转矩关系

基底频率/Hz	U/f	电压 U 上升倍数	转矩上升倍数 $T\propto U^2$
50	380/50 = 7.6	1	1
40	380/40 = 9.5	9.5/7.6 = 1.25	1.56
30	380/30 = 12.7	12.7/7.6 = 1.76	2.78

基底频率下限不能低于 30 Hz，从转矩来看，下限越低转矩越大。但亦要考虑，随着电压上升过快，动态 du/dt 过大，对 IGBT 有损伤。实际使用结果证明，基底频率由 50 Hz 下

降到 30 Hz 时，在此范围使用较为安全，此方法是提升转矩的有效措施。

2）动压、静压、全压参数

静压是水泵出水口压力，即从水泵出水直至最高点时所需的压力（扬程），一般每 10 m 高水柱是 1 kg 水压。

动压是水流动过程中，液体与管壁、阀门（调节阀、制回阀、减压阀等），同一断面不同层存在的流速差所引起的阻力造成的压力降，这部分计算很困难，按实际经验，动压最大时可取静压值的 20% 。

无论是单台运行还是多台并联运行，水泵一定要设定上、下限频率。上限频率不能超过 50 Hz，下限频率约为 30 Hz，若频率过低，造成大量空气溶入水中，待启动水泵时，易产生气室，形成高压危险。

任务 7.5　起重运输设备的变频控制系统

起重运输设备的移动机构和吊钩控制，以前一般采用绕线式异步电动机驱动，只有要求特别高的场合才采用直流电动机。绕线式异步电动机在转子回路中串入合适的电阻，既可提高启动转矩又可根据负载拖动的要求合理调速；适当增加转子回路所串的电阻值，还可使吊钩工作在制动下方状态，比较适合起重运输设备的拖动要求。但绕线式异步电动机的启动和调速是通过切换转子电阻实现的，每次切换都会有很大的冲击，属于有级启动和调速，噪声和低速稳定性很差，转子电阻损耗也很大。直流电动机驱动需要直流电源，大功率直流电动机目前只能采用换向电动机，它有电刷与换向器，工作时有火花、易磨损，保养维护很麻烦。

起重运输设备采用异步电动机变频驱动后，可使设备的整体性能有较大的提高，比较符合起重运输设备工作时要求稳、准、快的拖动要求，主要有以下几个优点：

（1）可实现多段速控制或无级调速，使行走和起吊平滑稳定而噪声小；高性能的变频调速系统还可使电动机在重物下放时工作在发电制动状态，将电能回馈到电网，达到节能的效果。

（2）异步电动机本身结构简单、电源提供方便、可靠性高，能在恶劣环境下使用，可大大减少维护保养工作量和易损部件的备用量，维护保养的综合性能比较好。

（3）变频调速具有良好的启、停控制功能，合理设置软启动和软制动参数可以使起吊和下放过程平稳而准确，同时可减少启动时对电网的冲击，有利于车间内其他设备的正常运行。

（4）变频器自身具有完善的保护功能，如过流、过压、过热等都能及时报警及停止，可有效防止起重运输设备出现事故，大大提高了安全性能。

7.5.1　起重机吊钩变频控制电路

控制电路的特点分析：

（1）按钮 SB_1、SB_2 通过接触器 KM_1 控制变频器的电源，HL_1 为变频器通电指示。

（2）SQF_1、SQR_1 通过 Y_4、Y_5 来控制变频器的正、反转输入，即 S_1 有效为正转，S_2 有

效为反转，两者都无效为停止，两者皆有效是不允许的。

（3）YB_1 是制动电磁抱闸，由接触器 KMB 控制，HLB 是接触器 KMB 的通电指示。KMB 的动作应根据吊钩的运行与停止要求来进行控制，SQF_1、SQR_1 只要有一个动作，即电动机正转或反转过程中 KMB 通电，YB_1 通电，电磁抱闸就会松开。为了防止出现溜钩现象，一般要求 YB_1 与电动机同时通电。

（4）SA 是操作手柄，正、反向各有 7 挡转速，通过 PLC 的输入（X_{11}~X_{17}）控制输出（Y_1 ~ Y_3），使变频器实现 7 段速运行。正转方向时 SQF_1 动作，反转方向时 SQR_1 动作。

（5）SQF_2、SQR_2 分别是吊钩的上、下极限位置开关。

（6）按钮 SB_3、SB_4 分别是正、反两个方向的点动按钮，通过控制 S_8 实现点动控制。

（7）这里采用的是有速度反馈控制的矢量控制型变频器，PG 是速度反馈用的编码器。

起重机吊钩的 PLC/变频器控制电路如图 7. 11 所示。

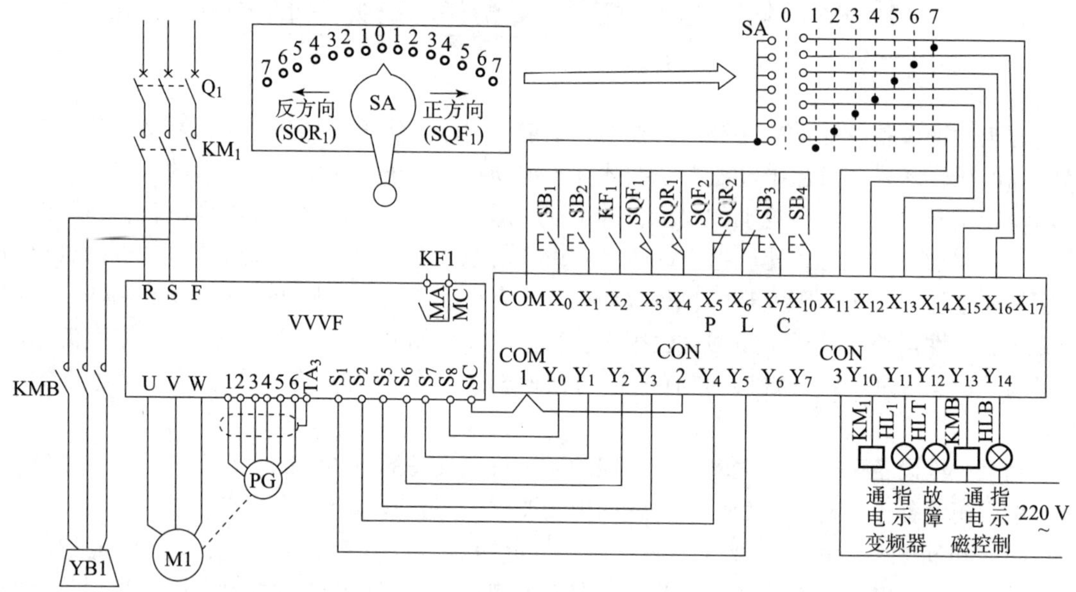

图 7. 11　起重机吊钩的 PLC/变频器控制电路

7. 5. 2　大惯量有轨运输车的变频控制

有轨运输车是矿山、码头、窑炉等场合的大型运输设备，由于所运输的材料吨位重、惯性大、平稳性要求高，所以有轨输送车的启动、制动和定位精度是运输质量的关键。

某建业集团有五个大型的窑炉（1 ~5 号），当要往窑炉运输泥坯时，先由有轨运输车把运料小车运送到事先指定的窑炉轨道前，再由操作工把装满泥坯的运料小车沿轨道推入窑炉内；同样，出炉时，装满成品的运料小车沿轨道推入有轨运输车，再运输到指定的地点进行装卸。为了方便运输，有轨运输车上的运料小车轨道必须与窑炉轨道对接，定位精度误差要求控制在 ±5 mm 以内。由于有轨运输车的质量有几十吨，在启动和停止时都存在很大的惯性。要做到有选择的定位控制，以前该有轨运输车采用绕线式异步电动机串电阻调速进行驱动，由工人凭经验操作，由于惯性大，要做到精确定位，常需要进行多次的启停修正，造成泥坯倾倒或被挤压而变形，废品率很高且能量损耗大。

1. 总体控制方案

(1) 由于有轨运输车是活动的，为了保证设备运行的可靠性，应尽量减少有轨运输车对外的连接线。

本方案除主电源（三相四线）保持滑动接触外，有轨运输车无其他控制线引出。

(2) 从启动、运行到有选择的精确制动停车，整个过程要平稳，无明显的冲击力。

本方案采用软启动和二次停车方案。

(3) 控制设备要经济可靠。

本方案将原两侧驱动的绕线式异步电动机改为“高阻电动机”（将转子绕组短接、并把电刷举起），采用变频调速进行控制，用接近开关检测计数来反映运料车的位置；为了减少引线和便于操作，除挡铁外，操作台、变频器、接近开关都安装在有轨运输车上。

(4) 保护功能齐全。

由于一台变频器同时供电给两电动机，故变频器的热保护功能将不起作用，因此每台电动机必须有过载保护；由于采用滑线供电方式，在运行过程中，有可能出现因短暂的接触不良造成的瞬间停电，因此变频器的重合闸功能是必须的；本控制方案还设有手动停车、紧急制动停车、限位保护等环节。

2. 控制流程

有轨运输车有选择地精确定位控制平面示意图如图 7. 12 所示，根据生产现场情况选择窑炉号—运料车启动、行驶—接近指定的窑炉轨道时进行平稳制动—到达目标时精确停车。

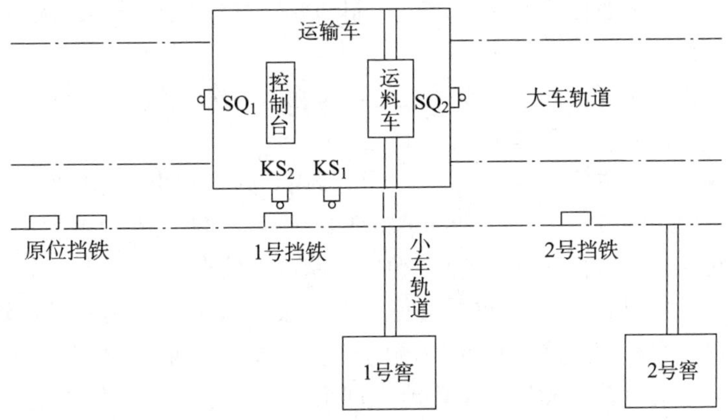

图 7. 12　有轨输送车有选择地精确定位控制平面示意图

3. 有轨运输车的启动方案

启动与制动过程的控制是有轨运输车控制的关键，在启动过程中，必须处理好加速度的大小与运输车的大惯性及平稳性之间的矛盾。由于拖动系统存在着大惯性，在启动过程中，如果频率上升得太快，电动机转子的转速将跟不上同步转速的上升，转差 Δn 增大，引起电流的增大，甚至可能超过一定限值而导致变频器跳闸，同时过大冲击力会造成运输物的挤压甚至倒塌。为了保证启动过程的平稳性，必须采用软启动，具体可采用以下两种方案：

(1) 选择 V/f 控制模式时，变频器可采用“S”形启动形式。

该启动方式在启动的初始阶段加速比较缓慢；中间为线性加速，加速度不变；加速即将结束时，加速度又逐渐下降为零。在整个加速过程中，速度与时间呈“S”形。这种启动方式可有效地缓和加速过程中的振动，防止运输时负荷的挤压和倒塌。

变频器的“启动时间常数 T_S”参数值，可按式 $V_1 = V_0 + at$ 估算。该有轨运输车额定运行速度为30 m/min，综合考虑运输效率和质量，启动和停止时的加速度取0.1 m/s左右，则有轨运输车欲从0加速到30 m/min，“启动时间常数 T_S”可设定为5 ~6 s。刚启动时，为了保证有足够大的启动转矩，可适当提高变频器的“转矩提升”参数值。

“启动时间常数”和“转矩提升”参数值，具体以现场调试为准。

（2）选择矢量控制模式时，变频器可采用“恒转矩”与“恒转速”切换的启动形式。

异步电动机采用矢量控制模式实现变频调速，可使系统的机械特性及动态特性与采用转速、电流双闭环的直流调速系统相媲美，同时又克服了直流电动机故障率高的缺陷。

启动时采用恒转矩控制，可以使电动机的电磁转矩逐渐增大，直至能够克服负载转矩时，动态转矩和加速度才从0开始缓慢增加，从而使启动过程十分平稳。由于恒转矩控制方式不能控制转速，所以，随着动态转矩的不断增大，加速度也必然不断增大，这又并非我们所希望的。因此，当拖动系统启动以后，有必要切换成恒转速控制方式，以便对转速进行控制。

注意：若采用该启动方式，矢量控制只能用于一台变频器控制一台电动机的情况下，当一台变频器控制多台电动机时，矢量控制将无效。

当变频器被预置为转矩控制时，给定信号 X 的大小将与电动机的输出转矩成正比。

4. 有轨运输车的制动方案

为了使有轨运输车平稳停车和精确定位，制动控制过程可采用“二次停车”的方案。

1）一次停车过程

有轨运输车从较高速度下降至较低速度的过程称为一次停车过程，在变频调速控制系统中，是通过降低变频器的输出频率来实现减速的。

由于该车惯性大，自由停车时间太长，不能采用。为了减小停车的时间，可采用直流制动和再生制动配合使用的方法（通过变频器的参数设定），即首先用再生制动方式将电动机的转速降至较低转速，然后再转换成直流（DC）制动，使电动机迅速停住。

前进过程中 KS_1 动作时，若计数器的值 n 等于窑号选择 m，则变频器输入端 STF 被断开，变频器的输出频率开始下降，旋转磁场的转速（同步转速）立即下降，由于拖动系统具有很大的惯性，电动机转子的转速不可能立即下降。于是，转子的转速超过了同步转速，转子绕组切割磁场的方向和原来相反。从而，转子绕组中感应电动势和感应电流的方向，以及所产生的电磁转矩的方向都和原来相反，电动机处于发电运行状态。由于系统的惯性大，不但节省了能源，还增大了制动转矩。但如果频率下降速度太快，制动加速度太大，不仅会造成半成品泥坯的倒塌或受挤压而变形，同时还会使制动电流和泵升电压过大而损毁变频器。大多数变频器为了避免跳闸，专门设置了减速过电压的自处理功能，如果在减速过程中，直流电压超过了设定的电压上限值，变频器的输出频率将不再下降，暂缓减速，待直流电压下降到设定值以下，再继续减速。如果“减速时间”设定不合适，又没有利用减速过电压的自处理功能，就可能出现跳闸故障，所以合理选择减速方式和时间非常重要。

变频器的“减速时间”参数值的设置与启动时基本相同。

直流（DC）制动是指当变频器的输出频率接近零，异步电动机的定子旋转磁场不再旋转，而电动机的转速已降低到一定程度时，变频器向异步电动机的定子绕组中通入直流电源，使异步电动机处于能耗制动状态。

一次停车时，变频器的 DC 制动参数（制动起始频率、制动电流、制动时间）可根据现场调试而设定，其依据是一次停车位置略超过所要求的精确停车位置。

2）二次停车

有轨运输车通过一次停车，若制动参数选择恰当，当接近到目标位置时，其速度已基本为零，此时，接近开关 KS_2 产生信号使电磁抱闸 YB 断电抱紧，实现机械制动。接近开关 KS_2 与 KS_1 之间的距离调整，是定位精确度的关键，必须考虑电磁抱闸从线圈断电到完全抱紧这个时间差。

3）异常停车、限位保护功能

当生产机械发生紧急情况或有轨运输车到达极限位置时，PLC 将发出紧急停车信号。对此，有的变频器设置了专门用于处理异常情况的功能，在异常停车期间，其操作信号都将无效。若变频器无此功能，只能采用紧急停车方案。

任务 7.6 “PLC + 变频器”综合项目实训

1. 实训目的

（1）掌握 PLC 与变频器的连接方法。

（2）掌握变频器多段速操作的 PLC 控制方法。

（3）进一步熟悉变频器的外部控制方法，巩固 PLC 的操作使用方法。

2. 实训设备及仪器

（1）万用表、螺丝刀、连接线。

（2）三菱 FR－E700 系列变频器及 FX2N 系列 PLC。

（3）按钮、接触器、热继电器、指示灯等。

（4）模拟三相异步电动机。

3. 实训步骤

（1）图 7.13 所示为电梯轿厢门开关控制系统电路图，按图连接实训线路，要求元件安装要准确、紧固，配线导线要平直、美观，长导线要进槽，进出槽的导线要有端子标号。

（2）熟悉控制要求。

图 7.14 所示为电梯轿厢门开关控制系统速度曲线示意图，说明如下：

①按开门按钮 SB_1，电梯轿厢门打开，开门速度曲线如图 7.14（a）所示，即按开门按钮 SB_1 后启动（20 Hz），2 s 后加速（40 Hz），6 s 后减速（10 Hz），10 s 后开门结束。

②按关门按钮 SB_2，电梯轿厢门关闭，关门速度曲线如图 7.14（b）所示，即按下关门按钮 SB_2 后启动关门（20 Hz），2 s 后加速（40 Hz），6 s 后减速（10 Hz），10 s 后关门结束。

③电动机运行过程中，若热保护（可用按钮代替）动作，则电动机无条件停止运行。

④电动机的加、减速时间自行设定，建议设为 2 s，绝对不得大于 5 s，否则速度还没上升到 20 Hz，2 s 就已经过去了。

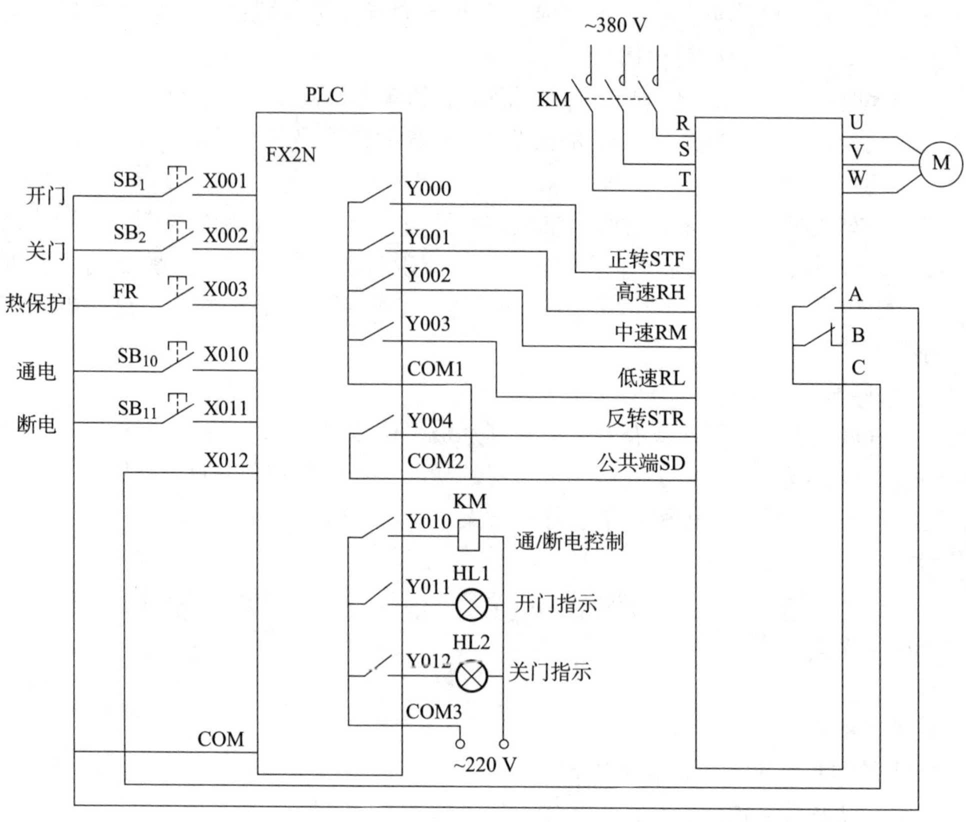

图 7.13　电梯轿厢门开关控制系统电路图

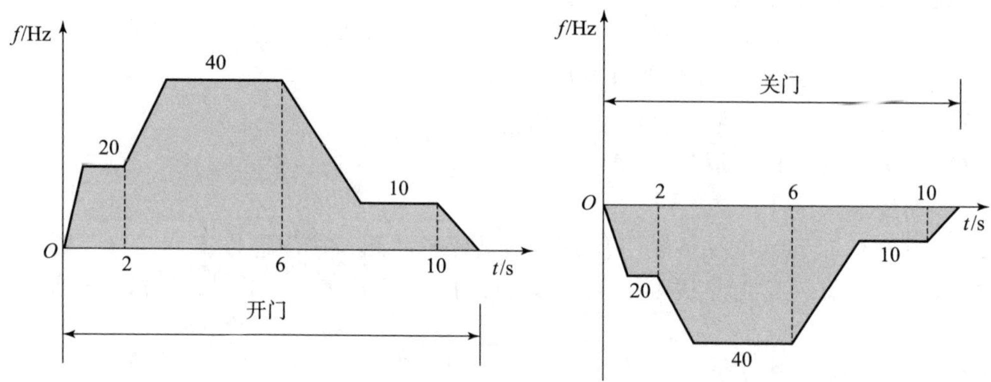

图 7.14　电梯轿厢门开关控制系统速度曲线示意图

（a）开门速度曲线；（b）关门速度曲线

⑤运行速度采用变频器的 3 段速控制功能来实现，即通过变频器的输入端子 RH、RM、RL，并结合变频器的参数 Pr. 4、Pr. 5、Pr. 6 进行变频器的多段速调整；而输入端子 RH、RM、RL 与 SD 端子的通断则通过 PLC 的输出信号进行控制。

（3）根据给定的图 7. 13 电梯轿厢门开关控制系统电路图，列出 PLC 的 I/O 接口（输入/输出）地址分配和功能表，如表 7. 2 所示。

表 7.2　PLC 的 I/O 接口地址分配和功能表

输入		输出	
地址	功能	地址	功能
X001		Y000	
X002		Y001	
X003		Y002	
X010		Y003	
X011		Y004	
X012		Y010	
		Y011	
		Y012	

（4）根据 PLC 的 I/O 地址分配和功能表设计 PLC 的控制程序，写入 PLC，按照动作要求进行调试，达到设计要求。

PLC 编程：参考程序如图 7.15 所示。

（5）设置变频器必要的参数。

在 PU 模式下（Pr. 79 = 1），首先恢复出厂设置，再重新设置参数 Pr. 4 = 40（RH）、Pr. 5 = 20（RM）、Pr. 6 = 10（RL）、Pr. 7 = 2、Pr. 8 = 2。

（6）变频器通电试验。

注意：①通电前必先使用电工工具及万用表对电路进行仔细检查，注意人身和设备安全。

②在外控模式下（Pr. 79 = 2）运行，观察运行结果。

（7）调整启动和制动过程的加、减速时间，重新观察运行过程。

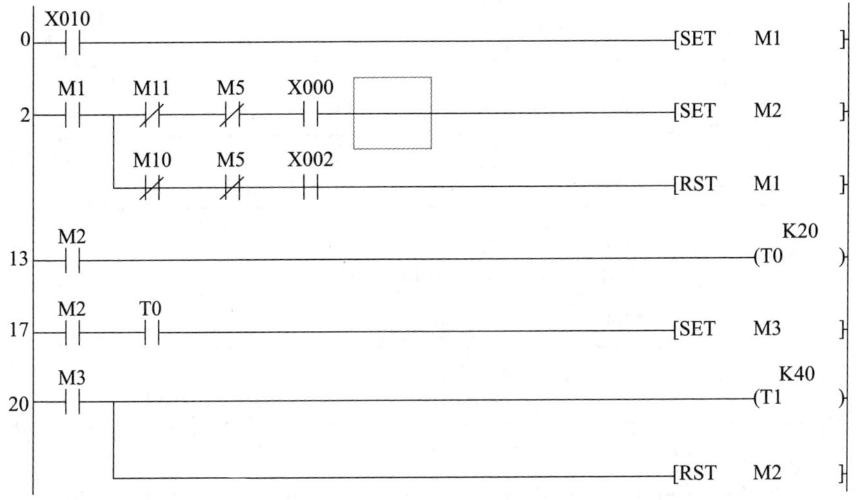

图 7.15　电梯轿厢门开关 PLC 控制参考程序

```
25  M3  T1                                   [RST  M3   ]
                                             [SET  M4   ]
29  M4                                       K40
                                             (T2        )
33  M4  T2                                   [RST  M4   ]
                                             [SET  M5   ]
37  M5                                       K10
                                             (T3        )
41  M5  T3                                   [SET  M1   ]
                                             [RST  M5   ]
                                             [RST  M10  ]
                                             [RST  M1   ]
47  X000  M5  M11                            [SET  M10  ]
51  X002  M10  M5                            [SET  M11  ]
55  M10  X003  X11  M5                       (Y000      )
         X003  X011                          (Y011      )
65  M11  X003  X011  M5                      (Y004      )
         X003  X011                          (Y012      )
75  M3  X003  X011                           (Y005      )
79  M2  X003  X011                           (Y002      )
83  M4  X003  X011                           (Y003      )
87  X011                                     [ZRST  M1   M11 ]
    X003                                     [RST  Y010 ]
```

图 7.15　电梯轿厢门开关 PLC 控制参考程序（续）

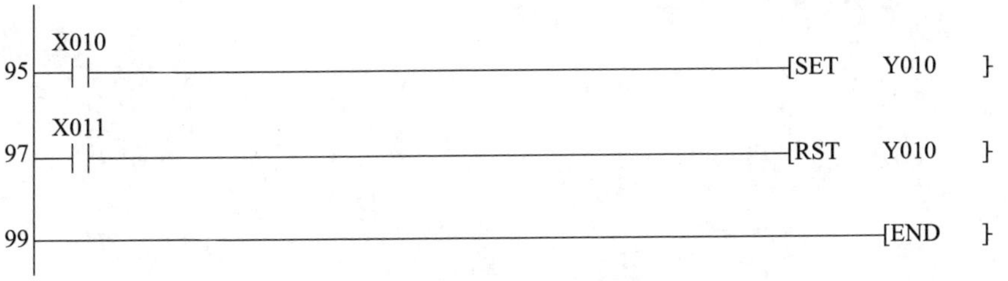

```
       X010
95 ──┤ ├──────────────────────────────[SET    Y010   ]
       X011
97 ──┤ ├──────────────────────────────[RST    Y010   ]

99 ──────────────────────────────────────[END    ]
```

图 7.15　电梯轿厢门开关 PLC 控制参考程序（续）

【练习与思考】

1. 在变频器调速控制中，哪几种操作模式运行时，调节频率设定电位器 R_P 不起作用?

2. 联系生产实际，为什么要实现“工频”与“变频”的切换控制?

3. 用变频器和 PLC 实现三相异步电动机的双向三段速控制，要求：

（1）电动机可正、反转（按钮控制）；

（2）有正、反转指示（红绿灯）；

（3）转速可选，高速 40 Hz、中速 20 Hz、低速 10 Hz（用转换开关组合）。

画出电气控制电路图，说明控制过程，设置变频器必要的参数。

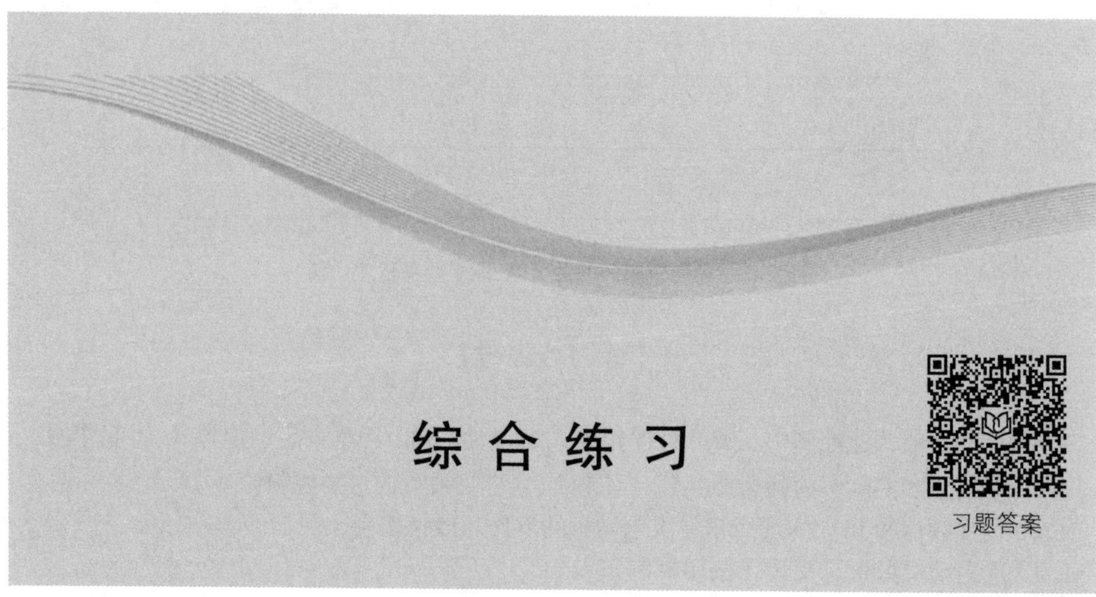

综合练习

一、填空题

1. 起重机械在运行过程中，提升重物时，电动机的转速小于同步转速，电动机处于__________状态；慢速下放重物时，电动机处于__________状态；空钩快速下放时，电动机的转速大于同步转速，电动机又处于__________状态。

2. 三相异步电动机的实际转速公式为 $n=$____________，变频调速就是改变其中的参数________，同时为了在变频过程中保持__________不变，要求________保持同步变化。

3. 电力电子器件一般工作在________状态，其中电力晶体管 GTR 和晶闸管 SCR 是一种控制型器件，所以驱动单元的功率较大；绝缘栅双极晶体管 IGBT 是________控制型器件，驱动单元所需的功率较小。

4. 普通晶闸管的导通条件是：______________之间加正向电压；____________之间加触发电压，且有足够的门极电流。

5. 单向正弦交流电源，其电压有效值为 220 V，晶闸管和电阻串联相接组成单相半波整流电路。晶闸管实际承受的正、反向电压最大值是______V。考虑安全裕量，其额定电压可选取______V。

6. 在变频调速过程中，为了保持磁通恒定，必须保持________不变；在基频以下调速，当频率很低时，应采用__________方法，属于__________调速；在基频以上调速时，由于电压不能再上升，属于______________调速。

7. 变频器种类很多，其中按直流环节储能方式可分为电压型和________型；按变换环节可分为____________和____________变频器。

8. 变频器的主电路可分成____________、______________和____________三部分电路。

9. 变频器可以在本机（面板）控制，也可在远程（外部）控制，本机控制是在____________模式下来设定运行参数的；远控时，通过____________模式来对变频调速系统进行外控操作。

10. 三菱 E700 系列变频器，输入电源必须接到变频器的输入端子____________上；电动机必须接到变频器输出端子__________________上。

11. 在三菱变频器的外接输入端中，通过功能预置，最多可以将以下 4 个输入端：____________作为多挡转速控制端，根据二进制方式可组成____________挡转速。

12. 变频器的启动加速曲线有三种：线性上升方式、____________和____________，运输设备的曳引电动机可应用的是______________方式。

13. 正弦波脉冲宽度调制英文缩写是________，主要有______________和____________两种调制方式。

14. 变频器因故障跳闸，当故障排除后，必须先____________，变频器才可重新运行。

15. 为了避免机械系统发生谐振，可采用设置________________的方法；为了避免机械系统出现过高的转速，可采用设置________________的方法。

16. 变频器的 PID 调节功能中，P 指__________，I 指__________，D 指____________。

17. 三菱变频器运行控制端子中，STF 代表__________，STR 代表__________，RES 代表________。

18. 变频器要求________安装，其正上方和正下方要避免可能阻挡进风、出风的大部件，上下距控制柜顶部、底部、隔板或其他部件的距离不应小于________mm，左右距隔板或其他部件的距离不应小于________mm。

19. 变频器加速时间过短可能产生________，减速时间过短可能产生__________。

20. 变频器的 PID 调节功能有效时，其原设定的__________、__________参数无效。

二、选择题

1. 变频器主电路由整流、中间环节电路及（　　）组成。

A. 滤波电路　　B. 稳压电路　　C. 放大电路　　D. 逆变电路

2. 对电动机从基本频率向下的变频调速属于（　　）调速。

A. 恒功率　　B. 恒转矩　　C. 恒磁通　　D. 恒转差率

3. 风机或泵类负载由恒速运转改为变频调速后，其最高转速（　　）。

A. 可大于 n_N　　B. 不高于 n_N

C. （20% ~30%）n_N　　D. 可由变频器输出决定

4. 下面哪个答案不是变频器输出的高次谐波对电动机产生的影响？（　　）

A. 使电动机温度升高　　B. 噪声增大

C. 产生振动力矩　　D. 产生谐振

5. 在 U/f 控制方式下，当输出频率比较低时，会出现输出转矩不足的情况，要求变频器具有（　　）功能。

A. 频率偏置　　B. 转矩补偿　　C. 转差补偿　　D. 段速控制

6. 下列哪种制动方式不适用于变频调速系统？（　　）

A. 直流制动　　B. 回馈制动　　C. 反接制动　　D. 能耗制动

7. 变频器的输出频率是通过控制（　　）进行的。

A. SPWM 调制波　　B. 输入电压　　C. 输入电流　　D. 泵升电压

8. 为了提高电动机的转速控制精度，变频器应选用（　　）功能型的。
A. *V/f* 控制　　B. 恒磁通控制
C. 无速度反馈矢量控制　　D. 有速度反馈矢量控制
9. 三菱 E 系列变频器，以电流方式频率给定时，电流信号范围为（　　）。
A. 0 ~ 10 mA　　B. 0 ~ 20 mA　　C. 4 ~ 10 mA　　D. 4 ~ 20 mA
10. 中央空调采用变频调速后，节能效果很明显，其主要依据是（　　）。
A. 空调主机损耗小了　　B. 空调主机的运行速度提高了
C. 能合理调节电动机的运行速度　　D. 冷却效果提升了
11. 对电动机从基本频率向上的变频调速属于（　　）调速。
A. 恒功率　　B. 恒转矩　　C. 恒磁通　　D. 恒转差率
12. 正弦波脉冲宽度调制英文缩写是（　　）。
A. PWM　　B. PAM　　C. SPWM　　D. SPAM
13. 三菱变频器面板监视模式下，可通过（　　）键来选择监视对象。
A. SET　　B. REV　　C. FWD　　D. MODE
14. 三相异步电动机的转速除了与电源频率、转差率有关，还与（　　）有关系。
A. 功率大小　　B. 磁极对数　　C. 磁感应强度　　D. 磁场强度
15. IGBT 属于（　　）控制型元件。
A. 电流　　B. 电压　　C. 电阻　　D. 频率
16. 三菱变频器操作模式选择是通过参数（　　）来选择的。
A. Pr. 8　　B. Pr. 79　　C. F11　　D. Pr. 73
17. 三菱变频器电压给定模式选择是通过参数（　　）来选择的。
A. F10　　B. Pr. 79　　C. F11　　D. Pr. 73
18. 多电平逆变器多应用在（　　）变频器上。
A. 高压变频器　　B. 通用变频器
C. 矢量控制变频器　　D. 高转矩变频器
19. 变频器采用直流制动的主要目的是为了（　　）。
A. 减小停车时间　　B. 减小制动电流
C. 消除爬行　　D. 节能
20. 变频器实现多段速控制时，操作方法的特点是（　　）。
A. PU 模式下设定各挡频率并运行
B. 外控模式下设定各挡频率并运行
C. PU 模式下设定各挡频率外控模式下运行
D. PU 模式下设定频率电压控制运行

三、判断题（正确打√，错误打×）

1. 三相异步电动机调速，一般采用从基频往上调。（　　）
2. 水泵转动系统的转矩与转速的二次方成正比，而轴功率则与转速的三次方成正比。（　　）
3. 变频调速过程中，变频器的输出电压大小是不变的。（　　）

4. 用模拟电压控制输出频率比电流控制更容易引入干扰信号。 ( )
5. 起升机构的抱闸制动系统中，电磁抱闸在控制线圈通电时抱闸松开。 ( )
6. 普通晶闸管阳极电压反向时，晶闸管一定关断。 ( )
7. 适度延长变频启动时间，启动电流就越平稳。 ( )
8. 矢量控制变频器不需要再配置速度传感器。 ( )
9. 在定性分析变频电路时，大功率开关器件的工作状态有导通和截止两种。 ( )
10. 变频器一般不需要热继电器保护电动机，但特殊情况下还应考虑使用热继电器。 ( )
11. 通过大功率开关器件的实际电流是由开关器件的额定电流决定的。 ( )
12. 当普通晶闸管门极电压消失时，晶闸管自然关断。 ( )
13. 功率晶体管 GTR 通常采用模块化，内部为达林顿结构。 ( )
14. IGB 是一种由电流控制的复合器件，它集 MOSFET 与 GTR 的优点于一身。 ( )
15. 变频器的 PID 调节功能有效时，原设定的升、降速时间将不再起作用。 ( )
16. 变频器的外围设备中，制动电阻或制动单元无论在什么场合是必须配置的。( )
17. 变频器的上限频率就是输入 100% 控制信号时的对应频率。 ( )
18. 变频器采用多段速控制时的频率输出精度要比模拟量控制时高。 ( )
19. 变频器的控制线尽量与主回路线保持一定距离，必要相交时应尽量垂直。 ( )
20. 变频器的防护等级 IP56 比 IP45 高。 ( )

四、问答题

1. 普通晶闸管的导通条件是什么？
2. 专业术语中，整流、滤波、斩波、逆变各是什么意思？
3. 绝缘栅双极晶体管（IGBT）与晶闸管相比较有什么优点？
4. 试解释什么是 SPWM 控制技术？
5. 变频调速时，改变电源频率 f_1 的同时须控制电源电压 U_1，试说明其原因。
6. 变频器主电路由哪几部分组成？各部分都具有什么功能？
7. 变频器的输出端原则上应与电动机直接相连，但在什么情况下要加热继电器？
8. 变频器的信号线和输出线都采用屏蔽电缆安装，其目的有什么不同？
9. 变频器为什么要设置上限频率和下限频率？
10. 起重设备控制系统中的电磁抱闸有什么作用？它是怎样工作的？
11. 如果变频器的加、减速时间设为 0，则会出现什么问题？加、减速时间根据什么来设置？
12. 对二次方律的负载，参数设定时，上限频率、最高频率不能大于额定频率，为什么？
13. SPWM 逆变电路的单极性控制和双极性控制有什么区别？
14. 制动电阻如果因为发热严重而损坏，将会对运行中的变频器产生什么影响？为了使制动电阻免遭烧坏，采用了什么保护方法？
15. 在实际应用中，变频器的直流制动功能有什么作用？
16. 在工频、变频运行控制电路中，变频器的输出端为什么必须要有接触器？

17. 在变频器 PID 调节过程中，P、I、D 三个参数的大小对调节过程有什么影响？

18. 三菱变频器的电流输入范围是 4 ~ 20 mA，若实际输入电流是 12 mA，此时的输入信号百分比是多少？在输入电压 1 ~ 5 V 时，其对应的输入电压为多少？

19. 什么是 EMC 规则？其核心内容是什么？

20. 将三菱 E700 变频器的参数值和校正值全部恢复出厂设置，写出操作步骤。

五、分析与设计题

1. 某传感装置的实际输出电压为 1 ~ 4. 8 V，在外控模式下正常运行时，要求变频器的输出频率对应为 10 ~ 50 Hz，同时为了防止因传感装置故障而使生产机械出现低速爬行或高速运行，要求最低输出频率为 10 Hz，最高输出频率为 50 Hz。试详细叙述变频器（三菱）主要参数的设定方法，并画出频率给定线。

2. 已知某变频器的主电路如图 8. 1 所示，试回答如下问题：

（1）电阻 R_L 和与其并联的继电器开关 S_L 起什么作用？

（2）电容 C_{F1} 和 C_{F2} 为什么要串联使用？电容 C_{F1} 和 C_{F2} 串联后的主要功能是什么？

（3）VT_B 起什么作用？

（4）功率管 VT_1 ~ VT_6 的导通次序怎样？

（5）若要将电能反馈回电网，电路应做怎样的改进？

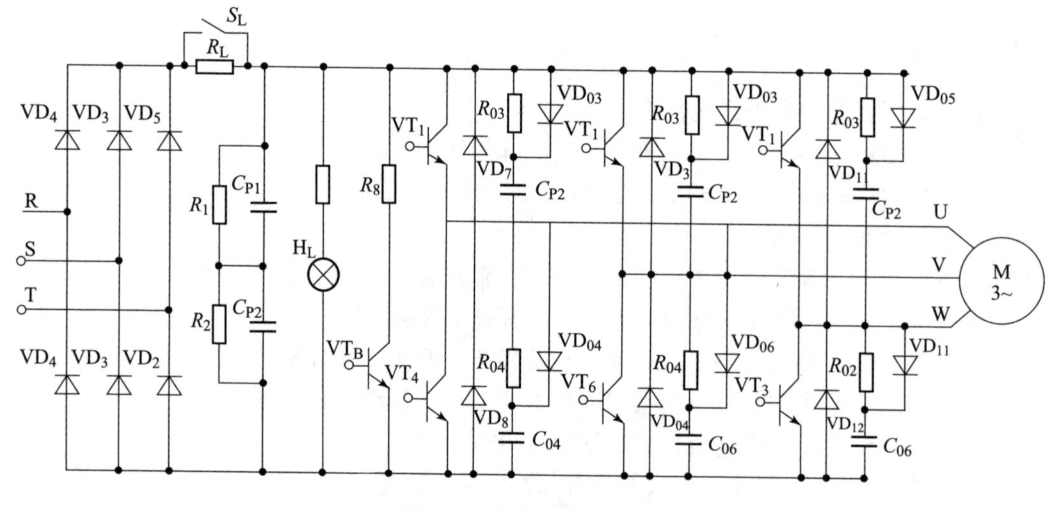

图 8. 1　变频器的主电路

3. 变频器正反转控制电路如图 8. 2 所示。

（1）在图 8. 2 中标出控制变频器通电的按钮 SB_1、控制变频器断电的按钮 SB_2、控制变频器正转运行的按钮 SB_3、控制变频器反转运行的按钮 SB_4、控制变频器正反转停止的按钮 SB_5。

（2）变频器在正转或反转运行时，能通过按钮 SB_2 控制变频器断电吗？为什么？

（3）变频器在正转运行时，反转 SB_4 按钮有效吗？为什么？

（4）当变频器故障报警信号输出时，能够使变频器主电路断电吗？为什么？

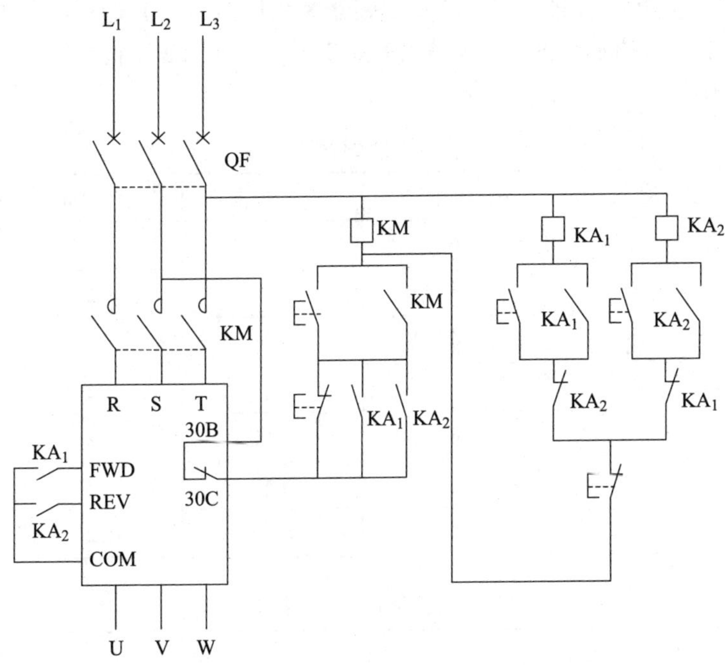

图 8.2　变频器正反转控制电路

4. 用变频器和 PLC 实现三相异步电动机的七段速控制，要求：

（1）能用正、反转按钮实现三相异步电动机的正、反转控制。

（2）有正、反转指示。

（3）用七个按钮来控制七段速。

（4）有必要的安全保护功能。

（5）试画出变频器和 PLC 的基本控制电路图，并说明控制流程。

5. 某工作滑台的运动由三相异步电动机拖动，试用变频器和 PLC 实现速度控制，画出电气控制电路图、说明控制过程、设置变频器必要的参数。

控制要求：按下启动按钮 SB_1，滑台快进（变频器输出频率为 40 Hz）；压下 SQ_2，滑台转为工进（变频器输出频率为 35 Hz）；压下 SQ_3，滑台转为慢工进（变频器输出频率为 20 Hz），压下 SQ_4，滑台快速退回原位（变频器输出频率为 40 Hz），压下 SQ_1 后又进入下轮循环。若按下停止按钮 SB_2，则滑台完成本次循环退回原位（压下 SQ_1）后自动停止，如图 8.3 所示。

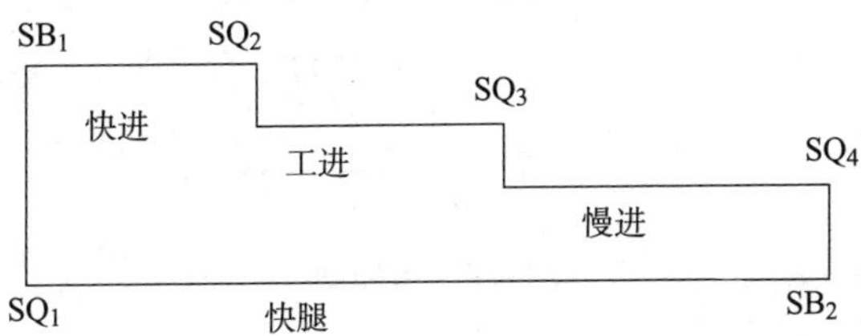

图 8.3　控制要求

6. 某工业洗衣机由变频器控制，已知变频器为程序运行，其运行参数如表 8.1 所示。请根据要求设置变频器的主要参数，并填入表 8.2 中；根据图 8.4 接线图说明程序步 1 ~ 程序步 7 的开关动作要求。

表 8.1 运行参数

运行程序	频率数值/Hz	运行时间/s	运行方向	加速时间/s	减速时间/s
程序步 1	10	6	正转	2	1
程序步 2	20	6	反转	2	1
程序步 3	15	6	反转	2	1
程序步 4	30	6	正转	2	1
程序步 5	35	6	正转	2	1
程序步 6	40	6	正转	2	1
程序步 7	50	6	反转	2	1

表 8.2 变频器主要参数设置

程序＼动作开关	S_1	S_2	S_3	S_4	S_5
程序步 1					
程序步 2					
程序步 3					
程序步 4					
程序步 5					
程序步 6					
程序步 7	-	+	+	-	-

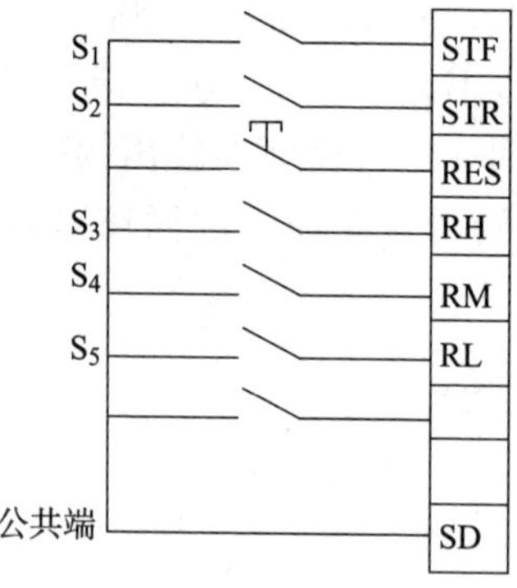

图 8.4 接线图

参 考 文 献

[1] 王兆安，刘进军．电力电子技术［M］．北京：机械工业出版社，2009.
[2] 李良仁．变频调速技术与应用［M］．北京：电子工业出版社，2004.
[3] 张燕宾．电动机变频调速图解［M］．北京：中国电力出版社，2003.
[4] 张燕宾．SPWM 变频调速应用技术［M］．北京：机械工业出版社，2005.
[5] 韩安荣．通用变频器及其应用［M］．北京：机械工业出版社，2007.